"十四五"职业教育国家规划教材

名校名师**精品**系列教材

U0160571

The C Programming Language

C语言
程序设计实例教程

慕课版 | 第3版

常中华 王春蕾 毛旭亭 陈静 ◉ 编著

人民邮电出版社

北京

图书在版编目（CIP）数据

C语言程序设计实例教程 ：慕课版 / 常中华等编著
. -- 3版. -- 北京 ：人民邮电出版社，2023.11
名校名师精品系列教材
ISBN 978-7-115-62513-7

Ⅰ．①C… Ⅱ．①常… Ⅲ．①C语言－程序设计－高等
职业教育－教材 Ⅳ．①TP312.8

中国国家版本馆CIP数据核字(2023)第155342号

内 容 提 要

本书通过实例的形式系统讲解 C 语言程序设计的相关知识和应用，内容包括初识 C 语言、C 语言基础、顺序结构、选择结构、循环结构、数组、函数、指针、结构体和共用体、文件以及综合项目实训等。前 10 个单元内容包含问题引入、本单元学习目标、知识描述、实例分析与实现、知识拓展和同步练习等。最后一个单元讲解 3 个综合项目，每个综合项目给出了需求分析、详细设计和程序实现，帮助读者将所学知识融会贯通。本书深入贯彻立德树人根本任务，有机融入党的二十大精神，力求做到学思融合。本书还配备全套慕课视频，生动形象地讲解 C 语言的基础知识和应用方法，易学易用。

本书适合作为高职高专院校 C 语言程序设计课程的教材，也可供广大读者自学参考。

◆ 编　著　常中华　王春蕾　毛旭亭　陈　静

　　责任编辑　赵　亮

　　责任印制　王　郁　焦志炜

◆ 人民邮电出版社出版发行　　北京市丰台区成寿寺路 11 号

　　邮编　100164　电子邮件　315@ptpress.com.cn

　　网址　https://www.ptpress.com.cn

　　三河市祥达印刷包装有限公司印刷

◆ 开本：787×1092　1/16

　　印张：16.75　　　　　　　　　　2023 年 11 月第 3 版

　　字数：437 千字　　　　　　　2025 年 2 月河北第 9 次印刷

定价：59.80 元

读者服务热线：**(010) 81055256**　印装质量热线：**(010) 81055316**
反盗版热线：**(010) 81055315**

第3版前言

C 语言是一种强大、高效、优美的程序设计语言，是入门程序设计要学习的基础语言。首先，C 语言较简洁，用户无须学习大量的语法，就能够开始编写真正的应用程序。其次，C 语言的功能很强大，利用它能够进行各种层次的程序（无论是硬件设备驱动程序、操作系统组件还是大规模的应用程序）设计。最后，C 语言的兼容性较好，大多数计算机都支持 C 语言编译器，它可以在任何环境下运行。综上，C 语言是学习其他编程语言的基础，掌握了 C 语言，就为理解和学习面向对象的 C++、C#、Java 等语言奠定了良好的基础。

本书修订之际为中国共产党第二十次全国代表大会（简称"党的二十大"）召开之后。党的二十大是一次承前启后、继往开来的大会，必将因"高举旗帜、凝聚力量、团结奋进"，开创党和国家事业发展新局面而载入史册。党的二十大提出"加快实施创新驱动发展战略"，而程序设计正是培养学生创新思维和实践能力的核心课程之一。我们要学习并贯彻党的二十大精神，坚定信心、同心同德，埋头苦干、奋勇前进，一步一个脚印地把党的二十大做出的重大决策部署付诸行动、见于成效，为全面建设社会主义现代化国家、全面推进中华民族伟大复兴而团结奋斗！

本书集理论和实践于一体，提供丰富的信息化教学资源，有机融入素质教育内容，旨在帮助广大学生掌握 C 语言的基本概念、语法规则、编程技巧和应用方法，培养学生的逻辑思维能力和创新能力。本书由浅入深、循序渐进地讲解 C 语言语法基础和程序开发方法，突出简单易学、内容全面、实例经典的特色，并且提供全套的慕课资源。本书最后还配有综合项目实训，从需求分析到详细设计再到最后的程序实现，引导学生学会设计一个完整的解决方案。

本书的特点如下。

1. 循序渐进，简单易学

本书主要面向 C 语言初学者，先介绍 C 语言的发展过程和开发环境，然后介绍 C 语言的基础知识，再介绍 C 语言编程的进阶内容，最后介绍如何开发一个完整的项目。本书讲解步骤详尽，力求让学生能够快速掌握书中的内容。

2. 学练结合，注释详尽

本书在讲解知识时，提供丰富的实例，帮助学生随学随练，真正能够做到学有所用。另外，为了方便学生更好地学习和使用本书，书中大部分代码都具有详尽的注释。

3. 上机实践，巩固知识

要充分理解和掌握一门语言，最佳的方式就是多练习、多实践。本书在介绍重点知识之后，会在"练一练"模块提供上机实践作业供学生自己完成，以此来检验学生对本单元知识点的掌握情况。本书大部分实例任务分为"分析""流程图""代码"3 部分，并给出实现实例的设计思路。

4. 资源全面，泛在学习

本书所有知识点都有相应的慕课资源，学生使用手机扫描书中二维码，即可观看教学内容。慕课资源适合学生泛在学习、移动学习。教师也可利用这些资源实现信息化教学、混合式教学。教学资源讲解详细、层次清晰、互动性强，在帮助学生加深对内容理解的同时，切实解决"是什么""为什么""怎么办""应注意些什么"等问题。

本书第 3 版在第 2 版的基础上进行全面修订，对全书内容进行了重新审读与完善，并更新了慕课视频。读者可登录人邮学院网站（www.rymooc.com）或扫描封底的二维码，使用手机号码完成注册，在首页上方单击"学习卡"选项，输入封底刮刮卡中的激活码，即可在线观看新版慕课视频；也可以使用手机扫描书中二维码观看视频。

本书由青岛海信信息科技股份有限公司张春雨高级工程师提供案例及指导，单元 1、单元 10 和单元 11 由常中华老师编写；单元 4、单元 7 和单元 9 由王春蕾老师编写；单元 2、单元 5 和单元 8 由毛旭亭老师编写；单元 3 和单元 6 由陈静老师编写；常中华、王春蕾老师完成了统稿工作。本书在编写过程中还得到了徐占鹏、朱卫斌、王新艳、徐晓珊等老师的大力帮助，在此一并表示感谢。

由于编者水平有限，书中难免存在疏漏之处，请读者批评指正。

编者

2023 年秋

目录 CONTENTS

单元 3

单元 4

单元 5

单元 6

单元 7

单元 8

单元 9

结构体和共用体 ……………………………………………………… 188

单元 10

文件 ………………………………………………………………………… 214

单元11

附录A

附录B

附录C

单元1
初识C语言

01

 问题引入

目前可以说，"90后"及更年轻的人们都是"数字原住民"。他们在互联网环境中长大，在生活和工作中已经离不开计算机、手机、网络等，但这些设备是如何工作的呢？人们又是如何从中获取信息的呢？大家一定想知道其中的奥秘吧！通常来说在互联网中完成某项事情都有相应的软件，即计算机程序。程序实际上是一个非常普通的概念：按照一定顺序安排的工作步骤。程序需要用某种形式（语言）来描述。例如，用算盘进行计算时，程序是用口诀来描述的，即珠算的语言是口诀。现代计算机的程序则是用计算机程序设计语言来描述的。C语言是较流行的计算机程序设计语言之一，也是较优秀的编程语言之一。

请思考并回答以下两个问题。

问题1：列出你最常用的3个计算机或手机的软件（程序）。

问题2：如何从网上购买一件商品？（写出网上购物的基本流程。）

本单元学习目标

1. 知识目标

（1）了解C语言的发展过程。

（2）了解计算机语言的分类：机器语言、汇编语言和高级语言。

（3）掌握C语言程序的结构、Dev-C++编译环境的使用。

2. 技能目标

（1）具备C语言程序编译环境Dev-C++安装、使用的能力。

（2）具备编写一个简单C语言程序并编译、运行该程序的能力。

3. 素质目标

（1）具有基本运用知识分析问题和解决问题的能力。

（2）具有触类旁通、举一反三的能力。

（3）具有严谨、细致、一丝不苟的工匠精神。

 知识描述

1.1 C 语言概述

1.1.1 什么是 C 语言

在回答什么是 C 语言之前，我们先了解一下什么是计算机语言。

人们日常交流所用语言有很多种，包括汉语、英语、法语、韩语等，虽然它们的词汇和格式都不一样，但是可以达到相同的目的。我们通过有固定格式和固定词汇的"语言"来与他人交流。同样，我们也可以通过"语言"来与计算机交流，让计算机为我们做事情。这样的语言叫作计算机语言，也叫作编程语言（Programming Language）。

1-1：什么是 C 语言

编程语言是用来控制计算机的一系列指令（Instruction），它有固定的格式和词汇（不同编程语言的格式和词汇不一样），必须遵守，否则就会出错，达不到工作的目的。

计算机语言的种类非常多，总的来说可以分成机器语言、汇编语言和高级语言三大类。

机器语言。机器语言是指一台计算机全部的指令集合。电子计算机所使用的是由"0"和"1"组成的二进制数。二进制数是计算机语言的基础。计算机发明之初，人们写出一串串由"0"和"1"组成的指令序列，交由计算机执行。这种计算机能够识别的语言就是机器语言，即第一代计算机语言。

汇编语言。为了减轻使用机器语言编程的痛苦，人们做出了一种有益的改进，即用一些简洁的英文字母、符号串来替代一个特定指令的二进制串，比如，用"ADD"代表加法，用"MOV"代表数据传递等。这样一来，人们很容易读懂程序并理解程序在干什么，纠错及维护都变得简便、快捷。这种程序设计语言就称为汇编语言，即第二代计算机语言。

高级语言。计算机语言具有高级语言和低级语言之分，而高级语言又主要是相对于机器语言和汇编语言而言的，它是较接近自然语言和数学公式的编程语言，基本脱离了机器的硬件系统，用人们更易理解的方式编写程序。用高级语言编写的程序称为源程序。高级语言并不是特指的某一种具体的语言，而是包括很多编程语言，如流行的 Java、C、C++、C#、Python 等。这些语言的语法、命令格式都不相同。1969—1973 年，美国电话电报（AT&T）公司贝尔实验室开始了 C 语言的最初研发，并于 1978 年正式发表。1983 年，美国国家标准协会（American National Standards Institute，ANSI）在此基础上制定了一个 C 语言标准，称为 ANSI C。根据 C 语言的发明者丹尼斯·里奇（Dennis Ritchie，见图 1.1）所说，C 语言最重要的研发时期是 1972 年。C 语言之所以命名为 C，是因为 C 语言源自肯·汤普森（Ken Thompson）发明的 B 语言，而 B 语言则源自 BCPL。

图 1.1　C语言之父——丹尼斯·里奇（Dennis Ritchie）

C 语言的诞生和 UNIX 操作系统的开发密不可分。早期的 UNIX 操作系统都是用汇编语言写的。1973 年，UNIX 操作系统的核心用 C 语言改写，从此以后，C 语言成为编写操作系统的主要语言。

在 ANSI C 标准确立之后，C 语言的规范在很长一段时间内都没有大的变动。1995 年，WG14 小组对 C 语言进行了一些修改。此次修改后的这个版本成为后来 1999 年发布的 ISO/IEC 9899:1999 标准。该标准通常被称为 C99。C 语言是一种结构化语言。它层次清晰，便于按模块化方式组织程序，程序易于调试和维护，同时表现能力和处理能力极强。C 语言不仅具有丰富的运算符和数据类型，便于实现各类复杂的数据结构，还可以直接访问内存的物理地址，进行位（bit）一级的操作。由于 C 语言实现了对硬件的编程操作，因此 C 语言集高级语言和低级语言的功能于一体，既可用于系统软件的开发，也可用于应用软件的开发。此外，C 语言还具有效率高、可移植性强等特点，因此被广泛地移植到各类计算机上，从而形成了多种版本的 C 语言。

1-2：C 语言及发展

1.1.2　为什么学习 C 语言

学习 C 语言除了能让你了解编程的相关概念，带你走进编程的大门，还能让你明白程序的运行原理，比如，计算机的各个部件是如何交互的，程序在内存中是一种怎样的状态，操作系统和用户程序之间有着怎样的关系，等等。这些底层知识决定了你的发展高度，也决定了你的职业生涯高度。如果你希望成为出类拔萃的人才，这些知识就是不可或缺的。只有学习了 C 语言，才能更好地了解这些知识。而且只有有了足够的基础知识，以后学习其他计算机语言，才会触类旁通。

1-3：为什么学习
C 语言

C 语言对现代编程语言有着巨大的影响。毫不夸张地说，C 语言是现代编程语言的"开山鼻祖"，它改变了编程世界，许多现代编程语言都借鉴了大量 C 语言的特性。在众多基于 C 的语言中，以下几种非常具有代表性。

C++：包括所有 C 的特性，且增加了类和其他特性以支持面向对象编程。

Java：在 C++基础上开发，所以也继承了许多 C 的特性。

C#：由 C++和 Java 发展而来的一种高级语言。

Perl：最初是一种简单的脚本语言，在发展过程中采用了 C 的许多特性。

有这么多新的计算机语言，我们为什么还要学习 C 语言呢？第一，学习 C 语言有助于我们更好地理解 C++、Java、C#及其他基于 C 的语言的特性。一开始就学习其他语言的程序员往往不能很好地掌握继承自 C 语言的基本特性。第二，目前仍有许多 C 程序，我们需要读懂并维护这些代码，况且有大量的现成代码可以利用，这就可以在已有程序的基础上，快速和高效地编写新的算法和函数。第

动画：C 语言的特性

三，C 语言仍然广泛应用于软件开发，特别是在内存和处理能力受限的情况下以及需要使用 C 语言简单特性的地方。第四，C 语言在各种考试和算法描述上仍被广泛使用，如 C 语言版的数据结构。我们之所以选择 C 语言作为计算机语言的入门语言，除了上述原因外，还因为 C 语言本身的特性也非常适合初学者。其特性具体如下。

1. 语言简洁、紧凑，使用方便

C 语言一共只有 32 个关键字、9 种控制语句，程序书写形式自由、区分大小写。它把高级语言的基本结构和语句与低级语言的实用性结合了起来。

2. 运算符丰富

C 语言的运算符丰富，共有 34 种运算符。C 语言把括号、赋值、强制类型转换等都作为运算符处理，从而使其运算类型更丰富，表达式类型更多样化。灵活使用各种运算符可以实现在其他高级语言中难以实现的运算。

3. 数据类型丰富

C 语言的数据类型有整型、实型、字符型、数组类型、指针类型、结构体类型、共用体类型等，能用来实现各种复杂数据结构的运算。C 语言中还引入了"指针"的概念，使程序执行效率更高。

4. 表达方式灵活

C 语言的语法相对简洁灵活，允许程序设计人员使用不同的语法结构和表达方式来编写代码。例如，C 语言中的控制结构可以按照多种方式组合和嵌套，以适应不同的编程需求。

5. 允许直接访问物理地址，对硬件进行操作

由于 C 语言允许直接访问物理地址，对硬件进行操作，因此它既具有高级语言的功能，又具有低级语言的许多功能，能够像汇编语言一样对位、字节和地址进行操作，而这三者是计算机最基本的工作单元，可用来编制系统软件。

6. 生成的目标代码质量高，程序执行效率高

C 语言描述问题比汇编语言迅速，工作量小，代码可读性好，易于调试、修改和移植，而代码质量与汇编语言的相当。C 语言代码一般只比汇编程序生成的目标代码效率低 10%～20%。

7. 可移植性好

C 语言在不同机器上的 C 编译程序，约 86%的代码是公共的，所以 C 语言的编译程序便于移植。在某一个环境上用 C 语言编写的程序，不改动或稍加改动，就可移植到另一个完全不同的环境中运行。

8. 表达力强

C 语言有丰富的数据结构和运算符，包含各种数据类型，如整型、数组类型、指针类型和联合类型等，程序设计人员能够以自由、灵活和高效的方式表达算法、数据操作和控制流程。另外，C 语言具有强大的图形功能，支持多种显示器和驱动器，且计算功能、逻辑判断功能强大。

1.2 认识 Dev-C++开发环境

Dev-C++是一个 Windows 环境下 C/C++的集成开发环境（Integrated Development Environment, IDE），如图 1.2 所示。它小巧轻量但是功能齐备，可以满足初学者与编程高手的不同需求，是学习 C 或 C++的首选开发工具。Dev-C++开发环境包含编辑、编译、调试和执行 C 程序所必需的标准功能。

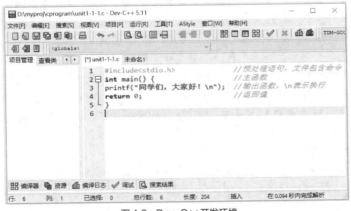

1-4：认识
Dev-C++开发环境

图 1.2　Dev-C++开发环境

Dev-C++开发环境界面主要包含菜单栏、快捷按钮、项目管理区、代码编辑区、编译信息显示区，如图 1.3 所示。Dev-C++开发环境界面各个部分的功能介绍如下。

菜单栏：包含 Dev-C++软件、编辑器、代码风格等设置。

快捷按钮：使用 Dev-C++的快捷方式，单击后执行相关功能。

项目管理区：管理建立项目的所有工程文件，可以查看函数、结构体。

代码编辑区：在编辑器中输入代码，每行都有对应的编号。

编译信息显示区：用于在编译过程中显示错误信息、查看资源文件、记录编译过程中的日志信息，以及显示调试信息。

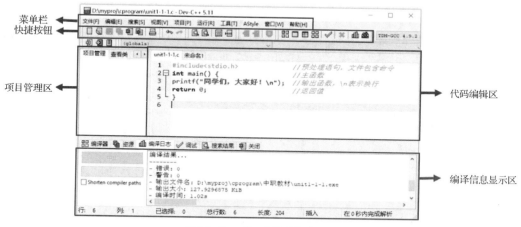

图 1.3　Dev-C++开发环境界面

1.3　编写一个简单的程序

如何使用 Dev-C++工具开发一个 C 程序呢？先看下面这个简单程序，大家可以从这个例子中了解 C 程序的基本部分、书写格式和开发过程。

1-5：编写一个简单的程序

【例 1.1】在屏幕上输出"同学们，大家好！"。

实现步骤如下。

步骤 1：新建文件。

打开 Dev-C++后，在菜单栏依次选择【文件】→【新建】→【源代码】，如图 1.4 所示。

图 1.4　新建文件

步骤 2：编写程序代码。

在代码编辑区输入下面的代码。

```
#include<stdio.h>              //预处理语句，文件包含命令
int main() {                   //主函数
    printf("同学们，大家好！\n");    //输出函数，\n 表示换行
    return 0;                   //返回值
}
```

步骤 3：保存文件。

编写完成之后选择【文件】→【保存】，将会弹出"保存为"对话框，在该对话框中可为文件选择保存路径，并设置文件名和保存类型，如图 1.5 所示。

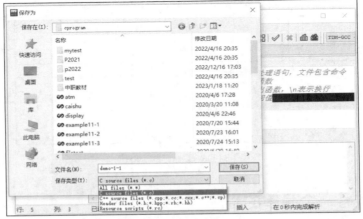

图 1.5　保存文件

此处将文件保存在 cprogram 目录下，设置文件名为 demo-1-1，保存类型为 C source files (*.c)，设置完成后单击【保存】按钮，保存文件。

步骤 4：编译程序。

在菜单栏选择【运行】→【编译】，或单击 按钮来编译程序，程序编译结果显示在编译信息显示区，如图 1.6 所示，显示"- 错误: 0""- 警告: 0"表示程序可以运行。

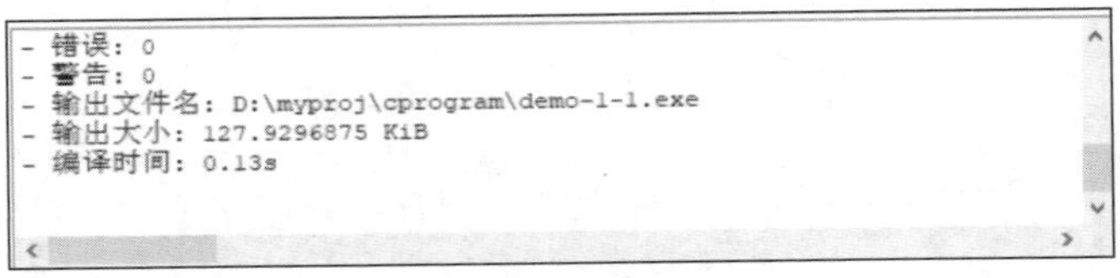

```
- 错误: 0
- 警告: 0
- 输出文件名: D:\myproj\cprogram\demo-1-1.exe
- 输出大小: 127.9296875 KiB
- 编译时间: 0.13s
```

图 1.6　程序编译结果

步骤 5：运行程序。

在菜单栏选择【运行】→【运行】，或单击 按钮来运行程序，程序运行结果如图 1.7 所示。

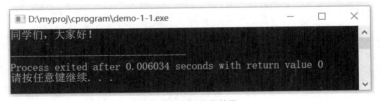

图 1.7　程序运行结果

【代码分析】代码中的 main 是主函数的函数名，表示这里使用一个主函数，每一个 C 源程序都必须有且只能有一个主函数（main 函数）。printf 函数的功能是把要输出的内容送到屏幕上显示。printf 函数是一个由系统定义的标准函数，可在程序中直接调用。语句"return 0;"表示程序的正常结束。

1-6：C 程序及其结构

> **小提示** 程序中的注释信息是编程规范的重要内容，对读者理解和阅读程序有很大帮助。注释信息可以放在程序的任何位置，不参与编译，不影响程序的运行。在 C 语言中加注释信息有以下两种方法。
>
> （1）块注释。用符号"/*"和"*/"标识注释的开始和结束，在符号"/*"和"*/"之间的任何内容都将被编译程序当作注释来处理。这是在程序中加入注释的最好方法。例如，可以在程序中加入下述注释：/*以下程序通过文件操作，实现学生数据的录入、增加、删除、修改、查询和输出等功能*/ 。
>
> （2）行注释。用符号"//"标识注释行，从符号"//"到当前行末尾之间的任何内容都将被编译程序当作注释来处理。当然，行注释也可以用"/*"和"*/"符号标识，如//计算 x 的正弦值，将结果赋给 s，也可以注释为/*计算 x 的正弦值，将结果赋给 s*/。

1.4 C 程序的编译过程

C 语言作为高级语言，程序源代码无法被计算机直接识别。从程序源代码文件（*.c）到可执行文件（*.exe）需要经过预处理、编译、汇编和链接 4 个过程，如图 1.8 所示。

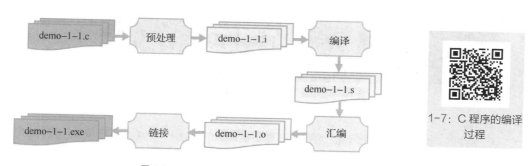

1-7：C 程序的编译过程

图 1.8　C 程序的编译过程

下面我们分别对图 1.8 所示的 4 个过程进行说明。

1. 预处理

预处理操作主要处理代码中以"#"开头的预处理语句，预处理完成后，会生成预处理文件（*.i）。预处理操作主要包括以下几项。

（1）展开所有宏定义（#define），进行字符替换。

（2）处理所有条件编译指令（#ifdef、#ifndef、#endif 等）。

（3）处理文件包含语句（#include），将包含的文件直接插入语句所在处。

（4）删除所有注释。

（5）添加行号和文件标识，以便在调试和编译出错时快速定位到错误所在行。

2. 编译

编译操作对预处理文件（*.i）进行词法分析、语法分析、语义分析后生成汇编文件（*.s）。

3. 汇编

汇编操作指将生成的汇编文件（*.s）"翻译"成计算机能够识别的二进制文件。在 Linux 系统中的二进制文件是*.o 文件，在 Windows 系统中的二进制文件是*.obj 文件。

4. 链接

生成二进制文件后，文件尚不能运行，若想运行文件，需要将二进制文件与代码中用到的库文件进行绑定，这个过程称为链接。链接操作完成后将生成可执行文件。

实例分析与实现

在 2022 年北京冬季奥运会开幕式上，"鸟巢"巨大 LED 地面显示屏成了世界的焦点。"鸟巢"巨大 LED 地面显示屏是目前世界上最大的 LED 三维立体舞台，可呈现 14880×7248 超高分辨率的画面。电子产品的 LED 屏幕的一个重要参数就是分辨率，分辨率越高屏幕显示的效果越好。本实例实现在屏幕上显示汉字"田"，来帮助大家理解分辨率的意义，最终显示效果如图 1.9 所示。

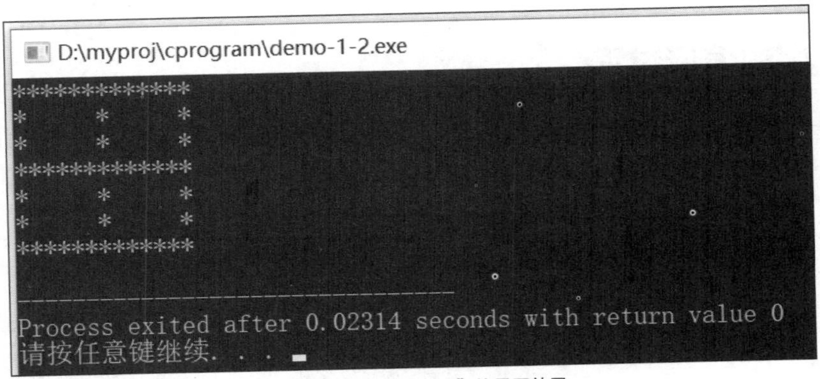

1-8：案例分析与实现

图 1.9　汉字"田"的显示效果

分析：

C 语言中，printf 函数用于输出数据，这里我们用"*"表示一个点，点连成线，设计由符号"*"和空格组成的"田"字形状。每行语句末尾添加"\n"，表示换行。

实现程序如下。

```
#include<stdio.h>
int main() {
    printf("*************\n");
    printf("*    *    *\n");
    printf("*    *    *\n");
    printf("*************\n");
    printf("*    *    *\n");
    printf("*    *    *\n");
    printf("*************\n");
}
```

📝 知识拓展　初学者常问的几个问题

编程初学者往往不知道从何入手，非常迷茫，以下几个问题是初学者经常问到的。

1. 多久能学会编程？

这是一个没有答案的问题。每个人的学习效率和基础以及投入的时间都不一样。如果你每天都拿出很多的时间来学习，那么大约两三个月就可以学会 C/C++，不到半年时间就可以编写出一些软件。但是有一点可以肯定，几个月从初学者成长为高手是绝对不可能的。编程不是看几本书就能学会的，它需要你不断地练习，编写代码，积累零散的知识点。你编写的代码量跟你的编程水平直接相关。每个程序员都是这样过来的，开始都是一头雾水，连输出九九乘法表都很吃力，只有通过不断练习才能熟悉编程。这是一个强化思维方式的过程。

知识点可以在短时间内了解，但是思维方式和编程经验需要不断实践才能强化，这就是为什么很多初学者已经了解了 C 语言的基本概念，但是仍然不会编写代码的原因。

2. 学编程难吗？

请先问问自己，你想学编程吗？你喜欢编程吗？如果你觉得自己对编程很感兴趣，想了解软件或网站是怎么做的，那么就不要再问这个问题了，尽管去学就好了。编程是一门技术，只要你想学，肯定能学会。编程的入门门槛很低，互联网上的资料很多，只要你有一台计算机、一根网线，就可以学习。

3. 我的英语和数学基础不行，可以学会编程吗？

首先说英语。编程需要你有一定的英语基础。编程起源于美国，代码中会出现很多英文单词，有英语基础记忆起来会非常容易。如果你英语基础不好也没关系，推荐你安装词典软件，市面上主流的词典软件的划词翻译功能非常棒，选中什么就立即翻译什么，不管选择的是句子还是单词。如果你希望达到很高的编程水平，可能要阅读英文的技术资料（不是所有资料都被翻译成了中文），这就要求你学好英语，养成英文阅读习惯，不断提高你的英文水平。

至于数学，现在编程都是模块化设计，程序架构师外的开发人员很少会接触算法和复杂的数学知识。但是学好数学知识，对学习计算机专业的其他课程，对个人的职业发展而言还是必需的。

4. 需要什么配置的计算机？

对于初学者和在校大学生，配置中等性能的计算机即能够满足日常的学习需求；对于从事编程设计的专业人员，根据不同业务的需求可配置性能较高的计算机。

📝 同步练习

一、选择题

1. C 语言是一种（　　）。

　A. 机器语言　　　　　B. 汇编语言　　　　　C. 高级语言　　　　　D. 以上均不属于

2. 下列各项中，不是 C 语言的特性的是（　　）。

　A. 语言简洁、紧凑，使用方便　　　　　B. 数据类型丰富，可移植性好

　C. 能实现汇编语言的大部分功能　　　　D. 有较强的网络操作功能

3. 以下叙述不正确的是（　　）。

　A. 一个 C 源程序必须包含一个 main 函数

　B. 一个 C 源程序可由一个或多个函数组成

    C．C 程序的基本组成单位是函数

    D．在 C 程序中，注释说明只能位于一条语句的后面

4．下列选项中，哪一个用于标识多行注释（   ）。

    A．//   B．\\   C．/* */   D．{ }

二、填空题

1．C 程序一般由若干个函数构成，程序中应至少包含一个_____，其名称只能为_____。

2．计算机语言分成_____、_____、_____三大类。

3．C 语言诞生于_____年；1983 年，美国制定的 C 语言标准为_____；1999 年，由 ISO/IEC 发布的 C 语言标准为_____。

4．从程序源代码文件（*.c）到可执行文件（*.exe）需要经过_____、_____、_____和_____ 4 个过程。

三、编程题

编写一个 C 程序，实现在计算机屏幕上输出"我有点喜欢 C 语言了！"。

单元2
C语言基础

02

问题引入

战国时期的思想家荀子在《劝学》中写道："故不积跬步，无以至千里；不积小流，无以成江海。骐骥一跃，不能十步；驽马十驾，功在不舍。锲而舍之，朽木不折；锲而不舍，金石可镂。"唐代诗人杜甫曾经说过："读书破万卷，下笔如有神。"他也正是如此，手不释卷，写出了许多脍炙人口的诗篇，成为后人所景仰的"诗圣"。历史故事告诉我们，积累是成功的钥匙，也是成功的奠基石。同学们在学习中要注重点滴知识的积累，让自己每天都能进步一点点。

学习编程的第一步是学习编程的基础知识，其中最基本的是要了解有哪些类型的数据，怎样存储和处理这些类型的数据。例如，设计一个学生信息管理系统，需要记录每个学生的姓名、性别、年龄、籍贯、成绩等数据。再如，设计一个超市信息管理系统，需要记录商品货号、名称、价格、数量、供货商等数据。这些数据属于不同的类型，有不同的存储和计算方法。

请大家思考两个问题。

问题1：现实中有哪些类型的数据？

问题2：不同类型的数据可以进行哪些运算？

本单元学习目标

1．知识目标

（1）了解C语言的数据类型。

（2）掌握常量与变量的定义和使用方法。

（3）掌握整型数据、实型数据、字符型数据的取值范围和使用方法。

（4）掌握算术运算符与算术表达式、赋值运算符与赋值表达式、位运算、数据类型的转换、几个特殊运算符的使用方法。

2．技能目标

（1）具备正确应用各种类型的数据编写简单C语言程序的能力。

（2）具备正确使用算术表达式、赋值表达式语句编写C语言程序的能力。

3．素质目标

（1）培养运用所学知识分析问题和解决问题的能力。

（2）培养融会贯通、举一反三的能力。

（3）培养遵规守纪、严谨认真的工作态度和一丝不苟的工匠精神。

知识描述

2.1 数据类型

计算机中的数据信息，如图像、字符、声音、视频等，都是使用二进制数来存放的，那么计算机是如何区分这些信息的呢？这取决于计算机如何解释这些二进制数。例如一个二进制数 01100001，如果解释为整型数据是 97，如果解释为字符型数据是'a'。

人们根据实际需要，将数据分为了不同的类型。在 C 语言中，数据类型包括基本类型、构造类型、指针类型和空类型四大类，如图 2.1 所示。

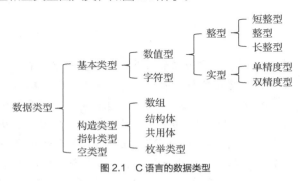

图 2.1　C 语言的数据类型

2-1：数据类型

基本类型是 C 语言内部预先定义的数据类型，也是实际中最常用的数据类型，比如整型、字符型、单精度型、双精度型等。C 语言处理系统内部为使用基本类型数据的操作提供了非常方便的使用环境。在本单元中，我们只介绍基本类型数据，其他内容将在以后各单元中陆续介绍。

2.1.1　进制与进制转换

1. 进制

进制是一种计数机制，它可以使用有限的数字符号代表所有的数值。X 进制表示某一位置上的数在运算时逢 X 进一位。例如十进制的基数为 10，数码由 0～9 组成，计数机制是"逢十进一"。在计算机中，对于任何一个数，除了十进制外，还常用二进制、八进制和十六进制表示。

2-2：进制与进制转换

（1）二进制。

二进制由 0 和 1 两个数码组成，计数机制是"逢二进一"。例如使用二进制表示十进制数 2 时，个位上的数字为 2，逢二进一，应将第 2 位上的数字置为 1，此时个位上的数字减去 2 变为 0，即$(10)_2$。

（2）八进制。

八进制由 0～7 共 8 个数码组成，计数机制是"逢八进一"。在 C 语言中为数字添加前缀数字 0 以表示八进制数。例如使用八进制表示十进制数 8 时，逢八进一，应将第 2 位上的数字置为 1，个位上的数字是 8-8=0，因此表示为 010。同理，使用八进制表示十进制数 17 时，因为 17=2×8+1，应将第 2 位上的数字置为 2，个位数上的数字是 17-2×8=1，因此表示为 021。

（3）十六进制。

十六进制由 0～9、A～F（或 a～f，分别对应十进制的 10～15）共 16 个数码组成，计数机制是"逢十六进一"。在 C 语言中为数字添加前缀数字 0 和字母 X（或 x）以表示十六进制数。例如使用十六进制表示十进制数 16 时，逢十六进一，应将第 2 位上的数字置为 1，此时个位上的数字是 16-16=0，因此表示为 0X10。同理，使用十六进制表示十进制数 45 时，因为 45=2×16+13，应将第 2 位上的数字置为 2，个位上的数字是 45-2×16=13，对应的十六进制数是 D，因此表示为 0X2D。

十进制数 0～15 与二进制数、八进制数以及十六进制数的对应关系如表 2.1 所示。

2. 进制转换

在计算机中，不管用哪种进制形式来表示数据，数据本身是不会发生变化的。因此，不同进制的数据是可以相互转换的。

（1）二进制、八进制、十六进制数转换为十进制数。

二进制、八进制、十六进制数转换为十进制数的规律是相通的，通常采用"按权求和"的方法，即把二进制数（或八进制、十六进制数）按位权的形式展开为多项式和的形式，求最后的和，结果就是其对应的十进制数。

动画：进制转换（1）

表 2.1 进制对应关系

十进制数	二进制数	八进制数	十六进制数
0	0000	0	0
1	0001	1	1
2	0010	2	2
3	0011	3	3
4	0100	4	4
5	0101	5	5
6	0110	6	6
7	0111	7	7
8	1000	10	8
9	1001	11	9
10	1010	12	A
11	1011	13	B
12	1100	14	C
13	1101	15	D
14	1110	16	E
15	1111	17	F

例：计算二进制数 $(1101.101)_2$ 对应的十进制数。

解：将二进制数的整数部分和小数部分的每位数乘 2 的相应次方，再将得到的各乘积相加即可，即整数部分最右边第 1 位的数乘 2 的 0 次方，第 2 位的数乘 2 的 1 次方……第 n 位的数乘 2 的 $n-1$ 次方，然后把所有乘积的结果相加，就求出了对应的十进制数的整数部分；小数部分最左侧第 1 位数乘 2 的-1 次方，第 2 位数乘 2 的-2 次方……第 n 位的数乘 2 的 $-n$ 次方，然后把所有乘积的结果相加，就求出了对应的十进制数的小数部分。

$$(1101.101)_2=(1\times2^3+1\times2^2+0\times2^1+1\times2^0)+(1\times2^{-1}+0\times2^{-2}+1\times2^{-3})=13.625$$

将八进制数、十六进制数转换为十进制数，只需要将各位上的权值改为 8 或者 16 的对应次方即可。

例：计算八进制数 0256.24、十六进制数 0X21F 对应的十进制数。

解：$0256.24=(2\times8^2+5\times8^1+6\times8^0)+(2\times8^{-1}+4\times8^{-2})=174.3125$

$0X21F=2×16^2+1×16^1+15×16^0=543$

（2）十进制数转换为二进制、八进制、十六进制数。

将一个十进制数转换为二进制数，需要将整数部分和小数部分分别转换，再相加。

动画：进制转换（2）

将十进制整数转换成二进制数通常采用"除2取余法"，即用2整除十进制整数，求得一个余数，再用2整除商，求得第2个余数，如此进行下去，直到商小于1为止。把先得到的余数作为二进制数的低位有效位，后得到的余数作为二进制数的高位有效位，将所有余数依次排列就求出了二进制数的整数部分。

将十进制小数转换成二进制小数采用"乘2取整法"，即用2乘十进制小数，将积的整数部分取出，再用2乘余下的小数部分，再将积的整数部分取出，如此进行下去，直到乘积中的小数部分为0为止。然后把先取出的整数作为二进制小数的高位有效位，后取出的整数作为二进制小数的低位有效位，将所有整数依次排列就求出了二进制数的小数部分。如果乘积中的小数部分总不为0，那步骤进行到达到题目所要求的精度即可。

例：计算十进制数25.625对应的二进制数。

解：

先计算整数部分：

25÷2=12　　　　余数为1

12÷2=6　　　　余数为0

6÷2=3　　　　余数为0

3÷2=1　　　　余数为1

1÷2=0　　　　余数为1

所以$25=(11001)_2$。

再计算小数部分：

0.625×2=1.25　　整数为1

0.25×2=0.5　　　整数为0

0.5×2=1　　　　整数为1

所以$0.625=(0.101)_2$。

因此25.625对应的二进制数为$(11001.101)_2$。

例：计算十进制数0.7对应的二进制数。

解：

0.7×2=1.4　　　整数为1

0.4×2=0.8　　　整数为0

0.8×2=1.6　　　整数为1

0.6×2=1.2　　　整数为1

0.2×2=0.4　　　整数为0

0.4×2=0.8　　　整数为0

……

继续计算下去，乘积中的小数部分不可能为0，此时根据题目要求，截取所需要的位数的数据即可。因此$0.7=(0.101100…)_2$。

同理，把十进制数转换为八进制、十六进制数时，将基数2换成8、16就可以了。

例：将25转换为八进制数。

解：25÷8=3   余数为 1

3÷8=0   余数为 3

所以 25=031。

例：将 25 转换为十六进制数。

解：25÷16=1   余数为 9

1÷16=0   余数为 1

所以 25=0X19。

（3）二进制数与八进制数的转换。

二进制数转换为八进制数，通常采用"取三合一法"，即以二进制的小数点为分界点，将二进制数整数部分从右向左、小数部分从左向右，每 3 位分为一组（如果整数最高位或小数最低位分组内的数据不足 3 位，可以填 0 以凑足 3 位）。每组中的 3 位二进制数按权求和就得到 1 位八进制数。将各组依次得到的数字连接起来，就构成对应的八进制数。

动画：进制转换（3）

例：将二进制数(1011110.10101)$_2$ 转换为八进制数。

解：将 1011110.10101 分组为(<u>001</u> <u>011</u> <u>110</u>).(<u>101</u> <u>010</u>)，每组 3 位二进制数分别转换为 1 位八进制数，对应的八进制数为 0136.52。

八进制数转换为二进制数，通常采用"取一分三法"，即将每位八进制数转换成 3 位二进制数，再连接起来即可。

例：将八进制数 0347.76 转换为二进制数。

解：将 347.76 中每位数字分别转换为 3 位二进制数，得到(<u>011</u> <u>100</u> <u>111</u>).(<u>111</u> <u>110</u>)，自左向右连接起来，整数部分高位的 0 和小数部分最低位的 0 可以省略，结果为 (11100111.11111)$_2$。

（4）二进制数与十六进制数的转换。

二进制数转换为十六进制数，通常采用"取四合一法"，即以二进制的小数点为分界点，将二进制数整数部分从右向左、小数部分从左向右，每 4 位分为一组（如果整数最高位或小数最低位分组内的数据不足 4 位，可以填 0 以凑足 4 位）。每组中的 4 位二进制数按权求和就得到 1 位十六进制数。将各组依次得到的数字连接起来，就构成对应的十六进制数。

动画：进制转换（4）

例：将二进制数(1011110)$_2$ 转换为十六进制数。

解：将 1011110 分组为(<u>0101</u> <u>1110</u>)，每组 4 位二进制数分别转换为 1 位十六进制数，对应的十六进制数为 0X5E。

十六进制数转换为二进制数，通常采用"取一分四法"，即将每位十六进制数转换成 4 位二进制数，再连接起来即可。

例：将十六进制数 0X25C.F2 转换为二进制数。

解：将 25C.F2 中每位数字分别转换为二进制数得到(<u>0010</u> <u>0101</u> <u>1100</u>).(<u>1111</u> <u>0010</u>)，自左向右连接起来，整数部分高位的 0 和小数部分最低位的 0 可以省略，结果为 (1001011100.1111001)$_2$。

2.1.2　整数类型

C 语言提供了多种整数类型，如整型、长整型、短整型等，以满足不同应用

2-3：整数类型

需求。

　　各类整型数据的区别在于：采用不同位数的二进制编码表示，占用不同的存储空间，表示不同的数值范围。以常用的 32 位计算机系统为例，各类整数类型名、类型标识符、占据的字节数以及取值范围如表 2.2 所示。

表 2.2　整数类型（32 位计算机系统）

整数类型名	类型标识符	占据的字节数	取值范围
短整型	short[int]	2	$-2^{15} \sim 2^{15}-1$（$-32\,768 \sim 32\,767$）
无符号短整型	ushort[int]	2	$0 \sim 0\text{XFFFF}$（$0 \sim 65\,535$）
整型	int	4	$-2^{31} \sim 2^{31}-1$（$-2\,147\,483\,648 \sim 2\,147\,483\,647$）
无符号整型	unsigned[int]	4	$0 \sim 0\text{XFFFFFFFF}$（$0 \sim 4\,294\,967\,295$）
长整型	long[int]	4	$-2^{31} \sim 2^{31}-1$（$-2\,147\,483\,648 \sim 2\,147\,483\,647$）
无符号长整型	ulong[int]	4	$0 \sim 0\text{XFFFFFFFFUL}$（$0 \sim 4\,294\,967\,295$）

> **注意**　长整型数据至少应该和整型数据占据字节数相同，整型数据至少应和短整型数据占据字节数相同。不同的编译系统或计算机系统对不同类型数据所占用的字节数有不同规定。例如在 16 位计算机系统中，整型数据占 2 个字节，长整型数据占 4 个字节；32 位计算机系统中，整型数据占 4 个字节，长整型数据占 4 个字节。

　　整数分为有符号数和无符号数。有符号定点数在计算机中是以二进制形式表示的，有 3 种表示方法，即原码、反码和补码。3 种表示方法均由符号位和数值位两部分构成。符号位在最高位，用 0 表示"正"，用 1 表示"负"；其余位是数值位。3 种表示方法各不相同。

　　原码：按照二进制的方法来表示数的绝对值得到的就是数的原码。

　　反码：正数的反码与其原码相同；负数的反码为其原码除符号位以外的各位按位取反得到的数。

　　补码：正数的补码与其原码相同；负数的补码是将其原码除符号位以外的各位求反之后，在末位再加 1 得到的数。

　　下面以机器字长为 8 位二进制数为例，列举几个十进制数对应的二进制原码、反码、补码，如表 2.3 所示。

表 2.3　几个十进制数对应的二进制原码、反码和补码（适用于 8 位计算机系统）

数值	原码	反码	补码
+1	00000001	00000001	00000001
−1	10000001	11111110	11111111
+49	00110001	00110001	00110001
−49	10110001	11001110	11001111
+127	01111111	01111111	01111111
−127	11111111	10000000	10000001

小提示 （1）在计算机系统中，数值一律用补码来表示和存储。使用补码，可以将符号位和数值位统一处理；同时，加法和减法也可以统一处理。在计算机中执行数学表达式 $a-b$ 的操作，即执行 $a+(-b)$ 的操作。

例如：[1-127]补=1 补+(-127)补=00000001+10000001=10000010=[-126]补。

（2）正数的原码、反码、补码均相同。负数的补码，除符号位外，各位求反之后在末位加 1，就得到了其原码。如果加 1 之后有进位，要往前进位，包括符号位。补码与原码可以相互转换，其运算过程是相同的。

例如，（1）中例子的运算结果为 10000010，将数值位取反之后加 1 为 11111110，即-126 的原码。为表述简单，表 2.3 中的二进制数是以 8 位计算机系统为例的，32 位计算机系统的情况以此类推即可。

2.1.3 实数类型

实数类型数据又称实数、实型数据或浮点数，指的是带有小数部分的非整数数值，例如 342.15、3.6E-6 这类数据。实数在计算机内部是以二进制的形式存储和表示的。虽然在程序中，一个实数既可以用小数形式表示，也可以用指数形式表示，但在内存中，实数一律都是以指数形式存放的。而且不论数值大小，都把一个实数分为小数和指数两个部分。其中小数部分的位数越多，数的有效位越多，数的精度就越高；指数部分的位数越多，数的表示范围就越大。

2-4：实数类型

C 语言提供了两种表示实数的类型：单精度型和双精度型，类型标识符分别为 float 和 double。

在一般的计算机系统中，float 型数据在计算机内存中占 4 个字节的存储空间，double 型数据占用 8 个字节的存储空间。实型数据具体精确到多少位与具体系统有关。例如，在 VC 6.0 中，float 型实数的数值范围为 $-10^{38}\sim10^{38}$，并提供 7 位有效数字；绝对值小于 10^{-38} 的数被处理成零值。double 型实数的数值范围为 $-10^{308}\sim10^{308}$，并提供 15～16 位有效数字；绝对值小于 10^{-308} 的数被处理成零值。可见 double 类型的数据要比 float 类型的数据精确得多。

2.1.4 字符型

字符型数据包括两种：单个字符和字符串。例如，'a'是单个字符，而"abc"是字符串。在计算机中，字符是以 ASCII（American Standard Code for Information Interchange，美国信息交换标准代码）的形式存储的。一个字符占用 1 个字节的存储空间。如字符'A'的 ASCII 对应十进制数 65，用二进制表示是 01000001；字符'B'的 ASCII 对应十进制数 66，用二进制数表示是 01000010；字符'5'（不是整数 5）的 ASCII 对应十进制数 53，用二进制数表示是 00110101。字符型的标识符是 char。

2-5：字符型

2.2 常量与变量

在 C 语言中，数据可分为常量和变量。在程序运行过程中，值不能被改变的量为常量，值可以发生变化的量为变量。

2.2.1 常量

C 语言提供的常量有整型常量、实型常量、字符常量、字符串常量和符号常量。

2-6：整型常量和
实型常量

1. 整型常量

整型常量就是整数，可以用以下 3 种形式表示。

（1）十进制整型常量。

例如 25、–623、0 等。

（2）八进制整型常量。

例如 016（十进制数 14）、0177777（十进制数 65535）、–010（十进制数–2）等是合法的八进制数，常数 256（无前缀 0）、079（包含非八进制数码 9）不是合法的八进制数。

（3）十六进制整型常量。

例如 0X2A（十进制数 42）、0X1AB0（十进制数 6832）、0XFFFF（十进制数 65535），都是合法的十六进制数，5A（无前缀）、0X2H（包含非十六进制数码 H）不是合法的十六进制数。

> **小提示** （1）在 C 程序中是根据前缀来区分各种进制数的，书写常数时不要混淆前缀。
>
> （2）整型常量前面加负号即可表示负数。
>
> （3）可以在整型常量后面加后缀"L"或"l"表示长整型，加后缀"U"或"u"表示无符号数。例如 168L、023L、0XA4L、38U、0X2F3U、345LU 等。

2. 实型常量

实数在 C 语言中又称浮点数。实数有以下两种表示方法。

（1）小数形式。由数字 0～9 和小数点组成（注意必须有小数点）。

例如 0.0、25.4、.12、22.、–56.33 等均为合法的实型常量。

（2）指数形式。由十进制数加阶码标志小写字母"e"（或大写字母"E"）和阶码（必须是整数）组成。其中，字母 e（E）前面必须有数字，后面必须是整数。

例如，2.3E5 表示 2.3×10^5，5.6e–3 表示 5.6×10^{-3}，–1.8E–2 表示 -1.8×10^{-2}。

以下不是合法的实型常量。

① 123（无小数点）。

② E4（阶码"E"之前无数字）。

③ 23.–E3（负号的位置不对）。

④ 2.7E（无阶码）。

3. 字符常量

字符常量是用一对单撇号（西文单引号）标识的字符。例如，'b'、'Z'、'='、'?'、'5'都是字符常量。在计算机中，字符常量有以下特点。

（1）字符常量只能用单引号标识，不能用双引号或其他符号标识。

（2）字符常量只能是单个字符，不能是多个字符。

（3）字符可以是字符集中的任意字符。

2-7：字符常量

字符集是一个允许使用的字符的集合，在大部分计算机上广泛采用的是 ASCII 字符集。常用字符与 ASCII 对照表见附录 A。

> **注意** C 语言中，一般情况下一个汉字占用 2 个字节的存储空间。因此，一个汉字不能按照一个字符处理，应该按照字符串处理。例如，'中'是非法的字符常量。

大家不必记住所有字符的 ASCII 值，只需要了解一些 ASCII 的基本知识即可。标准 ASCII 有 128 个字符，其中需要注意的有以下几点。

（1）码值 0～31 对应的是控制字符（不可显示字符），它们有特殊的用途，例如，表示换行，用作文件结束标志、字符串结束标志等。

（2）码值 32 对应的是空格符，被认为是可以显示的字符中码值最小的字符。

（3）阿拉伯数字 0～9 对应的码值是连续的。

（4）26 个英文字母区分大小写。大写字母 A～Z、小写字母 a～z 的码值是连续的。由于大写字母 Z 和小写字母 a 之间还有 6 个其他字符，所以大小写字母之间的转换要通过加（减）32 来实现。

（5）上面这些字符的 ASCII 值大小顺序如下。

空格＜数字＜大写字母＜小写字母

由于字符常量在计算机中是以 ASCII 值形式存储的，因此，它可以参与各种运算。例如：

① 'B'-'A'值为 1（字符'B'的 ASCII 值 66 减去字符'A'的 ASCII 值 65，结果为 1）；

② 'A'+2 值为 67（字符'A'的 ASCIII 值 65 加上 2，等于字符'C'的 ASCII 值 67）；

③ 'b'-32 值为 66（字符'b'的 ASCII 值 98 减去 32 等于 66，等于字符'B'的 ASCII 值）；

④ '9'-'0'的值为 9（字符'9'的 ASCII 值 57 减去字符'0'的 ASCII 值 48 等于 9）；

⑤ 'c'＜'d'的值为 True（字符'c'的 ASCII 值小于字符'd'的 ASCII 值）。

（6）在 C 语言中，还有一些字符比较特殊，不可视或者无法通过键盘输入，如换行符、回车符等。解决的办法是使用由一个反斜杠（\）后跟规定字符构成具有特定含义的字符，称之为转义字符。在程序的编译过程中，转义字符是作为一个字符处理的，存储时占用 1 个字节。

常用的转义字符的含义如表 2.4 所示。

表 2.4 常用的转义字符的含义

转义字符	含义	ASCII 值
\n	换行	10
\t	水平制表（跳到下一个 Tab 位置）	9
\b	退格（Backspace）	8
\0	空字符	0
\\	反斜杠字符	92
\'	单引号字符	39
\"	双引号字符	34
\ddd	1～3 位八进制数所代表的字符	
\xhh	1～2 位十六进制数所代表的字符	

【例 2.1】转义字符的使用。

```c
#include <stdio.h>
int main()
```

```
{
    printf("\"china\"\n");
    printf("My\tCountry.\n");
    printf("I am hap\160\x79.\n");
    printf("Hay a\b\b\b\bow are you\n");
    return 0;
}
```

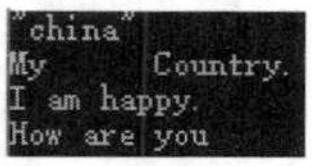

程序运行结果如图 2.2 所示。

图 2.2　程序运行结果

4．字符串常量

字符串常量简称字符串，是用一对双撇号（西文双引号）标识的一串字符。字符的个数称为字符串的长度。如"Hello world"、"a"、"C 语言"都是字符串常量。

字符串常量和字符常量的区别如下。

（1）字符常量是由单引号标识的字符，而字符串常量是由双引号标识的字符。尽管'a'与"a"都含有一个字符，但在 C 程序中，它们具有不同的含义。

（2）字符常量只能是一个字符，字符串常量可以包含 0 个或多个字符。

（3）可以把一个字符常量赋予一个字符变量，但不能把一个字符串常量赋予一个字符变量。

（4）字符常量占 1 个字节的内存空间，字符串常量所占内存的字节数等于其字符的个数加 1。

在字符串结尾，计算机自动加上字符'\0'，标识该字符串的结束。因此，字符串常量的存储单元个数要比字符串中字符的个数多 1。

例如，字符串常量"a"在内存中占 2 个字节，分别存储'a'和'\0'。字符串"This is a computer"字符个数为 18，但占用 19 个字节，最后一个字节存放'\0'。

字符个数为 0 的空串""实际上也存储了一个字符'\0'。由于字符'\0'的 ASCII 值为 0，因此可以作为检查字符串是否结束的标志。

在 C 语言中没有专门的字符串变量，可以用一个字符数组存放一个字符串。在单元 6 中将详细介绍。

2-8：字符串常量

5．符号常量

在 C 语言程序中，可以用一个标识符来代表一个常量，该标识符叫作符号常量。

定义符号常量，通常使用编译预处理命令#define。其语法结构为：

2-9：符号常量

```
#define 符号常量 常量
```

其中，#define 是一条预处理命令（预处理命令都以"#"开头），其作用是把该符号常量定义为后面的常量值。符号常量一般用大写字母表示，以便与其他标志相区别。符号常量要先定义后使用。符号常量一经定义，以后在程序中所有出现该符号常量的地方均代之以该常量值。

例如：

```
#define NUM 0                        //定义符号常量 NUM
#define  PI 3.14159                  //定义符号常量 PI
```

【例 2.2】使用符号常量计算半径为 5 的圆的周长和面积。

程序代码如下：

```
#include <stdio.h>
#define PI 3.14
int main()
{
    printf("周长是: %f\n",2*PI*5);
    printf("面积是: %f\n",PI*5*5);
```

```
        return 0;
    }
```

程序运行结果如图 2.3 所示。

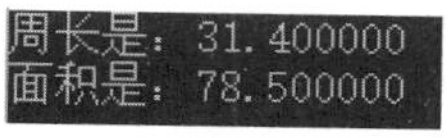

周长是: 31.400000
面积是: 78.500000

图 2.3　程序运行结果

> **小提示**　（1）一个#define 命令只能定义一个符号常量，且用一行书写，代码行不用分号结尾。
>
> （2）符号常量一旦定义，就可以在程序中代替常量使用。由于是常量，所以符号常量在其作用域内不能被修改或赋值。例如：
>
> ```
> #define NUM 10
> int main()
> {
>     NUM=5;    //编译时会提示错误，符号常量 NUM 的值不能被修改
> }
> ```
>
> （3）使用符号常量，增强了程序的可读性和可维护性。当程序中多处使用同一个常量时，如果需要修改该常量的值，修改操作会很烦琐且容易遗漏。而使用了符号常量的话，则只需要修改定义处的值即可。

2.2.2　变量

变量是指在程序运行过程中，其值可以改变的量。变量具有保值的性质，但是当给变量赋新值时，新值会取代旧值，这就是变量的值发生变化的原因。需要在内存中占用一定的存储单元以存放变量的值。程序中用到的所有变量都必须有一个名字作为标识，给变量所取的名字叫变量名。变量的名字要符合标识符的命名规则。

1. 标识符

标识符是用来标识变量、符号常量、数组、函数、文件等名字的有效字符序列。大家以后要学习的变量名、数组名、函数名等都是程序中的标识符。C 语言规定，标识符只能由字母、数字、下画线组成，且第一个字符必须为字母或下画线。

例如，score、sum、p1、Stu_Name、_sum 等都是合法的标识符。

标识符中的字母是区分大小写的，如 sum、SUM、Sum 不能混用。一般情况下，变量名用小写字母表示，特殊的标识符用大写字母表示。为了阅读程序方便，标识符最好能够见名知意，如使用英文单词或汉语拼音，但不能使用汉字或其他全角字符。

2-10：标识符与关键字

C 语言中标识符的长度（字符个数）没有统一规定，多数系统中允许使用 32 个字符，多于规定长度的字符无效。

2. 关键字

C 语言内部预先定义的标识符称为关键字（或保留字）。关键字不能够作为用户标识符。ANSI（American National Standards Institute，美国国家标准学会）标准中规定了 32 个标识符为基本关键字，如下所示。

2-11：变量的定义与使用

auto	break	case	char	const	continue
default	do	double	else	enum	extern
float	for	goto	if	int	long

register	return	short	signed	sizeof	static
struct	switch	typedef	union	unsigned	void
volatile	while				

除了关键字以外，尽量不要使用 main、printf 等库函数的名字作为用户的标识符。

3. 变量的定义

C 语言的基本变量类型有整型变量、实型变量和字符型变量。在程序中，使用变量必须先定义。定义一个变量就是要确定其类型与名字（标识符）。变量的类型决定了存储数据的格式和占用内存字节数；变量的名字由用户定义，它必须符合标识符的命名规则。变量定义后，程序通过变量名字读写变量地址中的数据。

变量定义的一般形式为：

[存储类型] 数据类型 变量名1[,变量名2,...];

下面是一些定义变量的例子。

```
int a,b,c;          //定义了 3 个整型变量
float x;            //定义了单精度实型变量 x
double c;           //定义了双精度实型变量 c
char ch;            //定义了字符型变量 ch
```

变量定义时，需要注意以下几点。

（1）允许在一个类型说明符后定义多个相同类型的变量。类型说明符与变量名之间至少用一个空格间隔，各变量名之间用逗号间隔。

（2）最后一个变量名后面用分号结尾。

（3）变量定义必须放在变量使用位置之前，一般放在函数体开头部分。

（4）没有给变量赋初值，并不意味着该变量中没有数值，只表明该变量中没有确定的值，因此直接使用这种变量的话可能产生莫名其妙的结果，还有可能导致运算错误。

4. 变量的初始化

上述变量的定义只是指定了变量名字和数据类型，并没有给它们赋初值。给变量赋初值的过程称为变量的初始化。例如：

```
int a=256,b=-2;      //定义了 a 和 b 两个整型变量，其初值分别为 256 和-2
float x=5.26;        //定义了单精度实型变量 x，其初值为 5.26
double c,d=2.5;      //定义了双精度实型变量 c 和 d，并给 d 赋初值
char ch='a';         //定义了字符型变量 ch，其值为字符'a'
```

【例 2.3】整型变量的定义与使用。

```
#include<stdio.h>
int main()
{
    int a=3,b=5,c,d;                    //定义整型变量 a、b、c、d，并为 a、b 赋初值
    c=a+b;
    d=a-b;
    printf("a+b=%d,a-b=%d\n",c,d);      //输出 a 与 b 的和与差
    return 0;
}
```

程序运行结果如图 2.4 所示。

程序中用到的所有变量都必须有一个变量名。变量名和变量值是两个不同的概念。变量名实际上是一个符号，表示变量在内存中的存放位置。程序运行过程中，从变量取值，实际上是通过变量名找到相应内存地址，从存储单元读取数据。而对变量赋值，也是通过变量名找到相应内存地址，

然后将数据写入存储单元。变量名、变量值和存储单元的关系如图 2.5 所示。

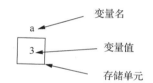

变量名
变量值
存储单元

a+b=8, a-b=-2
图 2.4　程序运行结果

图 2.5　变量名、变量值和存储单元的关系

不同类型的变量在内存中占据存储单元的数量及存储的格式不同。C 语言要求变量必须"先定义后使用"。这样做的目的如下。

（1）定义变量时就指定它的数据类型，编译时可以为其分配相应的内存单元，编译程序会检查对该变量的运算是否合法。

例如，在 Dev-C++中，为 int 类型变量分配 4 个字节存储单元，可以进行求模（余数）运算；为 double 类型分配 8 个字节，不可以进行求模运算。

（2）保证程序中变量名的正确使用。

例如：

```
#include<stdio.h>
int main()
{
    int a=5,b=6,sum=0;
    svm=a+b;
    return 0;
}
```

程序第 5 行错将"sum"写为"svm"，编译时，系统会报告"svm"没有定义，并给出错误提示"undeclared identifier"。

5. 实型数据的舍入误差

使用实型数据时，要注意数据的有效数字位数。

【例 2.4】实型数据的舍入误差。

```
#include <stdio.h>
int main()
{
    float a=1.234567E10,b;
    b=a+20;
    printf("a=%f\n",a);
    printf("b=%f\n",b);
    return 0;
}
```

2-12：实型变量

程序运行结果如图 2.6 所示。

变量 b 的值应该比变量 a 的大 20，可是运行结果显示二者相同。这是因为变量 a 和 b 都是 float 类型的，只能保留 6～7 位有效数字，变量 b 所加的 20 被舍弃了。因此，在进行计算时，要避免一个大数和一个小数直接相加减。

a=12345669632.000000
b=12345669632.000000
图 2.6　程序运行结果

如果将上例中的 float 类型改为 double 类型，就可以避免 float 类型数据运算超出精度范围而产生的溢出问题，消除误差，大家可以试一试。

【练一练】

（1）已知圆半径为 2.5，求其周长和面积。

23

（2）求 5、8 和 9 这 3 个数的平均值，结果保留小数部分。

6. 字符型数据与整型数据的关系

字符型数据在内存中占用 1 个字节，只能存放一个字符，并以该字符的 ASCII 值的形式存放。Char 类型数据的取值范围为–128（对应二进制数 10000000）～ 127（对应二进制数 01111111），unsigned char 类型数据的取值范围为 0（对应二进制数 00000000）～255（对应二进制数 11111111）。

2-13：字符型数据与整型数据的关系

在 C 语言中，字符型数据可以按照整型数据（该字符对应的 ASCII 值）来处理。

【例 2.5】 给字符型变量赋整数值。

```c
#include <stdio.h>
int main()
{
    char ch1=65,ch2=66;
    printf("%c,%c\n",ch1,ch2);
    printf("%d,%d\n",ch1,ch2);
    return 0;
}
```

程序运行结果如图 2.7 所示。

本例中，将整型值赋给字符型变量，那么既可以以整数形式输出其 ASCII 值，又可以以字符形式输出对应字符。这是因为字符型数据以 ASCII 值的形式存放。可以将字符型看成特殊的整型。

```
A,B
65,66
```
图 2.7　程序运行结果

在 C 语言中，允许为字符型变量赋整型值，把字符型变量按整数形式输出；同样也允许为整型变量赋字符型值，把整型变量按字符形式输出。

需要说明的是，整型变量在作为字符型变量处理时，只有低 8 位（即 1 个字节）的数据参与处理。

【例 2.6】 大、小写英文字母的相互转换。

```c
#include <stdio.h>
int main()
{
    char ch1,ch2;
    ch1='a';
    ch2='Q';
    ch1=ch1-32;
    ch2=ch2+32;
    printf("%c,%c\n%d,%d\n",ch1,ch2,ch1,ch2);
    return 0;
}
```

程序运行结果如图 2.8 所示。

C 语言允许字符型变量参与数值运算。本例中，将字符型变量 ch1 和 ch2 的 ASCII 值分别进行了加法和减法运算。由于大写字母和小写字母的 ASCII 值相差 32，因此运算后把小写字母和大写字母进行了转换，并分别以字符和整数的形式输出。

```
A,q
65,113
```
图 2.8　程序运行结果

【例 2.7】 字符型变量和整型变量的相互赋值。

```c
#include <stdio.h>
int main()
{
    char x='\256';
```

```
    int y;
    y=x;
    printf("y=%d\n",y);
    return 0;
}
```

程序运行结果如图 2.9 所示。

程序中字符型变量 x 被赋值为转义字符'\256',对应十进制数 174。那么问题来了,把字符型变量 x 的值赋给整型变量 y 后,y 的值为什么不是 174,而是-82 呢?

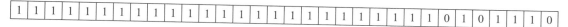

图 2.9 程序运行结果

这是因为在进行 y=x 的赋值运算时,先要把字符型变量 x 的值转换为整型。因此需要把字符的 ASCII 值由 1 个字节扩展为 4 个字节(在这里我们以 32 位计算机系统的情况为例,整型变量在内存占用 4 个字节)。例如字符'\256'的扩展情况如下。

1 个字节:

1	0	1	0	1	1	1	0

扩展为 4 个字节:

1	1	1	1	1	1	1	1	1	1	1	1	1	1	1	1	1	1	1	1	1	1	1	1	1	0	1	0	1	1	1	0

扩展后的二进制数对应着-82 的补码。这种扩展称为带符号位的扩展,即用字符 ASCII 值的最高位(本例中为 1)填充扩展字节(高 24 位)。

如果把字符型变量定义为 unsigned char 类型,将该字符型变量赋给整型变量时,要先把字符型变量的值转换为整型。将 1 个字节扩展为 4 个字节时,整型变量的高位全部填入 0,即数值不变。

【例 2.8】无符号字符型变量和整型变量的相互赋值。

```
#include <stdio.h>
int main()
{
    unsigned char x='\256';
    int y;
    y=x;
    printf("y=%d\n",y);
    return 0;
}
```

程序运行结果如图 2.10 所示。

在本例中,字符型变量 x 被定义为 unsigned char 型,因此在进行 y=x 赋值运算时,变量 x 的 ASCII 值由 1 个字节扩展为 4 个字节,扩展情况如下。

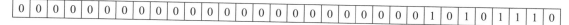

图 2.10 程序运行结果

1 个字节:

1	0	1	0	1	1	1	0

扩展为 4 个字节:

0	0	0	0	0	0	0	0	0	0	0	0	0	0	0	0	0	0	0	0	0	0	0	0	1	0	1	0	1	1	1	0

这种扩展被称为不带符号位的扩展,即用 0 填充扩展字节(高 24 位)。

【练一练】

（1）将大写字母'Q'转换为小写字母输出。

（2）写出下列程序的运行结果_____。

```c
#include <stdio.h>
int main()
{
    char ch1='e',ch2='l',ch3='o';
    char ch4='\101',ch5='\102',ch6='\103';
    printf("h%cl%c%c\tworld\n",ch1,ch2,ch3);
    printf("%c%c\b\b%c\n",ch4,ch5,ch6);
    return 0;
}
```

2.3 运算符与表达式

计算机通过各种运算完成对数据的处理。通常对数据可以进行加、减、乘、除等算术运算，也可以进行关系运算、逻辑运算、位运算。用来表示各种运算的符号称为运算符。

C 语言中的运算符非常丰富。运算符与运算对象（变量、常量、函数、表达式）组合起来，构成了 C 语言的表达式。

只有一个运算对象的运算符称为单目运算符，有两个运算对象的运算符称为双目运算符，有 3 个运算对象的运算符称为三目运算符。

当一个表达式中出现多个运算符时，就要考虑哪个运算符先执行，哪个运算符后执行，这就是运算符的优先级问题。

优先级相同的运算符就要考虑，其运算方向，即结合性。自左向右进行运算是左结合，自右向左进行运算为右结合。在表达式中，各运算对象参与运算的先后顺序，不仅要遵守运算符优先级的规定，还要受到运算符结合性的制约。

C 语言具有丰富的运算符和表达式，本节介绍 C 语言中常用的算术运算符、赋值运算符、位运算符和几个特殊的运算符等。

2.3.1 算术运算符和算术表达式

1. 算术运算符

C 语言的算术运算符主要包括加（＋）、减（－）、乘（＊）、除（/）、求模（%）运算符 5 种。其中加、减、乘、除运算就是数学中的四则运算，求模运算就是求余数的运算。具体说明如下。

（1）减（－）运算符：既是单目运算符又是双目运算符。用作单目运算符时，进行取相反数运算，如-8、-x 可以对 8 和 x 取相反数；用作双目运算符时，进行减法运算，如 10-5 结果为 5。

2-14：算术运算符
和算术表达式

（2）除（/）运算符：两个整数相除的结果为整数，舍去小数部分。如果运算对象中有一个是实型数，则结果为实型。

（3）求模（%）运算符：也叫求余运算符。要求两个操作数必须是整数，结果是整除后的余数。实型数不能进行求模运算。

设 a、b 为整型变量，则表达式 a%b 的结果为两数相除的余数，结果的符号与 a 相同。如果 a%b

结果为 0，说明 a 能被 b 整除；否则不能整除。求模运算在判断一个整数能否被另一个整数整除时很方便。

【例 2.9】除运算符的应用举例。

```
#include <stdio.h>
int main()
{
printf("%d,%d\n",10/3,-10/3);
printf("%f,%f,%f,%f",10.0/3,10.0/-3,-10.0/3,-10.0/-3);
return 0;
}
```

程序运行结果如图 2.11 所示。

图 2.11　程序运行结果

在例 2.9 中，10/3、−10/3 的运算结果都是整数，10.0/3、10.0/−3、−10.0/3、−10.0/−3 由于有实型数参与运算，其运算结果为实型数。

【例 2.10】求模运算符的应用举例。

```
#include <stdio.h>
int main()
{
    printf("%d\n",7%3);
    printf("%d,%d,%d\n",(-7)%3,7%(-3),(-7)%(-3));
    return 0;
}
```

程序运行结果如图 2.12 所示。

图 2.12　程序运行结果

2. 算术表达式

用算术运算符和一对圆括号将操作数（常数、变量、函数等）连接起来，且符合 C 语言语法的表达式称为算术表达式。

几个常见数学表达式使用 C 语言算术表达式进行描述的错误格式和正确格式，如表 2.5 所示。

表 2.5　算术表达式

数学表达式	错误的算术表达式	正确的算术表达式
$b^2 - 4ac$	b*b-4ac	b*b-4*a*c
$\dfrac{b^2 - 4ac}{2a}$	(b*b-4*a*c)/2*a	(b*b-4*a*c)/(2*a)
$\dfrac{a+b}{a-b}$	a+b/a-b	(a+b)/(a-b)

>
>
> **注意** （1）在 C 语言的算术表达式中，不允许使用方括号和花括号，只能使用圆括号。
> （2）圆括号是 C 语言中优先级最高的运算符。
> （3）圆括号必须成对使用。当使用了多层圆括号时，先完成最里层的运算，从里向外处理，最后处理最外层括号。
> （4）C 语言程序中的算术表达式要注意书写形式，不要和数学表达式混淆。

可见，算术表达式采用的是线性书写形式，运算数和运算符都要写在一条横线上。有些运算还涉及诸如求绝对值和平方根之类的问题。对这类数学运算，C 语言已经将它们定义成标准库函数。例如，求 a 的绝对值可以使用 fabs(a)函数，求 b 的平方根可以使用 sqrt(b)函数。这些函数已经被定义在数学库文件"math.h"中，在使用时，用户只需要直接调用即可。

5 种算术运算符中，单目运算符取负（–）的优先级最高，其次是乘（＊）、除（／）和求模（％）3 种运算符，最后是加（＋）、减（–）运算符，即"先乘除后加减"。算术运算符具有左结合性，即运算时自左向右。

2.3.2 赋值运算符和赋值表达式

在 C 语言中，"="是一个运算符，称为赋值运算符。由赋值运算符连接的表达式称为赋值表达式。

赋值表达式的语法结构为：

```
变量名=表达式;
```

例如：

```
x=5;y=x;x=a+b;
```

赋值运算符的功能是首先求出右边表达式的值，然后将此值赋给左边的变量。赋值运算符左边必须是一个变量名，赋值运算符右边允许是常量、变量和表达式。

下面结合示例说明赋值运算符的特点。

（1）赋值运算符的优先级很低，在所有的运算符中，仅高于 2.3.5 小节将要介绍的逗号运算符，低于其他所有运算符。因此，对于如下表达式：

```
x=a*b+2*c;
```

由于其他运算符的优先级都比赋值运算符的高，所以先计算右边表达式的值，再将此值赋给变量 x。因此，x=a*b+2*c 与 x=(a*b+2*c)两个赋值表达式等价。

（2）赋值运算符不同于数学中的等号，等号不具有方向性，而赋值运算符具有方向性。$a=b$ 和 $b=a$ 在数学上的意义是等价的，但是作为程序表达式，将产生不同的操作结果。执行 a=b 操作后，变量 a 的值被改写成了变量 b 的值，原来 a 中的值被覆盖，变量 b 的值不变。

（3）C 语言规定，将赋值表达式中左边的变量得到的值作为赋值表达式的值，所以表达式 a=5 的值等于 5。

（4）赋值运算符具有右结合性，因此 a=b=5 也是合法的，与 a=(b=5)等价，最后 a 和 b 的值均等于 5。

2-15：赋值运算符和赋值表达式

2.3.3 位运算符

位运算是指在 C 语言中进行的二进制位的运算。位运算有位逻辑运算和移

2-16：位运算符（1）

位运算两种。位逻辑运算能够方便地设置或屏蔽内存中某个字节的一位或几位，也可以将两个数按位相加；移位运算可以将内存中某个二进制数左移或右移若干位。

C 语言提供了 6 种位运算符，如表 2.6 所示。

表 2.6　位运算符及其含义

位运算符	含义	举例
&	按位与	a&b
|	按位或	a|b
^	按位异或	a^b
~	按位取反	~a
<<	左移	A<<1
>>	右移	a>>1

> **说明**　（1）位运算符的运算对象 a 和 b 只能是整型数据或字符型数据，不能是实型数据。
> （2）位运算符中只有按位取反运算符（~）为单目运算符，其他均为双目运算符，即要求运算符的两侧各有一个运算对象。
> （3）位运算符优先级为："~" > "<<""">>" > "&" > "^" > "|"。
> （4）运算对象一律按二进制补码形式参与运算，并且是按位进行运算。
> （5）位运算的结果是一个整型数据。

下面分别介绍这 6 种位运算符的使用方法。各例题中 a 和 b 均为整型变量。设 a 的值为 6，b 的值为 10（为说明问题方便，以 16 位计算机系统为例，6 对应的二进制数为 0000000000000110，10 对应的二进制数为 0000000000001010）。

1. 位逻辑运算符

（1）按位与运算符（&）。

按位与运算规则：将参与运算的两数对应的各二进制位相与，只有对应的两个二进制位均为 1 时，结果位才为 1，否则为 0，即 0&0=0，0&1=0，1&0=0，1&1=1。

【例 2.11】计算 a&b 的值。

a 的补码：　　　 0000000000000110

b 的补码：　　　 0000000000001010

按位与结果：　　 _____

结果的补码：　　 0000000000000010

即 a&b=2。

按位与运算通常有以下几种特殊的用途。

① 将数据的某些位清零。

如执行语句 a=a&0，结果为 a=0。

② 判断数据的某位是否为 1。

如计算表达式 a&0x8000，其值如果为 0，表示变量 a 的最高位为 0；其值如果非 0，表示变量 a 的最高位为 1。

③ 保留数据的某些位。

如执行语句 a=a&0xff00，结果保留 a 中高 8 位数据不变，低 8 位数据被清空。

（2）按位或运算符（|）。

按位或运算规则：将参与运算的两数对应的各二进制位相或，如果对应的两个二进制位均为0，则结果位为0，否则为1，即0|0=0，0|1=1，1|0=1，1|1=1。

【例2.12】计算a|b的值。

a的补码：　　　　0000000000000110

b的补码：　　　　0000000000001010

按位或结果：　　_____

结果的补码：　　0000000000001110

即a|b=14。

按位或运算通常用于将数据的某些特定位置为1。例如，要将变量a的低8位全部置1，高8位不变，可以用a=a|0x00ff语句实现。

（3）按位异或运算符（^）。

按位异或运算规则：将参与运算的两数对应的各二进制位相异或，当两个对应的二进制位相异时，结果位为1，相同则为0，即0^0=0，0^1=1，1^0=1，1^1=0。

【例2.13】计算a^b的值。

a的补码：　　　　0000000000000110

b的补码：　　　　0000000000001010

按位异或结果：　_____

结果的补码：　　0000000000001100

即a^b=12。

2-17：位运算符（2）

按位异或运算具有"与1异或的位其值翻转，与0异或的位其值不变"的规律，所以通常用于保留数据的原值，或者使数据的某些位翻转。

例如：

```
int a=5,b,c;
b=a^0;              /*结果b=5*/
c=a^0x000f;         /*结果c=10*/
```

【例2.14】假设有整型变量a和b，并且a=6，b=10。现在要求在不用中间变量的情况下将a和b的值互换。

可以用以下3条赋值语句实现变量值互换的功能。

```
a=a^b;    /*即 a=6^10=12*/
b=b^a;    /*即 b=10^12=6*/
a=a^b;    /*即 a=12^6=10*/
```

（4）按位取反运算符（~）。

按位取反运算规则：对参与运算的数的各二进制位按位求反，即将1变为0，0变为1。

例如，a的补码为0000000000000110，那么~a=1111111111111001。

以上位逻辑运算的规则如表2.7所示，表中x和y均是一个二进制位。

表2.7　位逻辑运算规则

运算对象		逻辑运算结果				
x	y	x&y	x|y	x^y	~x	~y
0	0	0	0	0	1	1
0	1	0	1	1	1	0
1	0	0	1	1	0	1
1	1	1	1	0	0	0

2. 移位运算符

（1）左移运算符（<< ）。

2-18：位运算符（3）

左移运算规则：将"<<"左侧的数据中的各二进制位全部左移，左移的位数由"<<"右侧的数据指定。移位后右边出现的空位补 0，舍弃移出存储空间的高位数据。

例如，a<<2，表示将 a 的各位依次向左移 2 位，a 的最高 2 位被移出去并舍弃，空出的低 2 位以 0 填补。

假设有 char a=5，则 a<<2 的运算过程如下。

```
a:              00000101
a<<2:      (00) 00010100
            舍弃      补 0
```

即 a<<2 的值为 20。

> **说明** 左移 1 位相当于该数乘 2，左移 n 位相当于该数乘 2^n，左移比乘法运算执行起来要快很多。但是左移 n 位相当于该数乘 2^n，只适合于未发生溢出的情况，即移出的高位中不含有 1 的情况。

（2）右移运算符（>> ）。

右移运算规则：将">>"左侧的数据中的各二进制位全部右移，右移的位数由">>"右侧的数据指定。移位后舍弃移出存储空间的低位数据，左边出现的空位补 0 还是补 1，分以下两种情况。

① 对无符号数进行右移时，空出的高位补 0。这种右移称为"逻辑右移"。

例如，有语句 unsigned char a=0x80，则 a>>1 的运算过程如下。

```
a:           10000000            等于十进制数 128
a>>1:        01000000      0     等于十进制数  64
             补 0         舍弃
```

即 a>>1 的值为 0x40。

② 对有符号数进行右移时，空出的高位全部以符号位填补，即正数补 0，负数补 1。这种右移称为"算术右移"。

例如，有语句 char a=0x80，则 a>>1 的运算过程如下。

```
a:           10000000            等于十进制数-128
a>>1:        11000000      0     等于十进制数-64
             补 1         舍弃
```

又如 char a=0x60，则 a>>1 的运算过程如下。

```
a:           01100000            等于十进制数 96
a>>1:        00110000      0     等于十进制数 48
             补 0         舍弃
```

可以看出，数据右移 1 位相当于该数除以 2，同样，右移 n 位相当于该数除以 2^n，适用于右边移出的低位数据中不包括 1 的情况。

3. 位赋值运算符

位运算符与赋值运算符结合可以组成位赋值运算符，C 语言提供的位赋值运算符如表 2.8 所示，它们都是双目运算符。

表 2.8　位赋值运算符

位赋值运算符	含义	举例	等价于
&=	位与赋值	a&=b	a=a&b
|=	位或赋值	a|=b	a=a|b
^=	位异或赋值	a^=b	a=a^b
<<=	左移赋值	a<<=b	a=a<<b
>>=	右移赋值	a>>=b	a=a>>b

2.3.4　数据类型转换

在 C 语言中，不同类型的数据之间不能直接进行运算，在运算之前，必须将要操作的数据转换成同一种类型的数据，然后才能进行运算。

2-19：数据类型
转换（1）

1. 赋值运算类型转换

在给变量赋值时，要尽量做到赋值运算符两侧的数据类型一致。如果不一致，系统将自动进行类型转换，即把赋值运算符右侧表达式的值转换为与左侧变量相同的类型。

在 C 语言的赋值表达式中，类型转换的具体规定如下。

（1）将实型数据赋给整型变量时，舍去实型数据的小数部分。

（2）将整型数据赋给实型变量时，其数值不变，以浮点数形式存放，即增加小数部分（小数部分的值为 0）。

（3）将字符型数据赋值给整型变量时，由于字符型数据占一个字节，所以将字符的 ASCII 值放在整型变量的低 8 位中，对于无符号整型变量，其高位补 0；对于有符号整型变量，其高位补字符的最高位（0 或 1）。

（4）将整型数据赋给字符变量时，只把其低 8 位赋给字符变量。

【例 2.15】赋值运算类型的转换。

```
#include <stdio.h>
int main()
{
    int a,b=328,c;
    float x,y=9.36;
    char ch1='k',ch2;
    a=y;             //a 为整型变量，取实型变量 y 的值 9.36 的整数部分 9 赋给 a
    x=b;             //x 为实型变量，将整型变量 b 的值 328 转换为实型数据 328.0 后赋给 x
    c=ch1;           //将字符型变量 ch1 的 ASCII 值 107 赋给整型变量 c
    ch2=b;           //整型变量 b 的值为 328，取其值的低 8 位赋给字符变量 ch2
    printf("%d,%f,%d,%c",a,x,c,ch2);
    return 0;
}
```

程序运行结果如图 2.13 所示。

2. 自动类型转换

在表达式中，当运算符两边的运算对象类型相同时，可以直接进行运算，并且运算结果和运算对象具有同一数据类型。

`9,328.000000,107,H`

图 2.13　程序运行结果

例如表达式 7/2 的运算结果为 3，结果只取整数部分。

由于运算对象可能具有不同的类型，因此难以避免在一个程序表达式中出现不同类型的操作数。C 语言遇到不同类型数据之间的运算问题时，能够自动地将操作数转换成同种类型的数。运算结果的数据类型为级别较高的类型。

例如，在计算 4/5.0 表达式时，先将整数 4 转换成实型数据 4.0，然后进行除法运算，运算结果为类型级别更高的实型数据 0.8。

2-20：数据类型
转换（2）

各种类型自动转换级别如图 2.14 所示。

【例 2.16】 数据类型自动转换举例。

```
#include <stdio.h>
int main()
{
    float x=5.0,y;
    int a=6;
    char c='B';
    y=7+a*c+x;
    printf("y=%f",y);
    return 0;
}
```

图 2.14　各种类型自动转换级别

程序运行结果如图 2.15 所示。

3. 强制类型转换

y=408.000000

图 2.15　程序运行结果

C 语言中允许使用类型说明符对操作数据进行强制类型转换。

强制类型转换的语法结构为：

(类型说明符)(表达式)

其中，(类型说明符)称为强制类型转换运算符。采用强制类型转换运算符，可以将一个表达式的值转换成指定的类型，这种转换是根据人为要求进行的。例如：

```
(int)7.678                //把 7.678 转换成整数 7
(double)(10%3)            //把 10%3 所得结果转换成双精度浮点数
```

若整型变量 a=3，b=4，则表达式(float)a/(float)b 的结果为 0.75；若将表达式改成(float)(a/b)，则运算结果为 0.0。

> **注意**　（1）强制类型转换运算符和表达式都必须加括号（单个变量可以不加括号）。
> （2）在进行强制类型转换时，取整类型转换不是按照四舍五入原则处理的，而是只取整数部分数据，忽略小数部分。例如当 a=2.8 时，(int)a 的结果为整数部分 2。
> （3）无论是强制类型转换或自动类型转换，都是为了本次运算的需要而对变量的数据长度进行的临时性转换，并不改变变量原本的数据类型和变量的值。例如单精度变量 a=2.8，(int)a 的结果为 2，但变量 a 的类型仍然是单精度类型，其值仍然是 2.8。

【例 2.17】 强制类型转换运算符的使用。

```
#include <stdio.h>
int main()
{
    float x=45.2353;
    x=(int)(x*100+0.5)/100.0;
    printf("x=%.2f\n",x);
```

```
        return 0;
    }
```

程序运行结果如图 2.16 所示。

语句"x=(int)(x*100+0.5)/100.0;"中用到了强制类型转换和自动类型转换。

x=45.24

图 2.16　程序运行结果

其中"(int)(x*100+0.5)"的运算结果是 4524，是整型，在除以 100.0 时，自动转
换为实型数 4524.0，所以结果为 45.24。该语句的结果保留了小数点后面的两位有效数字，并进行了
四舍五入处理。

【例 2.18】强制类型转换。

```
#include <stdio.h>
int main()
{
    float f=9.76;
    printf("(int)f=%d,f=%f\n",(int)f,f);
    return 0;
}
```

程序运行结果如图 2.17 所示。

(int)f=9,f=9.76000

图 2.17　程序运行结果

本例中，实型变量 f 虽然被强制转换为 int 类型，但只在运算中起作用，
这样的转换是临时的，变量 f 的实型类型并不改变。因此，(int)f 的值为 9，
而 f 的值仍为 9.76。

2.3.5　几个特殊的运算符

1. 复合赋值运算符

在赋值运算符之前加上其他运算符，可以构成复合赋值运算符。复合赋值运
算符的优先级与赋值运算符的优先级相同，也具有右结合性。常用的复合赋值运
算符有"+="" -="" *="" /="" %="，使用规则如下。

2-21：几个特殊的
运算符（1）

（1）a+=x 相当于 a=a+x。

（2）a+=x-y 相当于 a=a+(x-y)。

（3）a-=x-y 相当于 a=a-(x-y)。

（4）a*=x-y 相当于 a=a*(x-y)。

（5）a/=x*y 相当于 a=a/(x*y)。

（6）a%=x 相当于 a=a%x。

2. 自增运算符（++）和自减运算符（--）

自增运算符（++）和自减运算符（--）是单目运算符，其运算对象必须是变量，不能为表达式
或常量。其原因是这两个运算符的功能是使变量的值增 1 或减 1，而常量的值是不能改变的。

++i、i++、--i、i--都是合法的表达式。"++"和"--"运算符既可以作为变量的前缀，又可以
作为变量的后缀，相对于变量本身来说，都表示自增 1 或自减 1；相对于表达式来说，二者的作用
有区别。其使用规则如下。

（1）++i、--i 表示变量在使用之前先自增 1、自减 1。

（2）i++、i-- 表示变量在使用之后再自增 1、自减 1。

【例 2.19】自增、自减运算符的使用。

```
#include <stdio.h>
int main()
```

```
{
    int x=3,y=5,a,b;
    a=x++;      //相当于 a=x;x=x+1;，即先将 x 的值赋给 a，再将 x 的值增加 1
    b=++y;      //相当于 y=y+1;b=y;，即先将 y 的值增加 1，再将 y 的新值赋给 b
    printf("x=%d,y=%d,a=%d,b=%d\n",x,y,a,b);
    return 0;
}
```

程序运行结果如图 2.18 所示。

"++" 和 "--" 运算符具有右结合性。表达式-a++相当于-(a++)，而不是

x=4,y=6,a=3,b=6

图 2.18　程序运行结果

(-a)++。而且(-a)是表达式，不能作为 "++" 运算符的操作数。

3. 逗号运算符

逗号运算符又称为顺序求值运算符。逗号运算是将多个表达式用逗号运算符（,）连接起来，组成逗号表达式。逗号表达式的一般形式为：

表达式 1,表达式 2,…,表达式 n

2-22：几个特殊的
运算符（2）

逗号运算符具有左结合性，因此逗号表达式将从左到右进行运算，即首先计算表达式 1，然后计算表达式 2，依次进行，最后计算表达式 n。最后一个表达式的值就是此逗号表达式的值，如：

i=3,i++,++i,i+5

这个逗号表达式的值为 10，i 的值为 5。

逗号表达式主要用于单元 5 将会介绍的 for 语句中。在 C 语言所有运算符中，逗号运算符的优先级最低。

4. 求字节运算符

求字节运算符是单目运算符，用来返回其后的类型说明符或表达式所表示的数在内存中所占有的字节数。

求字节运算的语法结构为：

sizeof(e)

其中，e 可以是任意类型的变量、类型名或表达式。

【例 2.20】字节运算符的使用举例。

```
#include <stdio.h>
int main()
{
    int a;
    printf("%d,%d\n ",sizeof(a),sizeof(4+5));
    printf("%d,%d\n",sizeof(double),sizeof("string"));
    return 0;
}
```

程序运行结果如图 2.19 所示。

【练一练】

（1）编程计算 $y=5x^2+4x-6$ 的值（其中 $x=5$）。

（2）写出下列程序的运行结果。

① _____。

4,4
8,7

图 2.19　程序运行结果

```
#include <stdio.h>
int main()
{
    int x=5,y=15;
```

```
    x+=x;
    printf("%d\n",x);
    x*=4+3;
    printf("%d\n",x);
    x%=(y%2);
    printf("%d\n",x);
    return 0;
}
```

② _____ 。

```
#include <stdio.h>
int main()
{
    int a,b,c,d;
    a=8;b=10;
    c=a++;
    d=++b;
    printf("%d,%d,%d,%d\n",a,b,c,d);
    return 0;
}
```

③ _____ 。

```
#include <stdio.h>
int main()
{
    int m,n;
    float x=5.8;
    m=x;
    n=(int)x;
    printf("x=%f,m=%d,n=%d\n",x,m,n);
    return 0;
}
```

实例分析与实现

1. 国家统计局发布的党的十八大以来经济社会发展成就系列报告显示，十年来，我国超大规模市场优势持续发挥，市场销售规模稳步扩大，消费结构优化升级，商业体系建设不断加强，流通效率明显提升，消费成为经济增长的主要驱动力，构建新发展格局成效持续显现。党的十八大以来，互联网、云计算和人工智能等新技术快速发展，助力网络购物、移动支付等新业态为特征的新型消费持续壮大，有效激发市场活力，消费转型升级稳步推进，服务消费蓬勃发展。假设某顾客买了3种商品，已知各商品的单价，现要求编写一段程序，用于实现当输入各种商品的购买数量后，输出顾客的应付金额。

分析：

（1）已知各商品的单价，为了增加程序可读性，同时使商品调价时程序修改更简单，可以定义各种商品单价为符号常量。

（2）程序中需要声明的变量有各种商品的购买数量和顾客的应付金额。

（3）输入商品购买数量 *n*。

（4）计算顾客的应付金额=price1*num1+price2*num2+price3*num3。

（5）输出顾客的应付金额 total。

程序代码如下。

2-23：实例分析与
实现

```
#define price1 25.8
#define price2 3.4
#define price3 6
#include <stdio.h>
int main()
{
    int num1,num2,num3;
    float total;
    printf("请输入每种商品的购买数量: \n");
    scanf("%d,%d,%d",&num1,&num2,&num3);
    total=price1*num1+price2*num2+price3*num3;
    printf("应付金额为: %f\n",total);
    return 0;
}
```

程序运行结果如图 2.20 所示。

```
请输入每种商品的购买数量:
3,4,7
应付金额为: 133.000000
```

图 2.20　程序运行结果

2. 有如下定义，分析表达式 "('a'+'b')*2+a*b−c/d" 结果的数据类型，并计算表达式的值。

```
int a=6;
float b=3.4;
double c=10.0;
long int d=5;
```

分析：

（1）计算('a'+'b')时，先将'a'和'b'转换成整数 97、98，计算结果为 195。

（2）计算 a*b 时，先将 a 和 b 都转换成双精度型，计算结果为 20.400000。

（3）计算 c/d 时，将 d 转换成双精度型，计算结果为 2.000000。

（4）('a'+'b')*2 结果为 390，再将 390 转换为双精度型，然后将转换后的数据与 a*b 的结果相加，再减去 c/d 的结果。表达式计算结果为 408.400000。表达式结果类型为双精度型。

📝 知识拓展　人工智能

人工智能（Artificial Intelligence，AI），是研究和开发用于模拟、延伸和扩展人的智能的理论、方法、技术，及应用系统的一门新的技术科学。

人工智能是计算机科学的一个分支，它希望了解智能的实质，并生产出一种新的能以与人类智能相似的方式做出反应的智能机器。该领域的研究包括机器人、语言识别、图像识别、自然语言处理和专家系统等。人工智能从诞生以来，理论和技术日益成熟，应用领域也不断扩大，可以设想，未来运用人工智能的科技产品，将会是人类智慧的"容器"。人工智能可以对人的思维过程进行模拟。人工智能不是人的智能，但能像人那样思考，也可能超过人的智能。

一般认为，人工智能的研究分两个方面：智能的理论基础、人工智能的实现。所以，人工智能研究涉及的基本内容分为 9 个方面：认知建模、知识表示、知识推理、知识应用、机器感知、机器思维、机器学习、机器行为、智能系统构建。

1. 认知建模、知识表示、知识推理是对人类智能模式的一种抽象

认知建模主要研究人类的思维方式、信息处理的过程、心理过程，以及人类的知觉、记忆、思考、学习、想象、概念、语言等相关的活动模式。知识表示，则是将人类已经掌握的知识概念化、形式化、模型化，其重要性在于，人类要想建立超越人的人工智能系统，就要把整个人类种群所掌握的知识灌输给它，从而让它在一定程度上可以在知识量方面超越任何一个人类个体。知识推理，则是研究人类如何利用已有的知识去推导出新的知识或结论的过程，从而可以让机器也具备像人一样的推理能力。

2. 机器感知、机器思维、机器学习、机器行为是对人类智能的一种模拟实现

机器感知，研究的是如何使机器具有类似于人类的感觉，包括视觉、听觉、触觉、嗅觉、痛觉等。机器感知的研究要用到认知建模里面的知觉理论，而且需要能够提供相应知觉所需信息的传感器。举个例子，机器视觉具有视觉理论基础，同时还需要传感器提供机器视觉所需要的图像数据。

机器思维，则是利用机器感知的信息、认知模型、知识表示和推理来有目标地处理感知信息和智能系统内部的信息，从而针对特定场景给出合适的判断，制定适宜的策略。机器思维，顾名思义就是在机器的"脑子"里进行的动态活动，也就是计算机软件里面能够动态地处理信息的算法。

机器学习，是与人类的学习相对应的。虽然掌握了一定的知识并且可以基于已有知识去推理，但是机器也要像人一样不断地学习新的知识，从而更好地适应环境。机器学习研究的就是如何让机器在与人类、自然交互的过程中自发地学习新的知识，或者利用人类已有的文献数据资料进行知识学习。目前，人工智能研究最深入和应用最广泛的内容就是机器学习，它包括深度学习、强化学习等。

机器行为，是指智能系统具有的表达能力和行动能力，包括与人对话、与机器对话、描述场景、移动、操作机器和抓取物体等能力。而语音系统（音箱）、执行机构（电机、液压系统）等是机器行为的物质基础。智能系统要想具备行为能力，离不开机器感知和机器思维，思维是行为的基础。

3. 人工智能最终要构建拟人、类人、超越人的智能系统

拟人、类人、超越人是人工智能的三部曲，人类最终要用一种实用的方式将上述关于知识和机器的研究技术付诸实践。目前已有的人工智能系统的实现主要体现在机器人（仿人、仿生，如 Atlas 仿人机器人、BigDog 机器狗等）、无人系统（如无人车、无人机、无人船）、人工大脑（如 IBM 沃森、AlphaGo）等。

同步练习

一、选择题

1. 以下选项中，不合法的 C 语言浮点型常量是（   ）。
   A. 160.　　　　　　B. 0.12　　　　　　C. 2e4.2　　　　　　D. 0.0
2. 以下选项中，不合法的 C 语言字符型常量是（   ）。
   A. 'a'　　　　　　B. '\x41'　　　　　　C. '\101'　　　　　　D. "a"
3. 以下标识符合法的是（   ）。
   A. int　　　　　　B. _a12　　　　　　C. 3ce　　　　　　D. stu#
4. 在 C 语言中，字符型数据在计算机内存中以字符的（   ）形式存储。
   A. 原码　　　　B. 反码　　　　C. ASCII　　　　D. BCD

5. 下列不是转义字符的是（　　　）。

A. \\ 　　　　　　B. \' 　　　　　　　　　　C. 074 　　　　　　　　D. \0

6. 若有数学表达式 $\dfrac{3ae}{bc}$，则下列 C 语言表达式不正确的是（　　　）。

A. a/b/c*e*3 　　　　B. 3*a*e/b/c 　　　　C. 3*a*e/b*c 　　　　D. a*e/c/b*3

7. 若有说明语句 "char c='\72';"，则变量 c 在内存中占用的字节数是（　　　）。

A. 1 　　　　　　　B. 2 　　　　　　　　　C. 3 　　　　　　　　D. 4

8. C 语言中，要求运算对象只能为整数的运算符是（　　　）。

A. % 　　　　　　　B. / 　　　　　　　　　C. > 　　　　　　　　D. *

9. 已知字母 A 的 ASCII 对应十进制数 65，且 C2 为字符变量，则执行语句 "C2='A'+'6'-'3';" 后 C2 的值是（　　　）。

A. D 　　　　　　　B. 67 　　　　　　　　C. 不确定的值 　　　　D. C

10. 字符串"ABC"在内存中占用的字节数是（　　　）。

A. 3 　　　　　　　B. 4 　　　　　　　　　C. 6 　　　　　　　　D. 8

11. 已知 "int x=023;"，则表达式++x 的值是（　　　）。

A. 17 　　　　　　　B. 18 　　　　　　　　C. 19 　　　　　　　D. 20

12. 已知 "int x=7,y=3;"，则表达式 x/y 的值是（　　　）。

A. 1 　　　　　　　B. 2 　　　　　　　　　C. 2.333333 　　　　　D. 2.33

13. 已知 "int x=10;"，则表达式 x+=x-=x-x 的值是（　　　）。

A. 10 　　　　　　　B. 40 　　　　　　　　C. 30 　　　　　　　D. 20

14. 若变量 x、i、j 和 k 都是 int 类型变量，则计算下列表达式后，x 的值是（　　　）。

x=(i=4,j=16,k=32)

A. 4 　　　　　　　B. 16 　　　　　　　　C. 32 　　　　　　　D. 52

15. 表达式 18/4*sqrt(4.0)/8 值的数据类型是（　　　）。

A. int 　　　　　　B. float 　　　　　　　C. double 　　　　　　D. 不确定

16. 若已定义 x 和 y 为 double 类型变量，且定义 x=1，则表达式 y=x+3/2 的值是（　　　）。

A. 1 　　　　　　　B. 2 　　　　　　　　　C. 2.0 　　　　　　　D. 2.5

17. sizeof(double)的结果是（　　　）。

A. 8 　　　　　　　B. 4 　　　　　　　　　C. 2 　　　　　　　　D. 出错

二、填空题

1. C 语言规定，标识符只能由_____、_____、_____ 3 种字符组成，而且第一个字符必须是_____或_____。

2. C 语言中，数值常量 59、0123、0x9f 对应的十进制数分别为_____、_____、_____。

3. 在计算机中，字符的比较是对它们的_____数值进行比较。

4. 数学表达式 area=$\sqrt{s(s-a)(s-b)(s-c)}$ 的 C 语言表达式是_____。其中，s=(a+b+c)/2。

5. 空字符串的长度是_____。

6. 若 x 和 n 都是 int 类型变量，且 x 的初值为 12，n 的初值为 5，则计算表达式 x%=(n%=2)后 x 的值为_____。

7. 设 "float x=2.5, y=4.7; int a=7;"，则表达式 x+a%3*(int)(x+y)%2/4 的值为_____。

8. 求解赋值表达式 a=(b=10)%(c=6)，表达式值为_____，a、b、c 的值依次为_____、

_____、_____。

9. 求解逗号表达式"x=a=3,6*a"，表达式值为_____，x、a 的值依次为_____、
_____。

10. 如果有"int x=5, y; y=x++, ++x;"，则 y 的值是_____。

11. 若 m 是一个三位数，使用表达式从左到右表示各位上的数字，则百位数为_____，十
位数为_____，个位数为_____。

三、写出程序运行后的输出结果

1. 以下程序段运行后的输出结果是_____。

```
int main()
{
    int a=077;
    printf ("%d\n",--a);
    return 0;
}
```

2. 以下程序段运行后的输出结果是_____。

```
int main()
{
    int a=2,b=3,c=4;
    a*=16+(b++)-(++c);
    printf("%d",a);
    return 0;
}
```

3. 以下程序段运行后的输出结果是_____。

```
int main()
{
    int x=17,y=26;
    printf ("%d",y/=(x%=6));
    return 0;
}
```

4. 以下程序段运行后的输出结果是_____。

```
int main()
{
    int i=010,j=10;
    printf ("%d,%d\n",i,j);
    return 0;
}
```

5. 以下程序段运行后的输出结果是_____。

```
int main()
{
    char ch='x';
    int x;
    unsigned y;
    float z=0;
    x=ch-'z';
    y=x*x;
    z-=y/x;
    printf("ch=%c,x=%d,y=%u,z=%f",ch,x,y,z);
```

```
    return 0;
}
```

6. 以下程序段运行后的输出结果是＿＿＿＿＿＿＿＿。

```
int main()
{
    int x=1234;
    char c1,c2,c3,c4;
    c1=x%10+'0';
    c2=x/10%10+'0';
    c3=x/100%10+'0';
    c4=x/1000+'0';
    printf("c1=%c,c2=%c,c3=%c,c4=%c",c1,c2,c3,c4);
    return 0;
}
```

7. 以下程序段运行后的输出结果是＿＿＿＿＿＿＿＿。

```
int main()
{
    int a,b,c;
    a=b=c=1;
    printf("%d,%d,%d\n",a++,b,c);
    printf("%d,%d,%d\n",a,++b,c--);
    printf("%d,%d,%d\n",a,b,++c);
    return 0;
}
```

四、编程题

1. 设长方体的长为 2，宽为 2.3，高为 1.5，编程求该长方体的表面积和体积。

2. 编写一个程序，输入一个大写字母，将其转换为对应的小写字母并输出。

3. 编写一个程序，对于任意输入的两个整数，求商和余数。

4. 编写一个程序，输入一个华氏温度，输出摄氏温度。公式为 $C=5\times(F-32)\div9$。其中，C 为摄氏温度，F 为华氏温度。输出要有文字说明，结果保留两位小数。

单元3
顺序结构

 问题引入

　　人工智能是计算机科学的一个分支，是对人意识、思维的信息过程的模拟，该领域的研究包括机器人、语言识别、图像识别、自然语言处理和专家系统等。日常生活中的语音识别、图像识别、人脸识别、无人驾驶等都是人工智能的典型应用场景。那么，人工智能是如何完成这些功能的呢？人工智能技术对应多种机器学习算法，应用算法来建立模型，对数据进行处理后再将其输出。人工神经网络算法是人工智能领域经典算法之一。人工神经网络是一种模拟大脑神经突触连接结构来处理信息的数学模型。人工神经网络可以用于分类问题，也可以用于预测问题，特别是预测非线性关系问题。

　　那么，人工神经网络是如何模拟人脑处理数据的呢？这个过程可概括为以下3步。

　　第1步：数据输入。将需要程序处理的数据输入计算机。

　　第2步：数据处理。对输入的原始数据进行处理。

　　第3步：数据输出。通过屏幕显示等方式输出处理结果。

　　数据输入、数据处理和数据输出构成了一般意义上的顺序结构程序处理过程。顺序结构表示按照顺序由上到下依次执行程序中的各条语句，直至程序结束。在本单元的学习中，主要解决以下两个问题。

　　问题1：如何使用C语言描述计算机的处理过程？

　　问题2：如何使用C语言描述数据的输入和输出环节？

本单元学习目标

　1．知识目标

（1）理解算法的含义。

（2）掌握3种基本程序结构及其流程图的绘制。

（3）掌握字符输入函数getchar和字符输出函数putchar的应用。

（4）掌握格式化输入函数scanf和格式化输出函数printf的应用。

（5）掌握库函数的含义及使用方法。

　2．技能目标

（1）具备算法设计能力，并且具备根据算法流程图实现C语言编程的能力。

（2）具备应用顺序结构解决问题的能力。

（3）具备简单程序的开发与调试能力。

3．素质目标

（1）具有设计简单程序的能力。

（2）具有独立思考能力、团队合作能力。

（3）具有设计创新精神、探索精神。

（4）具有严谨认真的工作态度。

知识描述

3.1 算法与结构化程序设计

算法（Algorithm）是对解题方案的准确而完整的描述，是一系列用于解决问题的清晰指令。算法代表用系统的方法描述解决问题的策略与机制。也就是说，算法能够让一定规范的输入，在有限时间内获得所要求的输出。程序设计就是使用某种计算机语言，按照某种算法编写程序的活动。

动画：算法

3.1.1 什么是算法

1. 算法的概念

做任何事情都有一定的步骤。为解决一个问题而采取的方法和步骤，就称为算法。计算机算法是指计算机能够执行的算法。

计算机算法可分为两大类。

3-1：什么是算法

（1）数值运算算法：主要用于解决一些难以处理或运算量大的数学问题，如求解微分方程等。

（2）非数值运算算法：如对非数值信息的排序、检索等，适用于事务管理领域。

【例 3.1】求 5!（1×2×3×4×5）的值。

最原始的算法如下。

S1：先求 1×2，得到结果 2。

S2：将 S1 得到的结果 2 乘 3，得到结果 6。

S3：将 S2 得到的结果 6 再乘 4，得到结果 24。

S4：将 S3 得到的结果 24 再乘 5，得到结果 120。

这样的算法虽然正确，但太烦琐。

改进的算法如下。

S1：使 t=1。

S2：使 i=2。

S3：使 t×i，乘积仍然放在变量 t 中，可表示为 t×i→t。

S4：使 i 的值+1，即 i+1→i。

S5：如果 i≤5，返回并重新执行 S3 以及其后的 S4 和 S5；否则，算法结束。

如果计算 100! 只需将 S5 中的 i≤5 改成 i≤100 即可。

如果改求 1×3×5×7×9×11，算法也只需做很少的改动，如下。

S1：1→t。

S2：3→i。

S3：t×i→t。

S4：i+2→i。

S5：若 i≤11，返回 S3，并顺序执行其后的 S4 和 S5；否则，算法结束。

该算法不仅准确，而且是较好的算法，用计算机实现循环较容易。

想一想：若将 S5 写成"S5：若 *i*＜11，返回 S3，并顺序执行其后的 S4 和 S5；否则，算法结束。"，计算的结果是多少？

2. 算法的特性

一个算法应该具有以下 5 个特性。

（1）有穷性。一个算法应包含有限的操作步骤而不应包含无限的操作步骤。

（2）确定性。算法中每一个步骤应当是确定的，而不是含糊的、模棱两可的。

（3）有 0 个或多个输入。

（4）有一个或多个输出。

（5）有效性。算法中每一个步骤应当能有效地执行，并得到确定的结果。

对于程序设计人员，必须会设计算法，并根据算法写出程序。

3.1.2 算法与流程图

3-2：算法与流程图

1. 用流程图表示算法

用流程图表示算法，直观形象，易于理解。图 3.1 所示是流程图中各元素的表示方法。

【例 3.2】将例 3.1 求 5!的算法用流程图表示。

求 5!的算法流程图如图 3.2 所示。

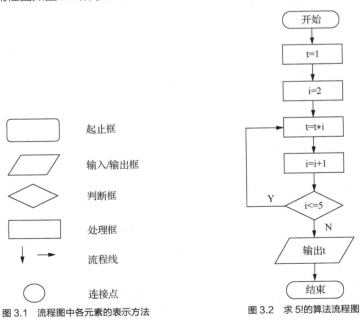

图 3.1 流程图中各元素的表示方法

图 3.2 求 5!的算法流程图

2. 3 种基本程序结构及其流程图

基本程序结构有如下 3 种。

（1）顺序结构。

（2）选择结构。

（3）循环结构。

其流程图如图 3.3～图 3.5 所示。

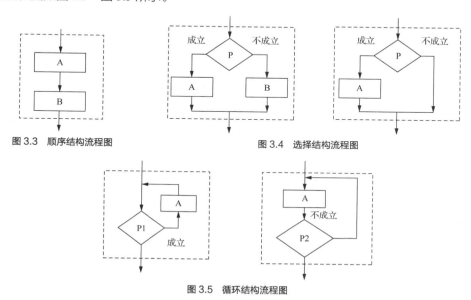

图 3.3　顺序结构流程图　　　　　　　　图 3.4　选择结构流程图

图 3.5　循环结构流程图

3 种基本程序结构的共同特点如下。

- 只有一个入口。
- 只有一个出口。
- 结构内的每一部分都有机会被执行到。
- 结构内不存在"死循环"。

3. 用 N-S 流程图表示算法

1973 年，美国学者提出了一种新型流程图——N-S 流程图。3 种基本程序结构的 N-S 流程图如图 3.6～图 3.8 所示。

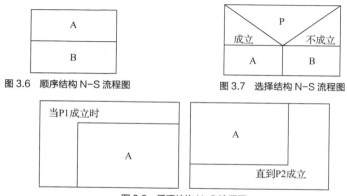

图 3.6　顺序结构 N-S 流程图　　　　　图 3.7　选择结构 N-S 流程图

图 3.8　循环结构 N-S 流程图

【例 3.3】将求 5!的算法用 N-S 流程图表示。

求 5!的算法 N-S 流程图如图 3.9 所示。

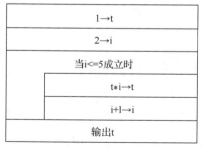

图 3.9　求 5!的算法 N–S 流程图

3.1.3　结构化程序设计及原则

3-3：结构化程序
设计及原则

1. 结构化程序设计

结构化程序设计（Structured Programming）概念最早由迪杰斯特拉（Dijkstra）在 1965 年提出，是软件发展的一个重要的里程碑。结构化程序设计主要强调的是程序的易读性，它的主要观点是一个程序的任何逻辑问题都可由顺序、选择、循环 3 种基本程序结构构造。结构化程序设计的特点是结构化程序中的任意基本程序结构都具有唯一入口和唯一出口，并且程序不会出现"死循环"。程序的静态形式与动态执行流程具有良好的对应关系。按照结构化程序设计的观点，任何算法功能都可以是 3 种基本程序结构的组合。

在 C 语言中，每一个程序设计单元可采用结构化程序设计的方法。C 语言中有 3 种基本的程序结构。

（1）顺序结构。

顺序结构指算法的实现按照相应的步骤顺序执行，直至程序结束，其流程图如图 3.3 所示。顺序结构是最简单的一种程序结构。

（2）选择结构。

选择结构又称分支结构，此结构中必包含一个判断条件，根据判断结果从两种或多种路径中选择其中的一条执行，其流程图如图 3.4 所示。

（3）循环结构。

循环结构又称重复结构，是指当循环条件允许时，反复执行某些语句，直到循环条件不成立为止，其流程图如图 3.5 所示。

一个结构化的算法是由顺序结构、选择结构、循环结构等基本程序结构组成的。3 种基本程序结构的应用并不是孤立的，而是交织在一起的。另外，算法的设计与软件开发语言具有无关性。在后续单元中，我们会分别讲述 C 语言环境中如何描述这 3 种基本的程序结构。

2. 结构化程序设计原则

结构化程序设计原则如下。

（1）自顶向下。

程序设计时，应先考虑总体，后考虑细节；先考虑全局目标，后考虑局部目标。不要一开始就过于追求细节，应该先从最上层总目标开始设计，逐步使问题具体化。

（2）逐步细化。

对复杂问题，应设计一些子目标作为过渡，将问题逐步细化。

（3）模块化设计。

一个复杂问题，一般是由若干稍简单的问题构成的。模块化是把程序要解决的总目标分解为子目标，再进一步分解为具体的小目标。把每一个小目标称为一个模块。

（4）限制使用 goto 语句。

goto 语句是无条件转移语句，能够使流程无条件地转移到相应标号所在的语句，并从该语句继续执行。要注意使用 goto 语句会使程序结构性和可读性降低。限制 goto 语句的使用，可以使得程序更易于理解、排错、维护，以及进行正确性证明。

结构化程序设计降低了程序的复杂性，提高了其可靠性、可测试性和可维护性。对于计算机编程的初学者而言，最重要的就是要有正确的程序流程概念，不仅要懂得程序流程还要灵活地应用它，也要使用流程控制语句实现结构化程序设计。

3.2 C 语言语句

C 程序的基本组成单位是函数。其中有些函数是 C 语言的库函数，有些则是用户自定义的函数。这些函数可以出现在同一源文件中，也可以出现在多个源文件中，但最后总是被编译并链接成一个可执行文件（*.exe）。

3-4：C 语句的分类

主函数是 C 程序运行的起点，所以主函数必须唯一，其函数名固定为 main。C 程序由一个或多个函数组成，其中有且仅有一个主函数 main。最简单的 C 程序只有一个函数，即主函数。C 程序的基本组成如图 3.10 所示。

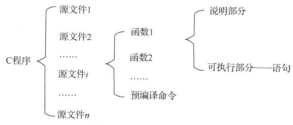

图 3.10 C 程序的基本组成

C 程序的基本组成单位是函数，而函数由语句构成。因此，语句是 C 程序的基本组成成分。语句能完成特定操作，其有机组合能实现指定的计算处理功能。语句最后必须有一个分号，分号是语句的组成部分。

C 语句可以分为以下 5 类。

（1）表达式语句。

运算符、常量、变量等可以组成表达式。表达式语句由一个表达式加一个分号构成。其一般形式为：

```
表达式；
```

执行表达式语句就是计算表达式的值。最典型的是由赋值表达式构成的赋值语句。例如：

```
a=5
```

是一个赋值表达式，而

```
a=5；
```

是一个赋值语句。分号是语句中不可缺少的组成部分，而不是两条语句间的分隔符号。例如：

```
x=y+z;     //赋值语句
y+z;       //加法运算语句，但运算结果不能保留，无实际意义
i++;       //自增1语句，i值增1
```

（2）流程控制语句。

C语言中流程控制语句有3类，共9种语句。

① 选择语句。选择语句有if语句和switch语句两种。

例如：

```
if( a>b )
   max=a;
else
   max=b;
```

该语句表示：如果a>b条件成立，则max取a的值，否则max取b的值。在a>b条件的控制下，出现两个可能的分支流程。而switch语句能实现多个分支流程，详见单元4的内容。

② 循环语句。循环语句有for语句、while语句和do-while语句3种。当循环语句的循环条件为真时，反复执行指定操作。

例如：

```
for( i=1; i<10; i++ )
   printf (" %d ", i);
```

i从1开始，每次加1，只要i<10就输出i的值，因此i=1,2,3,…,9，共循环9次，输出：

```
1 2 3 4 5 6 7 8 9
```

上述功能还可以用while语句和do-while语句实现，详见单元5的内容。

③ 转移语句。转移语句有break语句、continue语句、return语句和goto语句4种。它们都能改变程序原来的执行顺序并转移到其他位置继续执行。例如，循环语句中使用break语句终止该循环语句的执行；而循环语句中的continue语句只结束本次循环并开始下次循环；return语句用来从被调函数返回主调函数并带回函数的运算结果；goto语句可以无条件转移到任何指定的位置执行。

（3）函数调用语句。

函数调用语句由一个函数调用加一个分号构成，例如：

```
printf(" This is a C statement. ");
```

（4）复合语句。

用一对花括号进行标识的一条或多条语句，称为复合语句。无论标识复合语句的一对花括号中有多少语句，复合语句都只视为一条语句。例如，{ t=a; a=b; b=t; }是复合语句，被视为一条语句。所以执行复合语句实际是执行标识该复合语句的一对花括号中所有的语句。

小提示 复合语句的"}"后面不能出现分号，而"}"前的复合语句中最后一条语句的分号不能省略。例如以下两条语句均是错误的复合语句。

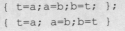

```
{ t=a;a=b;b=t; };
{ t=a;  a=b;b=t }
```

（5）空语句。

空语句由一个分号组成，它表示什么操作也不做。从语法上讲，它是一条语句。在程序设计中，若某处从语法上需要一条语句，而实际上不需要执行任何操作时就可以使用空语句。

C语言允许一行写几条语句，也允许一条语句拆开写在几行上，书写格式无固定要求。

3.3 字符输入与输出

输入和输出是以计算机为主体而言的。一般的 C 程序总体可以分成 3 部分：输入原始数据部分、计算处理部分和输出结果部分。其他高级语言均提供了输入和输出语句，而 C 语言无输入和输出语句。为了实现输入和输出功能，在 C 语言的库函数中提供了一组输入和输出函数。

> **小提示**　在使用 C 语言库函数时，要用编译预处理命令"#include"将有关"头文件"包含到源文件中。使用标准输入和输出库函数时要用到"stdio.h"文件，因此源文件开头应有以下编译预处理命令：
> ```
> #include<stdio.h>    或    #include"stdio.h"
> ```

3.3.1　字符输入函数

字符输入函数 getchar 的功能是接收用户从键盘输入的一个字符。getchar 函数没有参数，其一般形式为：
```
getchar();
```
通常把输入的字符赋给一个字符型变量，构成赋值语句，例如：
```
char c;
c=getchar();
```

3-5：字符输入函数

【例 3.4】输入单个字符。
```
#include <stdio.h>
 int main()
{
  char c;
  printf("input a character\n");
  c=getchar();
  printf("%c",c);
  return 0;
}
```
程序运行结果如图 3.11 所示。

图 3.11　程序运行结果

其中，程序倒数第 3、4 行可用下面这行代码代替。
```
printf("%c",getchar());
```

> **小提示**　使用 getchar 函数时还应注意：getchar 函数只能接收单个字符，输入的数字也按字符处理。输入字符多于一个时，只接收第一个字符。

【练一练】
编写程序实现从键盘输入一个字符，输出这个字符及其前一个和后一个字符。

3.3.2 字符输出函数

3-6：字符输出函数

putchar 函数是字符输出函数，其功能是在显示器上输出单个字符。其一般形式为：

```
putchar(c);
```

其中，c 可以是用单引号标识的单个字符，可以是范围为 0～127 的一个十进制整型数，也可以是一个字符型变量。

例如：

```
putchar('A');            /*输出大写字母 A*/
putchar(x);              /*输出字符型变量 x 的值*/
putchar('\101');         /*也是输出大写字母 A*/
```

【例 3.5】输出字符。

```
#include <stdio.h>
int main()
{
    char a='B',b='o',c='k';
    putchar(a);putchar(b);putchar(b);putchar(c);putchar('\t');
    putchar(a);putchar(b);
    putchar('\n');
    putchar(b);putchar(c);
    return 0;
}
```

程序运行结果如图 3.12 所示。

用 putchar 函数可以输出能在屏幕上显示的字符，也可以输出控制字符。例如，putchar('\n')的作用是输出一个换行符，使输出的当前位置移到下一行的开头；putchar('\t')的作用是跳转制表域，在下一个制表域进行输出。当然，putchar 函数也可以输出其他转义字符，例如：

```
Book    Bo
ok
```

图 3.12 程序运行结果

```
putchar('\\')            /*输出字符\ */
putchar('\'')            /*输出字符' */
putchar('\015')          /*输出回车符，不换行，使输出的当前位置移到本行开头*/
```

【练一练】

分析并写出以下程序的运行结果_____。

```
#include <stdio.h>
int main()
{
    char a,b;
    a='C';
    b='J';
    putchar(a);
    putchar('\t');
    putchar(b);
    putchar('\n');
    return 0;
}
```

3.4 格式化输入与输出

在日常应用中，除了要对字符进行输入与输出操作外，还需对数据进行输入与输出操作，有时甚至需要按照指定的格式进行输入或输出。在 C 语言的输入与输出函数中，除了字符的输入与输出函数外，还提供了格式化输入与输出函数，以便于数据按照输入与输出函数中指定的格式在屏幕中显示。

3.4.1 格式化输入函数

3-7：scanf 函数
的使用

1. 格式化输入函数 scanf

scanf 函数的作用是根据特定的格式读取用户输入。其一般格式如下：

```
scanf(格式控制字符串,地址列表);
```

其中，格式控制字符串的作用是定义用户输入数据的格式，包含格式字符和非格式字符。

例如，&a、&b 分别表示变量 a 和变量 b 的地址，这个地址就是编译系统在内存中给 a、b 变量分配的地址。

在 C 语言中，使用了地址这个概念，这是与其他语言不同的。应该把变量的值和变量的地址这两个不同的概念区分开来。变量的地址是 C 编译系统分配的，用户不必关心具体的地址是多少。

在赋值表达式中给变量赋值，例如：

```
a=567;
```

则 a 为变量名，567 是变量的值，&a 是变量 a 的地址。

C 语言中赋值运算符左边是变量名，不能写地址，而 scanf 函数在本质上也是给变量赋值，但要求写变量的地址，如&a。这两者在形式上是不同的。&是一个取地址运算符，&a 是一个表达式，其功能是求变量 a 的地址。

【例 3.6】用 scanf 函数输入数据。

```
#include <stdio.h>
int main()
{
  int a,b,c;
  printf("input a,b,c\n");          //输出提示语句
  scanf("%d%d%d",&a, &b, &c);       //从键盘接收 3 个数并将它们分别赋值给变量 a、b、c
  printf("a=%d,b=%d,c=%d",a,b,c);   //输出变量的值
  return 0;
}
```

程序运行结果如图 3.13 所示。

在本例中，由于 scanf 函数本身不能显示提示语句，故先用 printf 语句在屏幕上输出提示语句。在 scanf 语句的格式控制字符串中由于没有非格式字符在"%d%d%d"之间作输入时的间隔，因此在输入时要用一个以上的空格、回车符或制表符（Tab）作为每两个输入数之间的间隔。例如下面的输入均合法。

① 7⊔8⊔9

② 7

8

9

③ 7（按 Tab 键）8（按 Tab 键）9

需要注意的是，当用"%d%d%d"格式输入数据时，不能用逗号作为两个输入数据间的分隔符。例如，图 3.14 所示的输入不合法。

图 3.13　程序运行结果　　　　　　　　图 3.14　输入不合法

2. 格式说明

格式控制字符串的一般形式为：

%[*][输入数据宽度][长度]类型

其中，用方括号标识的项为任选项，类型表示输入数据的类型。其格式字符和附加格式说明字符如表 3.1 和表 3.2 所示。

3-8：scanf 函数常用的格式控制字符

表 3.1　scanf 函数的格式字符

格式字符	功能
d、i	用来输入有符号的十进制整数
u	用来输入无符号的十进制整数
o	用来输入无符号的八进制整数
x、X	用来输入无符号的十六进制整数
c	用来输入单个字符
s	用来输入字符串，将字符串送到一个字符数组中。在输入时从非空字符开始，到第一个空字符结束。字符串以结束标志'\0'作为其最后一个字符
f	用来输入实数，可以用小数形式或指数形式输入
e、E、g、G	与 f 的作用相同，e 与 f、g 可以互相替换

表 3.2　scanf 函数的附加格式说明字符

附加格式说明字符	功能
l	用于输入长整型数据以及双精度型数据
h	用于输入短整型数据
域宽	指定输入数据所占宽度，域宽应为正整数
*	表示本输入项在读入后不赋给相应的变量

小提示　（1）对无符号型变量所需的数据，可以用%u、%d 或%o、%x 格式输入。

（2）可以指定输入数据所占的列数，系统自动按它截取所需数据。例如：

```
scanf("%3d%3d",&a,&b);
```

输入：

```
123456
```

系统自动将 123 赋给变量 a，456 赋给变量 b。此方法也可用于字符型数据的

> 输入。
> ```
> scanf("%3c",&ch);
> ```
> 如果从键盘连续输入 3 个字符"abc"，由于 ch 只能容纳一个字符，系统就把第一个字符'a'赋给字符型变量 ch。
>
> （3）如果在%后有一个"*"附加格式说明字符，表示跳过指定的列数。例如：
> ```
> scanf("%2d  %*3d  %2d",&a,&b);
> ```
> 如果输入如下信息：
> ```
> 12   345   67
> ```
> 系统会将 12 赋给整型变量 a。%*3d 表示读入 3 位整数但不赋给任何变量。再读入 2 位整数 67 赋给整型变量 b。也就是说第 2 个数据"345"被跳过。在利用现成的一批数据时，有时不需要其中某些数据，可以用此方法来"跳过"它们。
>
> （4）输入数据时不能规定数据的精度。例如以下函数定义是不合法的。
> ```
> scanf("%7.2f",&a);
> ```

在使用 scanf 函数时还须注意以下几点。

（1）scanf 中要求给出变量地址，如给出变量名则会出错。例如"scanf("%d",a);"是非法的，应改为"scanf("%d",&a);"。

（2）在输入多个数据时，若格式控制字符串中没有非格式字符可用作输入数据之间的间隔，则可用空格、Tab 或回车符作为间隔。C 编译器在碰到空格、Tab、回车符或非法数据（如对"%d"输入"12A"时，A 即非法数据）时即认为该数据输入结束。

3-9：scanf 函数的注意事项

（3）在输入字符型数据时，若格式控制字符串中无非格式字符，则认为所有输入的字符均为有效字符。

例如：
```
scanf("%c%c%c",&a,&b,&c);
```
输入 d␣e␣f，则把'd'赋给 a，␣ 赋给 b，'e'赋给 c。只有当输入为 def 时，才能把'd'赋给 a，'e'赋给 b，'f'赋给 c。

（4）如果在格式控制字符串中加入空格作为间隔，如：
```
scanf ("%c %c %c",&a,&b,&c);
```
则输入时各数据之间可加空格。

【例 3.7】格式字符举例。
```
#include <stdio.h>
int main()
{
  char a,b;
  printf("input character a,b\n");
  scanf("%c%c",&a,&b);
  printf("%c%c\n",a,b);
  return 0;
}
```
由于 scanf 函数的格式控制字符串"%c%c"中没有空格，输入 M␣N，输出结果只有 M。程序运行结果如图 3.15 所示。

而输入改为 MN 时则可正确输出 MN 两个字符。程序运行结果如图 3.16 所示。

图 3.15 输入 M⎵⎵N 时程序运行结果

图 3.16 输入为 MN 时程序运行结果

（5）如果格式控制字符串中有非格式字符，则输入时也要输入该非格式字符。

例如：

```
scanf("%d,%d,%d",&a,&b,&c);
```

其中用非格式字符","作为间隔，故输入应为：

```
5,6,7
```

又如：

```
scanf("a=%d,b=%d,c=%d",&a,&b,&c);
```

则输入应为：

```
a=5,b=6,c=7
```

（6）如输入的数据与输出的类型不一致，虽然编译能够通过，但结果将不正确。

【例 3.8】编写程序，将 123.321 赋值给变量 a，将 456.654 赋值给变量 b，求 a、b 的和与商。

分析：

（1）定义浮点型变量 a 和 b。

（2）将输入值分别赋值给 a 和 b。

（3）输出"a+b"和"a/b"的值。

程序流程图如图 3.17 所示。

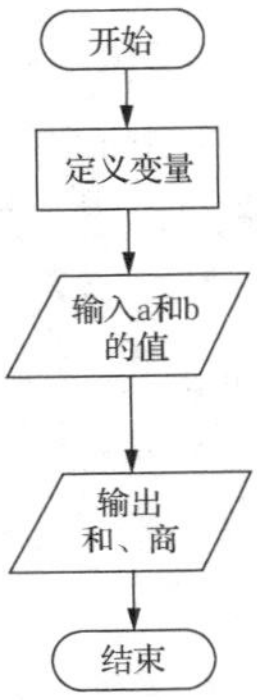

程序代码如下：

```
#include <stdio.h>
int main()
{
  float a,b;
  printf("a、b的值: ");
  scanf("%f,%f",&a,&b);
  printf("a+b=%f,a/b=%f",a+b,a/b);
  return 0;
}
```

图 3.17 例 3.8 程序流程图

程序运行结果如图 3.18 所示。

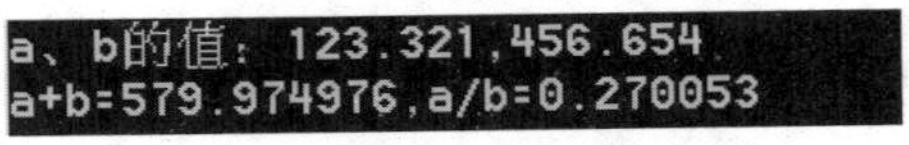

```
a、b的值: 123.321,456.654
a+b=579.974976,a/b=0.270053
```

图 3.18 程序运行结果

想一想，要想得到正确的运算结果，应如何修改？

【例 3.9】为提高学生们对中华文化的学习热情，某班级特举办"学习强国"答题竞赛。请编程模拟答题过程。

例如："魏晋时期的（　　　）因主持编绘《禹贡地域图》和提出"制图六体"而被称为地图学家。

A. 阮籍　　　　　B. 嵇康　　　　　C. 裴秀　　　　　D. 向秀

"您的答案是：　"

分析：通过对 C 语言输入和输出函数的学习可知，竞赛题目的显示应使用格式化输出函数实现；题目答案的输入应使用格式化输入函数实现。

程序流程图如图 3.19 所示。

程序代码如下：

```
#include <stdio.h>
int main()
{
    char a;
    printf("魏晋时期的（ ）因主持编绘《禹贡地域图》和提出"制图六体"而被称为地图学家。\nA.
阮籍    B.嵇康   C. 裴秀    D.向秀\n");
    scanf("%c",&a);
    printf("\n 您的答案是: %c ",a);
    return 0;
}
```

程序运行结果如图 3.20 所示。

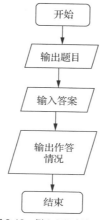

图 3.19 例 3.9 程序流程图

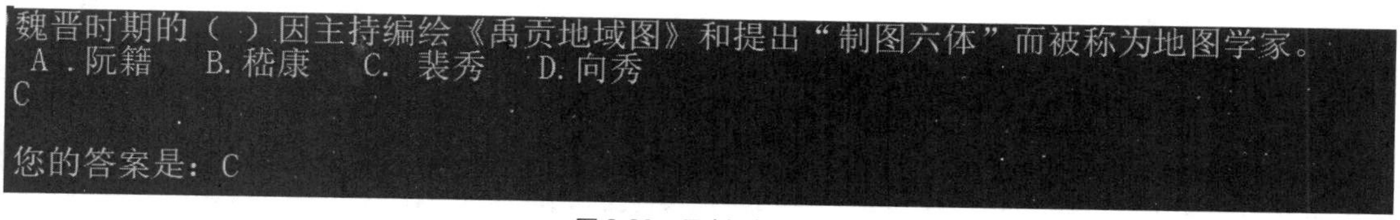

魏晋时期的（ ）因主持编绘《禹贡地域图》和提出"制图六体"而被称为地图学家。
A.阮籍   B.嵇康   C. 裴秀   D.向秀
C

您的答案是：C

图 3.20 程序运行结果

【练一练】

（1）用下面的 scanf 函数输入数据，使 a=5，b=3，c='c'，d='A'，e=1.2，f=3.4，应从键盘输
入_____。

```
#include <stdio.h>
int main()
{
    int a,b;
    char c,d;
    float e,f;
    scanf("%d,%d",&a,&b);
    scanf("%c %c",&c,&d);
    scanf("e=%f,f=%f",&e,&f);
    printf("a=%d,b=%d,c=%c,d=%c, e=%f,f=%f ",a,b,c,d,e,f);
    return 0;
}
```

（2）"鸡兔同笼"趣味数学问题：有若干只鸡、兔同在一个笼子里，共有 35 个头、94 只脚，问

笼中各有几只兔和几只鸡？编程解答。

3.4.2 格式化输出函数

在前面的例子中已经用到了 printf 函数，它的作用是向终端（或系统隐含指定的输出设备）输出若干个任意类型的数据。

3-10：printf 函数
的使用

1. 格式化输出函数 printf

printf 函数的调用形式：

```
printf(格式控制字符串,输出项表);
```

功能：按格式控制字符串中的格式依次输出"输出项表"中的各输出项。

说明：格式控制字符串用来说明"输出项表"中各输出项的输出格式。输出项表列出要输出的项（常量、变量或表达式），各输出项之间用逗号分隔。若输出项表不出现，且格式控制字符串中不含格式信息，则输出的是格式控制字符串本身。因此实际调用时有以下两种形式。

形式 1：printf(字符串);。

功能：按原样输出字符串。

例如：printf("How are you\n");。

输出：How are you 并换行。

形式 2：printf(格式控制字符串,输出项表);。

功能：按格式控制字符串中的格式依次输出项表中的各输出项。

例如：printf("r=%d,s=%f\n",2,3.14*2*2);。

输出：r=2,s=12.560000。用格式%d 输出整数 2，用%f 输出 3.14*2*2 的值 12.56。%f 格式要求输出 6 位小数，故在 12.56 后面补 4 个 0。其中，"r=" ","、"s=" 不是格式字符，按原样输出。

2. 格式控制字符串

格式控制字符串中有以下两类字符。

（1）非格式字符。

非格式字符（或称普通字符）一律按原样输出，如上例中的"r=" 和 "s=" 等。

（2）格式字符。

格式字符的形式：

```
%[附加格式说明字符] 格式字符
```

3-11：printf 函数常
用的格式控制
字符（1）

例如%d、%10.2f 等。

在输出时，对不同类型的数据要使用不同的格式字符。常用的有以下几种格式字符。

① d 格式字符：用来输出十进制整数，有表 3.3 所示的几种用法。

表 3.3 d 格式字符

格式字符	功能	举例
%d	按十进制整型数据的实际长度输出	int a =5; printf ("%d",a);的输出结果为 5
%md	m 为指定的输出字段的宽度。如果数据的位数小于 m，则在数据的左端补以空格再输出；若大于 m，则按实际位数输出	对于 printf("%4d,%4d",a,b);，若 a=123，b=12345，则输出结果为 ⌴123,12345
%ld	输出长整型数据	long a=123456; printf("%8ld",a);的输出结果为⌴ ⌴123456

② o 格式字符：用来以八进制数形式输出整数。由于将内存单元中的各位的值按八进制数形式输出，因此输出的数值不带符号，即将符号位也一起作为八进制数的一部分输出。例如：

动画：printf 函数

```
int a=-1;
printf("%d,%o",a,a);
```

-1 在内存单元中的存放形式（以补码形式存放）为：

1	1111111111111111111111111111111

输出结果为-1,37777777777。

③ x 格式字符：用来以十六进制数形式输出整数。同样不会出现负的十六进制数。例如：

```
int a=-1;
printf("%x,%o,%d",a,a,a);
```

输出结果为 ffffffff,37777777777,-1。

④ c 格式字符：用来输出一个字符。例如：

```
char c='a';
printf("%c",c);
```

输出结果为 a。

小提示 **一个整数，只要它的值在 0～255 内，也可以用"%c"使它按字符形式输出，在输出前，系统会将该整数作为 ASCII 值转换成相应的字符；反之，一个字符型数据也可以用整数形式输出。**

【例 3.10】用 printf 函数输出数据。

```
#include <stdio.h>
int main()
{
  int a=88,b=89;
  printf("%d %d\n",a,b);
  printf("%d,%d\n",a,b);           // “,”为非格式字符，原样输出
  printf("%c,%c\n",a,b);
  printf("a=%d,b=%d",a,b);          // “a=”和“b=”为非格式字符，原样输出
  return 0;
}
```

程序运行结果如图 3.21 所示。

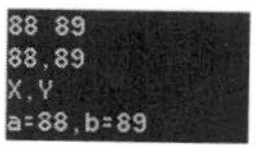

图 3.21　程序运行结果

3-12：printf 函数常用的格式控制字符（2）

⑤ s 格式字符：用来输出一个字符串，有表 3.4 所示的几种用法。

表 3.4　s 格式字符

格式字符	功能
%s	输出一个字符串
%ms	输出的字符串占 m 列。若字符串本身长度大于 m，则突破 m 的限制，将字符串全部输出；若字符串长度小于 m，则左补空格

格式字符	功能
%-ms	如果字符串长度小于 m，则在 m 列范围内，字符串向左靠齐，右补空格
%m.ns	输出占 m 列，但只取字符串左端 n 个字符。这 n 个字符输出在 m 列范围的右侧，左补空格
%-m.ns	m、n 含义同上，n 个字符输出在 m 列范围的左侧，右补空格。如果 n>m，则 m 自动取 n 值，即保证 n 个字符正常输出

【例 3.11】s 格式字符的使用。

```c
#include <stdio.h>
int main()
{
  printf("%3s,%7.2s,%.4s,%-5.3s\n","CHINA","CHINA","CHINA","CHINA");
  return 0;
}
```

程序运行结果如图 3.22 所示。

⑥ f 格式字符：用来输出实数（包括 float、double 类型数据），以小数形式输出，主要有表 3.5 所示的几种用法。

图 3.22 程序运行结果

表 3.5 f 格式字符

格式字符	功能
%f	不指定字段宽度，由系统自动指定，整数部分全部输出，并输出 6 位小数
%m.nf	指定输出的数据共占 m 列，其中有 n 位小数。如果数值长度小于 m，则左补空格
%-m.nf	与%m.nf 基本相同，只是使输出的数值向左靠齐，右补空格
%lf	用于输出 double 类型数据

【例 3.12】f 格式字符的使用。

```c
#include <stdio.h>
int main()
{
  float x,y;
  x=111111.111; y=222222.222;
  printf("%f\n",x+y);
  return 0;
}
```

程序运行结果如图 3.23 所示。

可以看出，输出结果并非正确的运算值，这是因为 float 是单精度类型，此类型数据只能表示 7 个有效位，所以本例中也是如此，只把 111111.1、222222.2 赋值给 x、y。将变量 x、y 的类型定义为 double 类型，输出格式字符改为"%1f"，即可得到正确的运算值。

图 3.23 程序运行结果

【例 3.13】输出实数时指定其小数位数。

```c
#include <stdio.h>
int main()
{
  float f=123.456;
```

```
    printf("%f  %10f  %10.2f  %.2f  %-10.2f\n",f,f,f,f,f);
    return 0;
}
```

程序运行结果如图 3.24 所示。

```
123.456001  123.456001      123.46  123.46  123.46
```

图 3.24　程序运行结果

需要注意的是，当采用%f格式输出时，小数点后要保留 6 位。由于 float 类型数据的精度问题，输出结果往往由 123.456000 变成 123.456001，这个 1 属于随机误差部分，是由精度问题造成的。如果将 f 的类型改为 double 类型，输出结果为 123.456000。

【例 3.14】求半径为 10 的圆的周长和面积。

分析：

（1）定义圆半径 r，圆周率可定义为符号常量 PI，定义圆周长变量 cirl 和面积变量 area。

（2）根据圆周长和面积公式计算 cirl 和 area 的值。

（3）输出计算结果。

程序流程图如图 3.25 所示。

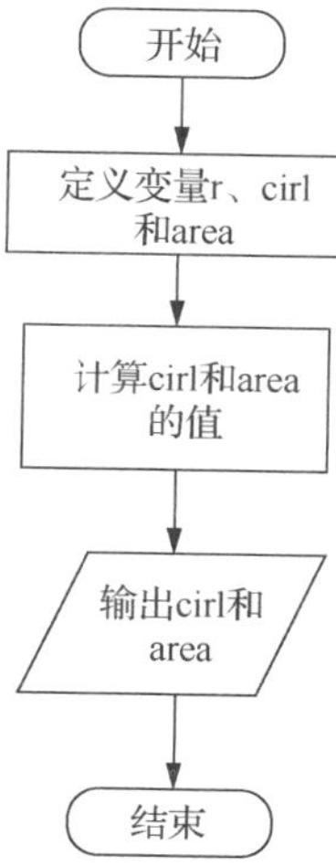

程序代码如下：

```
#include <stdio.h>
#define PI 3.14159
int main()
{
    float r,cirl,area;
    r=10;
    cirl=2*PI*r;
    area=PI*r*r;
    printf("cirl=%f,area=%f",cirl,area);
    return 0;
}
```

图 3.25　例 3.14 程序流程图

程序运行结果如图 3.26 所示。

```
cirl=62.831799,area=314.158997。
```

图 3.26　程序运行结果

以上内容介绍了 printf 函数常用的 6 种格式字符，其常用格式字符及其功能归纳如表 3.6 所示。

表 3.6　printf 函数常用格式字符及其功能

格式字符	功能
d、i	以带符号的十进制形式输出整数
o	以八进制无符号形式输出整数
x、X	以十六进制无符号形式输出整数。用 x，则输出十六进制数的 a～f 时以小写形式输出；用 X，则以大写形式输出
u	以无符号十进制形式输出整数
c	以字符形式输出，只输出一个字符

续表

格式字符	功能
s	输出字符串
f、lf	以小数形式输出单、双精度数，隐含输出 6 位小数
e、E	以指数形式输出实数

【练一练】

（1）写出以下程序的输出结果_____。

```c
#include <stdio.h>
int main()
{
    int a=9;
    float b=1.234;
    char c='a';
    long d=1234567;
    unsigned e=95533;
    printf("a=%d,b=%3d\n",a,a);
    printf("%f,%e\n",b,b);
    printf("%-10f,%10.2e\n",b,b);
    printf("%c,%d,%o,%x\n",c,c,c,c);
    printf("%ld,%lo,%lx\n",d,d,d);
    printf("%u,%o,%x,%d\n",e,e,e,e);
    printf("%5.3s\n","hello");
    return 0;
}
```

（2）编写程序，输入一个 3 位整数，输出该整数各位数字的和。例如，若输入 345，则输出 12。

实例分析与实现

1.《周髀算经》是我国最早的数学著作之一。书中提出了"径一周三"的概念，这样计算的圆周率称为古率。两汉末年的刘歆求出圆周率的值为 3.1547。东汉张衡计算出的圆周率为 3.1622。三国末年刘徽创造出包含极限思想的"割圆术"，计算出了内接正 192 边形的周长和面积，得出圆周率为 3.14。后来他又计算出圆内接 3072 边形的周长和面积，得出圆周率为 3.1416（3927/1250）。

3-13：实例分析与实现

现编程实现从键盘输入圆的半径 r 以及圆柱的高 h，求圆周长、圆面积、圆球表面积、圆球体积和圆柱体积并输出。输出时要求有文字说明，结果取小数点后 2 位数字。

分析：

（1）定义两个浮点型变量 r 和 h。

（2）根据提示输入圆半径 r 和圆柱高 h 的值。

（3）根据计算公式，输出圆周长、圆面积、圆球表面积、圆球体积、圆柱体积。

（4）结果保留两位小数，输出每个结果后换行。

程序流程图如图 3.27 所示。

程序代码如下：

```c
#include <stdio.h>
```

```
#define PI 3.1415
int main()
{
    float r,h;
    printf("请输入圆半径和圆柱的高，如: 1.5,3\n");
    scanf("%f,%f",&r,&h);
    printf("圆周长=%.2f\n",2*PI*r);
    printf("圆的面积=%.2f\n",PI*r*r);
    printf("圆球表面积=%.2f\n",4*PI*r*r);
    printf("圆球体积=%.2f\n",(4.0/3)*PI*r*r*r);
    printf("圆柱体积=%.2f\n",PI*r*r*h);
    return 0;
}
```

程序运行结果如图 3.28 所示。

2. 从键盘输入一个小写字母，把小写字母转换成大写字母后输出。

分析：

（1）定义字符型变量 c1 和 c2。

（2）输入一个小写字母，与其对应的大写字母可通过计算 ASCII 值得到。

（3）输出对应的大写字母。

程序流程图如图 3.29 所示。

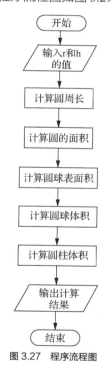

图 3.27 程序流程图

图 3.28 程序运行结果

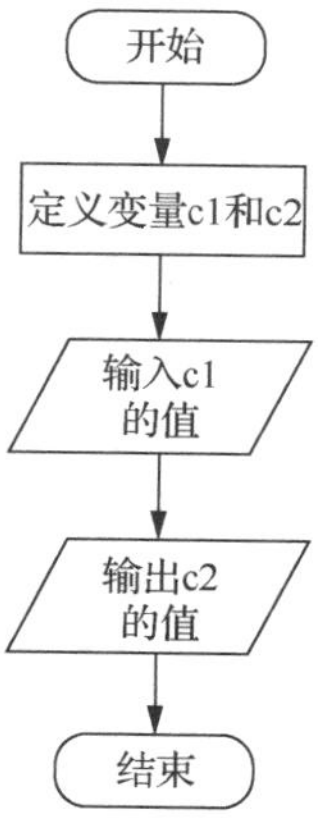

图 3.29 程序流程图

程序代码如下：

```
#include <stdio.h>
int main()
{
    char c1,c2;      //c1 存放小写字母，c2 存放对应的大写字母
```

```
    printf("输入一个小写字母: ");
    c1=getchar();
    c2=c1-32;
    putchar(c2);
    return 0;
}
```

输入一个小写字母: a
A

程序运行结果如图 3.30 所示。

图 3.30　程序运行结果

📝 知识拓展　C 程序代码编写规范

一个好的程序代码编写规范是编写高质量程序的保证。编写规范、清晰的源程序不仅方便阅读，还便于检查错误，提高调试效率，最终保证程序的质量和可维护性。对于初学者而言，更要遵循代码编写规范，以培养良好的职业素养。以下是一些基本的代码编写规范。

1. 代码书写规范

（1）函数定义。

每个函数的定义和说明应该从第 1 列开始书写。函数名（包括参数表）和函数体的花括号应该各占一行。在函数体结尾的花括号后面可以加上注释。注释中应该包括函数名，这样比较方便进行括号配对检查，也可以清晰地看出函数是否结束。

（2）缩进的设置。

根据语句间的层次关系采用缩进格式书写程序，语句每进一层，就往后缩进一层。有两种缩进方式：使用 Tab 键和采用 4 个空格。整个文件内部应该统一缩进设置，不要混用这两种方式。因为不同的编辑器对 Tab 键的处理方法不同。

（3）空格的使用。

① 在逗号后面和语句中间的分号后面加空格，如 "int i, j;" 和 for (i=0; i<n; i++)。

② 在双目运算符的两边各留一个空格，如 a>b 写成 a > b。

③ 关键字两侧各留一个空格，如 "if ( ) …" 要写成 " if ( ) …"。

（4）嵌套语句的格式。

嵌套语句，即语句块（如 if、while、for、switch 等），应该使用花括号进行标识。花括号的左括号应该独占一行，并与关键字对齐。建议即使语句块中只有一条语句，也使用花括号进行标识，这样可以使程序结构更清晰，也可避免出错。建议对比较长的语句块，在末尾的花括号后加上注释，以表明该语句块结束。

2. 命名规范

（1）常量的命名。

① 符号常量的名字用大写字母表示，如#define PI 3.14。

② 如果符号常量的含义需用多个单词表达，不同的单词之间可以用下画线连接，如 #define MAX_LEN 10。

（2）变量和函数的命名。

① 可以选择有意义的英文单词组成变量名，以便读者见名知义。

② 如果使用缩写，尽量使用那些约定俗成的。

③ 对于初学者，函数命名可以采用 FunctionName 的方式。

3. 注释书写规范

注释必须能够清晰、准确地描述内容。对程序中复杂的部分需加注释。注释量也要适中，过多或过少都易导致阅读困难。总体来说，需要注释的场合主要有以下几种：

- 变量的名字不能完全说明其用途；
- 为了提高性能而使某些代码变得难懂；
- 一个比较长的程序段落；
- 程序中使用了某个复杂的算法；
- 在调试中发现某段落容易出现错误。

4. 其他一些小技巧和要求

（1）源程序中，除了字符串信息和注释外，代码要使用英文符号。

（2）函数定义需包含返回值类型，若没有返回值，则用 void。

（3）指针变量总是要初始化或赋值为 NULL。

以上介绍的这些适用于初学者的基本代码编写规范，希望大家在学习过程中严格遵守，以形成良好的习惯。需要说明的是，要想成为专业的程序员，建议学习完整的程序代码编写规范。

同步练习

一、选择题

1. 以下选项中不是 C 语句的是（   ）。

    A．++t   B．;

    C．k=i=j;   D．{a/=b=1;b=a%2;}

2. 定义语句 int a=5,b;，则不能给 b 赋值 2 的赋值语句是（   ）。

    A．b=a/2;   B．b=b+2;   C．b=2%a;   D．b=5;b=2;

3. 调用 getchar 和 putchar 函数时，必须包含的头文件是（   ）。

    A．stdio.h   B．stdlib.h   C．define   D．以上都不对

4. 有如下程序段：

```c
#include <stdio.h>
int main()
{ char c;
   c=('z'-'a')/2+ 'A';
   putchar(c);
   return 0;
}
```

则其输出结果为（   ）。

    A．M   B．N   C．0   D．Q

5. 若变量已正确说明为 float 类型，要通过语句 "scanf("%f%f%f",&a,&b,&c);" 给 a 赋值 10.0，b 赋值 22.0，c 赋值 33.0，则下列输入形式不正确的是（   ）。

    A．10<回车>22<回车>33<回车>   B．10.0,22.0,33.0<回车>

    C．10.0<回车>22.0 33.0<回车>   D．10   22<回车>33<回车>

6. 现有以下程序段：

```c
#include <stdio.h>
 int main()
{ int a,b,c;
   scanf("a=%*d%d,b=%d%*d,c=%d", &a, &b, &c);
   printf("a=%d,b=%d,c=%d\n",a,b,c);
```

```
return 0;
}
```
若输出的结果为"a=20,b=30,c=40"，则以下能够正确输入数据的是（   ）。

    A. a=10 20,b=20 30,c=40   B. 20,30,40

    C. a=20,b=30,c=40   D. a=10 20,b=30 20,c=40

  7. 使用 scanf("a=%d,b=%d",&a,&b)为变量 a 和 b 赋值。要使 a 和 b 均为 50，正确的输入是（   ）。

    A. a=50 b=50   B. 50 50   C. a=50,b=50   D. 50,50

  8. 下列程序段的输出结果是（   ）。

```
#include <stdio.h>
int main()
{ int a=1234;
 float b=123.456;
 double c=12345.54321;
 printf("%2d,%2.1f,%2.1f",a,b,c);
 return 0;}
```
    A. 无输出   B. 12,123.5,12345.5

    C. 1234,123.5,12345.5   D. 1234,123.4,1234.5

  9. 以下语句的输出结果是（   ）。

```
printf("%d\n",'A'-51);
```
    A. 5   B. 14

    C. 8   D. 输出项不合法，无法正常输出

  10. 下列程序段的输出结果是（   ）。

```
#include <stdio.h>
int main()
{
    int x=7,y=3;
    printf("%d",y=x/y);
    return 0;
}
```
    A. 0   B. 2   C. 3   D. 不确定的值

二、填空题

1. getchar 函数得到的字符可以赋给一个_____变量或一个_____变量。

2. C 语言的字符输出函数是_____。

3. 使用 getchar 函数接收字符，若输入多于一个字符，则只接收_____个字符。

4. scanf 函数是一个标准库函数，它的函数原型在头文件_____中。

5. 对于长整型变量，在 scanf 语句的"格式控制字符串"中用_____来输出。

6. "printf("%4s","China");"的输出结果是_____。

三、写出程序运行后的输出结果

1. 有以下程序段，运行时输入 56<回车>，运行后的输出结果是_____。

```
#include <stdio.h>
int main()
{ char c1,c2;
  int a,b;
  c1=getchar();
  c2=getchar();
```

```
    a=c1-'0';
    b=a*10+(c2-'0');
    printf("%d",b);
    return 0;
}
```

2. 以下程序段运行后的输出结果是_____。

```
#include <stdio.h>
    int main()
{
    int x=6,y;
    char c='a';
    printf("%d\n",c+x);
    y=x+c-5;
    printf("%d\n",y);
    c=c-32;
    printf("%c\n",c);
    return 0;
}
```

3. 有以下程序段，若从键盘输入 5a6<回车>，则输出结果为_____。

```
#include <stdio.h>
 int main()
{
  int a=0,b=0;
  char c;
  scanf("%d%c%d",&a,&c,&b);
  printf("%d,%c,%d",a,c,b);
  return 0;
}
```

4. 若输入 3.579，则以下程序段的运行结果是_____。

```
#include <stdio.h>
 int main()
{
    float a=3.2,b;
    scanf("%f",&b);
    a=a+b;
    printf("a=%.2f\n",a);
    return 0;
}
```

四、编程题

1. 将数据（如"China"）加密后进行输出。加密规则如下：将单词中的每个字母变成字母表中其后的第 5 个字母。

2. 求方程 $ax^2+bx+c=0$ 的根，a、b、c 由键盘输入，设 $b^2-4ac>0$。

3. 计算定期存款本金和利息之和。设银行定期存款的年利率 rate 为 0.5%，并已知存款期为 n 年，存款本金为 capital 元，试编程计算 n 年后的本金和利息之和 deposit。要求定期存款的年利率 rate、存款期 n 和存款本金 capital 均由键盘输入。

单元4
选择结构

04

问题引入

孟子的《鱼我所欲也》中有名句："鱼，我所欲也；熊掌，亦我所欲也；二者不可得兼，舍鱼而取熊掌者也。生，亦我所欲也；义，亦我所欲也。二者不可得兼，舍生而取义者也。"该句中的"舍生取义"被认为是中华民族传统道德修养的精华。不忘初心，坚守信仰，报效祖国，是钱学森的选择；不懈探索，淡泊名利，专注于田畴，是袁隆平的选择；尊重科学，实事求是，敢医敢言，是钟南山的选择。在做每一次选择时，他们都怀着对祖国和人民无限的热爱与真诚，将个人志趣与祖国命运相结合。

在程序的执行过程中，经常需要根据某些判断条件来选择并执行指定的操作，这就需要使用选择结构。在C语言中实现选择结构，需要考虑两个关键问题。

问题1：如何描述判断条件？

问题2：如何合理设计选择结构的操作流程？

本单元学习目标

1. 知识目标
（1）理解关系运算符和逻辑运算符的运算规则。
（2）掌握使用条件判断表达式描述判断条件。
（3）掌握单分支if语句、多分支if语句和switch语句的语法结构。
2. 技能目标
（1）具有使用流程图分析选择结构程序执行过程的能力。
（2）具有运用if语句和switch语句解决实际问题的能力。
3. 素质目标
（1）具有坚守信仰、报效祖国的家国情怀。
（2）具有尊重科学、不懈探索、刻苦钻研的职业道德。

知识描述

4.1 条件判断表达式

C语言中，条件判断表达式用于描述选择结构中的"判断条件"。例如，在商品促销活动中，满

1000 元就打 9 折，此时"满 1000 元"就是"判断条件"。条件判断表达式包括关系表达式和逻辑表达式。

4.1.1　关系运算符和关系表达式

4-1：关系运算符和
关系表达式

1. 关系运算符

关系运算符用于两个数值的比较，C 语言中的关系运算符有 6 个。

- ＞（大于）。
- ＞=（大于或等于）。
- ＜（小于）。
- ＜=（小于或等于）。
- ==（相等）。
- !=（不相等）。

关系运算符的优先级低于算术运算符，高于赋值运算符。其中＞、＞=、＜、＜=这 4 种运算符优先级相同，==和!=这两种运算符优先级相同，并且前 4 种运算符优先级高于后两种运算符。关系运算符的结合方向为自左向右。

例如：

（1）a>b+c 等价于 a>(b+c)。

（2）c=a>b 等价于 c=(a>b)。

（3）a>b<c 等价于 (a>b)<c。

2. 关系表达式

用关系运算符将两个数值或数值表达式连接起来的式子就是关系表达式。

【例 4.1】设定 a 为变量，使用关系表达式描述下列条件。

（1）a 为正数的表达式为 a>0。

（2）a 和数值 0 相等的表达式为 a==0。

（3）a 为偶数的表达式为 a%2==0。

关系表达式的结果应该是成立或不成立，即逻辑值"真"或"假"。由于 C 语言中没有逻辑型数据类型，所以用整数 1 和 0 表示关系表达式的值。当关系表达式成立时，即逻辑值为"真"，也就是 1；当关系表达式不成立时，即逻辑值为"假"，也就是 0。

【例 4.2】设定变量 a=2，b=3，c=5，计算下列表达式的值。

（1）a>0。

因为 2>0 成立，所以表达式的值为 1。

（2）a%2==0。

按照运算符的优先级，首先进行算术运算 a%2，其值为 0，然后进行关系运算，0==0 成立，表达式的值为 1。

（3）a<b>c。

运算符<和>优先级相同，按照运算符的左结合性，首先计算 a<b，其值为 1，然后计算 1>c，表达式的值为 0。

【练一练】

（1）整型变量 x 为奇数的关系表达式为_____。

（2）判断变量 x 和 y 不相等的关系表达式为_____。

4.1.2 逻辑运算符和逻辑表达式

4-2：逻辑运算符和
逻辑表达式

当"判断条件"不是一个简单的条件，而是由几个条件组成的复合条件时，就需要使用逻辑运算。例如，某职位的招聘条件是年龄为 21～27 岁，这就需要判断两个条件：①年龄大于等于 21 岁；②年龄小于等于 27 岁。显然，一个关系表达式不能描述出这两个条件。

1．逻辑运算符

C 语言中的逻辑运算符有以下 3 个。

- &&（逻辑与）。
- ||（逻辑或）。
- !（逻辑非）。

逻辑运算用于判断"真"和"假"，其运算规则可以用"真值表"表示，如表 4.1 所示。

表 4.1　真值表

a	b	!a	a && b	a || b
真	真	假	真	真
真	假	假	假	真
假	真	真	假	真
假	假	真	假	假

（1）&&：参与运算的两个值都为"真"时，结果才为"真"，否则为"假"。

（2）||：参与运算的两个值只要有一个为"真"，结果就为"真"；两个值都为"假"时，结果为"假"。

（3）!：参与运算的值为"真"时，结果为"假"；参与运算的值为"假"时，结果为"真"。

逻辑运算符中，运算符 ! 的优先级高于算术运算符，它是单目运算符，具有右结合性。运算符 && 和 || 的优先级低于关系运算符，它们是双目运算符，具有左结合性。

例如：

（1）a>=1 && a<5 等价于(a>=1)&&(a<5)。

（2）!a || b+c 等价于(!a)||(b+c)。

2．逻辑表达式

用逻辑运算符将关系表达式或其他逻辑量连接起来的式子就是逻辑表达式。

【例 4.3】设定 a、b、c 为变量，使用逻辑表达式描述下列条件。

（1）将 a 的值限定在 21～27。

表达式为 a>=21 && a<=27。

（2）b 为数字字符。

表达式为 b>='0' && b<='9'。

（3）c 代表的年份为闰年。闰年的判断条件是：非百年且年份能被 4 整除的为闰年；或者能被 400 整除的也为闰年。

表达式为(c%4==0) && (c%100!=0) || (c%400==0)。

逻辑表达式的结果也是逻辑值"真"或"假"，C 语言用整数 1 和 0 表示。当逻辑表达式结果为

"真"时，其值为 1；当逻辑表达式结果为"假"时，其值为 0。需要说明的是，在判断一个数据的"真"或"假"时，非 0 值表示"真"，而整数 0 则表示"假"。

【例 4.4】计算下列表达式的值。

（1）表达式 a>=1 && a<5，其中 a=4。

由于 4>=1 的值为 1，4<5 的值为 1，逻辑运算 1 && 1 的结果为 1，因此，表达式的值为 1。

（2）表达式 !5。

数值 5 表示"真"，非运算后的结果为"假"，即表达式的值为 0。

（3）表达式(a && b)==(a || c)，其中 a=3，b=-4，c=5。

由于 a && b 的值为 1，a || c 的值为 1，最后计算 1==1 的值为 1，因此，表达式的值为 1。

【练一练】

（1）判断字符型变量 ch 为大写字母的逻辑表达式是＿＿＿＿＿＿＿＿＿＿。

（2）与数学表达式 $x \geq y \geq z$ 对应的 C 语言表达式是＿＿＿＿＿＿＿＿＿＿。

（3）a 是数值类型变量，表达式(a==1) || (a!=1)的值是＿＿＿＿＿＿＿＿＿＿。

> **小提示** 需要注意的是，在使用逻辑运算符&&和||时，并不是所有的表达式都参与运算。举例如下。

【例 4.5】设定变量 a=1，b=2，c=1，d=1，计算下列表达式的值。

（1）表达式 a+b<c && c==d。

由于 a+b<c 的结果为"假"，按照逻辑与"&&"的运算规则，参与运算的两个值都为"真"时，结果才为"真"，因此，右边表达式 c==d 不会参与运算，表达式 a+b<c&&c==d 的结果为"假"，即表达式的值为 0。

（2）表达式 a+b>c || c==d。

由于 a+b>c 的结果为"真"，因此，右边表达式 c==d 不会参与运算，表达式 a+b>c||c==d 的结果为"真"，即表达式的值为 1。

4.2 if 选择语句

C 语言使用 if 语句实现选择结构。if 语句分为单分支 if 语句和多分支 if 语句。

4.2.1 单分支 if 语句

单分支 if 语句的语法结构为：

```
if(条件判断表达式)
        语句
```

执行过程如下。

if 是 C 语言中的关键字，如果条件判断表达式的值为"真"，则执行语句；如果为"假"，则不执行语句。其执行过程如图 4.1 所示。

4-3：单分支 if 语句

【例 4.6】输入两个整数，输出两个整数中的最大数。

分析：

（1）定义两个整型变量存储两个整数 a、b。

（2）如果 a 大于 b，则输出整数 a。其中，"如果"相当于 C 语言中的 if 关键字，"a 大于 b"是判断条件，用关系表达式 a>b 描述，"输出整数 a"是执行语句。

（3）如果 a 小于或等于 b，则输出整数 b。

程序流程图如图 4.2 所示。

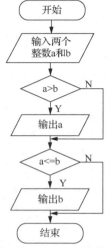

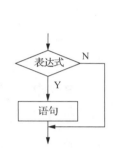

图 4.1　单分支 if 语句流程图　　　　　图 4.2　例 4.6 程序流程图 1

程序代码如下：

```c
#include <stdio.h>
int main()
{
    int a,b;
    scanf("%d%d",&a,&b);
    if(a>b)
        printf("最大数是: %d",a);
    if(a<=b)
        printf("最大数是: %d",b);
    return 0;
}
```

程序运行结果如图 4.3 所示。

在上述算法中，需要对两个整数做两次比较。其实，只要做一次比较，就可以实现同样的功能，如下所示。

图 4.3　程序运行结果

分析：

（1）定义两个整型变量存储两个整数 a、b。

（2）定义一个整型变量始终存放最大数 max，且初始值为 a。

（3）使用 if 语句进行判断，如果 b>max，则 max 等于 b。

（4）输出 max，即两个整数中的最大数。

程序流程图如图 4.4 所示。

程序代码如下：

```c
#include <stdio.h>
int main()
{
```

```
    int a,b,max;
    scanf("%d%d",&a,&b);
    max=a;
    if(b>max)
       max=b;
    printf("最大数是: %d %d",a,b,max);
    return 0;
}
```

【例 4.7】输入两个整数，将其按照从小到大的顺序输出。

分析:

（1）定义两个整型变量 a、b 存储两个整数。设定变量 a 中存放较小数，变量 b 中存放较大数。

（2）如果 a>b，则交换这两个整数。

（3）依次输出两个整数 a、b。

程序流程图如图 4.5 所示。

程序代码如下:

```
#include <stdio.h>
int main()
{
    int a,b,max,t;
    scanf("%d%d",&a,&b);
    if(a>b)
    {   t=a;
        a=b;
        b=t;
    }
    printf("按照从小到大的顺序输出: %d, %d",a,b);
    return 0;
}
```

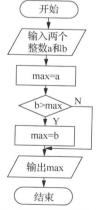

图 4.4　例 4.6 程序流程图 2

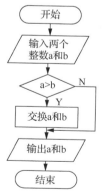

图 4.5　例 4.7 程序流程图

程序运行结果如图 4.6 所示。

图 4.6　程序运行结果

> **小提示** C 语言用一对花括号"{ }"标识若干条语句并将它们组成一个语句组。该语句组就称为复合语句。在 if 语句的语法结构中，执行语句可以是一个简单语句，也可以是一个复合语句。例4.7中，变量a和b交换数值的功能就是由{t=a;a=b;b=t;}这条复合语句实现的。

【练一练】

下面的程序用于实现输入 3 个整数，输出它们中的最大数，将程序补充完整。

```c
#include <stdio.h>
int main()
{
    int a,b,c,max;
    scanf("%d%d%d",&a,&b,&c);
    max=a;
    if(b>max)
        _____
    if(_____)
        _____
    printf("最大数是: %d",max);
    return 0;
}
```

4.2.2 多分支 if 语句

1. 双分支 if-else 语句

双分支 if-else 语句的语法结构为：

```
if(条件判断表达式)
    语句 1
else
    语句 2
```

4-4：双分支 if 语句

执行过程如下。

if、else 是 C 语言中的关键字，如果条件判断表达式的值为"真"，则执行语句 1，否则（条件判断表达式的值为"假"）执行语句 2。需要说明的是，else 只能和 if 配合使用，不能单独使用。其执行过程如图 4.7 所示。

【例 4.8】 输入一个整数，判断该数是奇数，还是偶数。

分析：

定义一个整型变量 x。判断一个整数是奇数还是偶数的条件是该整数是否能被 2 整除，如果 x 能被 2 整除，即 x%2==0，则 x 是偶数，否则 x 是奇数。

程序流程图如图 4.8 所示。

程序代码如下：

```c
#include <stdio.h>
int main()
{
    int x;
    scanf("%d",&x);
    if(x%2==0)
        printf("%d 是偶数",x);
```

```
        else
            printf("%d是奇数",x);
        return 0;
    }
```

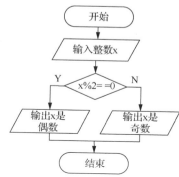

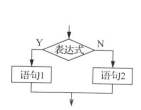

图 4.7 双分支 if-else 语句流程图

图 4.8 例 4.8 程序流程图

程序运行结果如图 4.9 所示。

图 4.9 程序运行结果

【例 4.9】编写程序，判断某一年是否是闰年。

地球公转周期大约是 365 天 5 时 48 分 46 秒。公历中将 1 年定为 365 天（平年），这样，每过 4 年差不多就要少算 1 天，把这 1 天加在某年的 2 月里，这 1 年就有 366 天（闰年）。现行公历中每 400 年有 97 个闰年。按照每 4 年 1 个闰年计算，这样经过 400 年就会多算出大约 3 天，因此每 400 年中要减少 3 个闰年。这就是通常所说的：四年一闰，百年不闰，四百年再闰 。

我国古代就有 1 年有 365 又 1/4 天的说法。中国历法家把十九年定为计算闰年的单位，称为"一章"。在每一章里有七个闰年。也就是说，在十九个年头中，要有七个年头是十三个月。祖冲之在历法研究上取得了重大成就，他提出了"三百九十一年内一百四十四闰"的新闰法，这个闰法在当时算是最精密的了。

分析：

闰年的判断条件是符合下列二者之一：①能被 4 整除，但不能被 100 整除，如 2016；②能被 400 整除，如 2000。定义整型变量 year 用于存储年份，判断 year 是闰年的逻辑表达式是 year%4==0 && year%100!=0 || year%400==0。若 year 是闰年，上述表达式值为 1，则输出"这一年是闰年"的信息，否则输出"这一年不是闰年"的信息。

程序代码如下：

```c
#include <stdio.h>
int main()
{
    int year;
    scanf("%d",&year);
    if(year%4==0&&year%100!=0||year%400==0)
        printf("the year is leapyear");
    else
```

```
        printf("the year is not leapyear");
    return 0;
}
```

程序运行结果如图 4.10 所示。

图 4.10　程序运行结果

【练一练】

例 4.6 中使用单分支 if 语句实现了输出两个整数中最大数的功能，现在使用双分支 if-else 语句实现该功能。

4-5：多分支 if 语句

2. 多分支 if 语句

if-else 语句中的 if 分支或者 else 分支又可以是一个 if 语句或者 if-else 语句，这称为 if 语句的嵌套，或者多分支 if 语句。if-else 语句适用于对两个条件进行判断的操作。如果程序结构中有多个条件的分支判断，可以使用多分支 if 语句。

动画：多分支 if 语句

【例 4.10】有一函数 $y = \begin{cases} 1 & x > 0 \\ 0 & x = 0 \\ -1 & x < 0 \end{cases}$，编写程序，根据输入的 x 值，输出相应

的 y 值。

分析：

使用 if 语句判断 x 的值，根据 x 的值给 y 赋值。由于 x 的值有 3 种情况，所以需要使用多分支 if 语句结构实现。这里使用两种多分支 if 语句的形式来解决这一问题。

方法一：程序的流程图如图 4.11 所示。

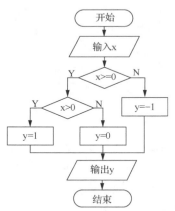

图 4.11　例 4.10 程序流程图 1

程序代码如下：

```
#include <stdio.h>
int main()
{    int x,y;
    printf("输入 x 值\n");
    scanf("%d",&x);
    if(x>=0)
        if(x>0)
```

```
            y=1;
        else
            y=0;
    else
        y=-1;
    printf("y=%d\n",y);
    return 0;
}
```

程序运行结果如图 4.12 所示。

图 4.12　程序运行结果

方法二：程序的流程图如图 4.13 所示。

程序代码如下：

```
#include <stdio.h>
int main()
{   int x,y;
    printf("输入 x 值\n");
    scanf("%d",&x);
    if(x>0)
        y=1;
    else
        if(x==0)
            y=0;
        else
            y=-1;
    printf("y=%d\n",y);
    return 0;
}
```

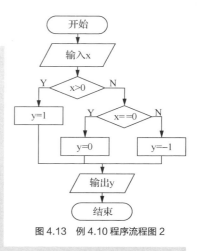

图 4.13　例 4.10 程序流程图 2

小提示　在多分支 if 语句中，else 和最近的 if 配对使用。为了使逻辑关系清晰，一般采用方法二所使用的结构，将内嵌的 if 语句放在外层的 else 子句中，流程图如图 4.13 所示，这是一种锯齿形的缩进结构。

【例 4.11】假设需要对学生的考试成绩进行等级划分，如果分数大于或等于 90，等级为优；如果分数小于 90 且大于或等于 80，等级为良；如果分数小于 80 且大于或等于 70，等级为中；如果分数小于 70 且大于或等于 60，等级为及格；如果分数小于 60，等级为不及格。

分析：

定义变量 s 存储学生的考试成绩。

首先判断输入的值是否为 0～100，若是则继续进行条件判断，否则输出"输入成绩不合法"的提示信息；

继续判断成绩是否在 90 分以上，若是，则输出"该成绩的等级为优"；

否则，再判断成绩是否在 80 分以上，若是，则输出"该成绩的等级为良"；

否则，再判断成绩是否在 70 分以上，若是，则输出"该成绩的等级为中"；

否则，再判断成绩是否在 60 分以上，若是，则输出"该成绩的等级为及格"；
否则，输出"该成绩的等级为不及格"。

程序流程图如图 4.14 所示。

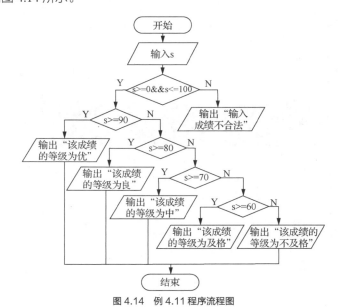

图 4.14　例 4.11 程序流程图

程序代码如下：

```c
#include <stdio.h>
int main()
{   float s;
    scanf("%f",&s);
    if(s>=0&&s<=100)
    {
        if(s>=90)
            printf("该成绩的等级为优");
        else if(s>=80)
                printf("该成绩的等级为良");
            else if(s>=70)
                    printf("该成绩的等级为中");
                else if(s>=60)
                        printf("该成绩的等级为及格");
                    else
                        printf("该成绩的等级为不及格");
    }
    else
        printf("输入成绩不合法");
    return 0;
}
```

程序运行结果如图 4.15 所示。

图 4.15　程序运行结果

【练一练】

（1）编译、运行下列程序，分析并写出程序的运行结果_____。

```c
#include <stdio.h>
int main()
{
    int x=1,y=0;
    if(!x)    y++;
    else if(y==0)
            if(x) y+=2;
            else  y+=3;
    printf("y=%d",y);
    return 0;
}
```

（2）编写代码，判断键盘输入的字符是数字、小写字母还是大写字母。

分析：首先判断输入的字符是否是数字，如果条件成立，则输出信息，否则继续判断输入的字符是否是小写字母；如果条件不成立，继续判断输入的字符是否是大写字母。

4.2.3　条件运算符

C 语言中有一种三目运算符，它由两个符号（? 和：）组成，被称为条件运算符。其一般形式为：

表达式 1?表达式 2:表达式 3

条件运算符的运算规则和 if-else 语句的类似，当表达式 1 的值为"真"时，则以表达式 2 的值作为条件表达式的值，否则以表达式 3 的值作为条件表达式的值。需要说明的是，条件运算符的优先级是最低的。

4-6：条件运算符

【例 4.12】使用条件表达式，实现输出两个整数中最大数的功能。

```c
#include <stdio.h>
int main()
{   int a,b,max;
    scanf("%d%d",&a,&b);
    max=a>b?a:b;
    printf("最大数是: %d",max);
    return 0;
}
```

【练一练】

（1）设定 x 的值为 2，则表达式 x%2==0?1:0 的值为_____。
（2）与下列 if 语句功能相同的条件表达式是_____。

```c
if((a>b) && (b>c))
    k=1;
else
    k=0;
```

4.3　switch 语句

多分支 if 语句虽然可以解决多个条件的选择问题，但是如果分支较多，例如例 4.11 中学生成绩按照等级划分的情况，if 语句的层次就会增多，使得程序

4-7：switch 语句

冗长。这种情况，可以使用 C 语言提供的 switch 语句处理多分支选择问题。

switch 语句语法结构：

```
switch(表达式)
{
    case 常量表达式 1:语句 1;[break];
    case 常量表达式 2:语句 2;[break];
    ⋮
    case 常量表达式 n:语句 n;[break];
    default:语句 n+1;
}
```

执行过程如下。

（1）计算 switch 后面的表达式的值，并且与每个 case 后面的常量表达式的值进行比较，如果两者相等，就执行该 case 对应的语句。

（2）如果 case 对应的语句后面有 break 语句，则程序跳出 switch 语句；如果没有 break 语句，则继续执行下一个 case 对应的语句。

（3）如果 switch 后面表达式的值与每个 case 后面的常量表达式的值都不相等，则执行 default 后的语句。

如果 case 对应的语句后面有 break 语句，其执行过程如图 4.16 所示。

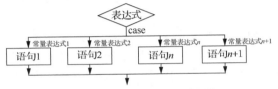

图 4.16　多分支 switch 语句流程图

【例 4.13】使用数字 1～7 来表示星期一至星期日。根据输入的数字 1～7，输出对应的星期值。

程序代码如下：

动画：switch case
语句

```c
#include <stdio.h>
int main()
{   int week;
    scanf("%d",&week);
    switch(week)
    {
        case 1:printf("星期一"); break;
        case 2:printf("星期二"); break;
        case 3:printf("星期三"); break;
        case 4:printf("星期四"); break;
        case 5:printf("星期五"); break;
        case 6:printf("星期六"); break;
        case 7:printf("星期日"); break;
        default:printf("输入的数字不正确");
    }
    return 0;
}
```

程序运行结果如图 4.17 所示。

程序中的 default 语句用于处理 switch 后面的表达式的值和 case 后面的常量表达式的值都不匹配的情况。再次运行程序，当输入变量 week 的值为 8 时，输出结果如图 4.18 所示。

图 4.17　程序运行结果

图 4.18　程序运行结果

【练一练】

编译、运行下面的程序，分析并写出程序的运行结果＿＿＿＿＿＿＿＿＿。

```c
#include <stdio.h>
int main()
{ int x=1,a=0,b=0;
  switch(x)
  {   case 0: b++;
      case 1: a++;
      case 2: a++;b++;
  }
  printf("%d,%d ",a,b);
  return 0;
}
```

【例 4.14】使用数字 1～7 来表示星期一至星期日，当输入的数字为 1、2、3、4、5 时，输出信息"今天是工作日"；当输入数字为 6、7 时，输出信息"今天是休息日"。

分析：

（1）当变量 week 满足值为 1、2、3、4、5 中任意一个时，执行语句相同，输出信息"今天是工作日"；当变量 week 满足值为 6、7 中任意一个时，执行语句相同，输出信息"今天是休息日"。

（2）在使用 switch 语句时，如果多个 case 条件后的执行语句是一样的，则该执行语句只需写一次即可。

程序代码如下：

```c
#include <stdio.h>
int main()
{   int week;
    scanf("%d",&week);
    switch(week)
    {   case 1:
        case 2:
        case 3:
        case 4:
        case 5:printf("今天是工作日");break;
        case 6:
        case 7:printf("今天是休息日");break;
        default:printf("输入的数字不正确");
    }
    return 0;
}
```

程序运行结果如图 4.19 所示。

图 4.19　程序运行结果

小提示 （1）switch 后面表达式的值的类型和 case 后面常量表达式的值的类型，必须是整型或字符型。

（2）每个 case 后面常量表达式的值必须各不相同。

（3）break 语句的作用是跳出 switch 语句。一般情况下，case 对应的语句后面需要有 break 语句，否则程序会继续执行其他 case 对应的语句。

（4）case 对应的语句也可以是一个 switch 语句，这就是一个 switch 语句的嵌套形式。此时，break 语句的作用是跳出本层 switch 语句。

【例 4.15】例 4.11 中使用多分支 if 语句实现了学生成绩的等级划分功能，现要求使用 switch 语句实现该功能。

分析：

（1）switch 语句根据表达式的值决定执行的语句，判断的依据是一个具体的值，而成绩的取值是一个数值范围，这就需要分析每个取值范围是否可以用一个具体的值代替。

（2）成绩的等级只与分数的十位数有关，定义变量 s 存储成绩，计算表达式(int)s/10，如果其值为 10 或 9，表示 $90 \leqslant s \leqslant 100$；如果其值为 8，表示 $80 \leqslant s < 90$；如果其值为 7，表示 $70 \leqslant s < 80$；如果其值为 6，表示 $60 \leqslant s < 70$；如果其值为 5、4、3、2、1 和 0，表示 $0 \leqslant s < 60$；如果是其他值，表示输入成绩不合法。

程序代码如下：

```
#include <stdio.h>
int main()
{   float s;
    scanf("%f",&s);
    if(s>=0&&s<=100)
    {
        switch((int)s/10)
        {
            case 10:
            case 9:printf("该成绩的等级为优");break;
            case 8:printf("该成绩的等级为良");break;
            case 7:printf("该成绩的等级为中");break;
            case 6:printf("该成绩的等级为及格");break;
            case 5:
            case 4:
            case 3:
            case 2:
            case 1:
            case 0:printf("该成绩的等级为不及格");break;
            default:printf("输入成绩不合法");
        }
    }
    else
        printf("输入成绩不合法");
    return 0;
}
```

小提示　在程序设计过程中，需要适时选择使用多分支 if 语句或 switch 语句。

（1）switch 语句只能判断"相等"的逻辑关系，即 switch 后面的表达式的值是否和 case 后面的常量表达式的值相等。

（2）switch 后面的表达式不能描述某范围的数据，表达式的值是一个确定的整型或字符型数据，如例 4.15。

【练一练】

（1）编译、运行下列程序，这是一个 switch 语句的嵌套程序，分析并写出程序的运行结果_____。

```
#include <stdio.h>
int main()
{ int x=1,y=0,a=0,b=0;
  switch(x)
  {   case 1:
      switch(y)
          {   case 0:a++;break;
              case 1:b++;break;
          }
      case 2:a++;b++;break;
      case 3:a++;b++;
  }
  printf("%d,%d ",a,b);
  return 0;
}
```

（2）编写代码实现一个简单的计算器功能。用户输入两个数和一个运算符，程序根据用户输入的运算符，执行相应的加、减、乘、除运算，并输出运算结果。

分析：定义 3 个变量 num1、num2、result 分别用来存储输入的两个数和输出的运算结果，定义变量 ch 存储运算符。首先，输入 num1、num2 和 ch；然后根据 ch 的值选择计算种类，执行运算，显然这是一个多条件选择结构；最后，输出运算结果 result。

程序运行结果如图 4.20 所示。

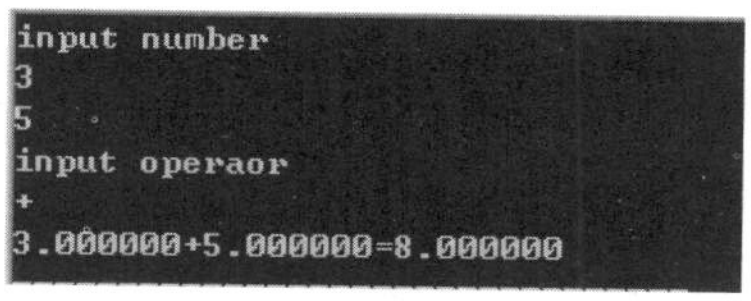

图 4.20　程序运行结果

实例分析与实现

编写程序计算个人所得税。要求输入收入金额，输出应缴的个人所得税。年度个人所得税税率表如图 4.21 所示。个人所得税征收办法如下：

应纳税所得额=年收入-60000 元（免征额）-专项扣除（三险一金等）-专项附加扣除-依法确定的其他扣除 。

例如，已婚人士小李在北京上班，年收入 15 万元，三险一金专项扣除为每月 2000 元，每月房贷 4000 元，有一个孩子在上幼儿园，同时他的父母已经 60 多岁。

小李可以享受住房贷款每月 1500 元扣除、子女教育每月 1000 元扣除、赡养老人每月 1000 元扣除（跟姐姐分摊扣除额），所以有如下计算。

81

个人所得税税率表

（综合所得适用）

级数	全年应纳税所得额	税率（%）
1	不超过36000元的	3
2	超过36000元至144000元的部分	10
3	超过144000元至300000元的部分	20
4	超过300000元至420000元的部分	25
5	超过420000元至660000元的部分	30
6	超过660000元至960000元的部分	35
7	超过960000元的部分	45

图 4.21　年度个人所得税税率表

4-8：实例分析与
实现

专项扣除：2000×12=24000 元。

专项附加扣除：1500×12+1000×12+1000×12=42000 元。

应纳税所得额：150000−60000−24000−42000=24000 元。

应纳税所得额：由于 24000＜36000，由图 4.21 可算得应纳税所得额为 24000×0.03=720 元。

1980 年 9 月 10 日公布的《中华人民共和国个人所得税法》，是我国颁布的第一部个人所得税法。2018 年 8 月 31 日，关于修改个人所得税法的决定经第十三届全国人民代表大会常务委员会第五次会议表决通过，起征点为每月 5000 元，2018 年 10 月 1 日起施行最新起征点和税率，新个税法于 2019 年 1 月 1 日起施行。

在税收监管日益加强的情况下，无论什么性质的企业，无论多大影响力的个人，违反税收法律法规就会被查处和曝光。每个纳税人都应自觉依法纳税，承担起相应的社会责任。任何心存侥幸、触碰法律红线的行为都将无所遁形，对每个行业及每个纳税人而言，诚信纳税才能行稳致远。

分析：

（1）输入年收入 income、专项扣除 items、专项附加扣除和依法确定的其他扣除 addition。

（2）计算应纳税所得额 pay。

（3）使用多分支选择结构，根据不同等级的个人所得税税率计算应缴税款，累加后的结果就是应缴纳的个人所得税。

程序代码如下：

```
#include <stdio.h>
int main()
{  float income,items,addition,pay,tax,rate;
   printf("请输入年收入\n");
   scanf("%f",&income);
   printf("请输入专项扣除\n");
   scanf("%f",&items);
   printf("请输入附加扣除\n");
   scanf("%f",&addition);
   pay=income-60000-items-addition;
if(pay>=0&&pay<=36000)
rate=pay*0.03;
else if(pay<144000)
rate=36000*0.03+(pay-36000)*0.1;
else if(pay<=300000)
```

```
rate=36000*0.03+(144000-36000)*0.1+(pay-144000)*0.2;
else if(pay<=420000)
rate=36000*0.03+108000*0.1+156000*0.2+(pay-300000)*0.25;
else if(pay<=660000)
rate=36000*0.03+108000*0.1+156000*0.2+120000*0.25+(pay-420000)*0.3;
else if(pay<=960000)
rate=36000*0.03+108000*0.1+156000*0.2+120000*0.25+240000*0.3+(pay-660000)*0.35;
else
rate=36000*0.03+108000*0.1+156000*0.2+120000*0.25+240000*0.3+300000*0.35
+(pay-960000)*0.45;
printf("应缴个人所得税为%.2f\n",rate);
 }
```

程序运行结果如图 4.22 所示。

图 4.22　程序运行结果

知识拓展　程序中的语法错误和逻辑错误调试

用 C 语言编写的源程序必须经过编译和链接，生成可执行文件之后才能执行。如果在这些过程中出现错误，就需要返回源程序的编辑状态找出并修正错误，这就是程序调试的过程。程序调试的目的就是发现程序中的错误，并且修正错误，保证程序的正常运行。程序中的错误包括语法错误和逻辑错误。

1．语法错误

语法错误是指在程序调试过程中发生的错误，出现语法错误时编译不会通过，如图 4.23 所示。Dev-C++提供了完善的调试功能，编译出现错误时会自动定位到错误处，并且在编译窗口显示错误信息，程序开发人员可以根据错误的提示信息修正错误。本例中的语法错误是 switch 语句后的表达式的值的类型不是整型。

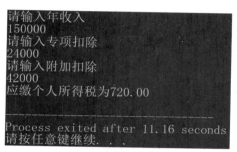

图 4.23　程序编译运行结果

C 语言中常见的语法错误包括：将英文符号输入成中文符号、使用未定义的变量、语句后缺少";"、标识符不符合命名规范等。举例说明如下。

Cannot modify a const object	不允许修改常量对象
Case outside of switch	漏掉了 case 语句
Case syntax error	case 语法错误
Compound statement missing{	分程序漏掉 "{"
Constant expression required	要求使用常量表达式
Incorrect number format	错误的数据格式
Declaration missing	说明缺少 ";"

程序开发人员在修正语法错误时需要注意以下两点。

（1）由于 C 语言语法比较自由、灵活，因此错误信息的定位不是特别精确。这时就需要根据错误信息查找错误原因。如图 4.23 所示，编译器在第 5 行发现了语法错误，而需要修改的却是第 4 行代码。

（2）当程序调试过程中发现若干条错误信息时，一般从第一条错误信息开始查找，修正错误后，再次运行程序，如果还有错误，要一个一个地修正，即每修正一处错误就要运行一次程序。

2. 逻辑错误

逻辑错误是指程序已经没有语法错误，编译已经通过，但是运行后没有得到所期望的结果。例如，程序的目标是输出变量 x 的值，但是在程序中写成输出变量 y 的值，这就是逻辑错误。

由于发生逻辑错误的程序不会产生错误信息，所以程序开发人员需要仔细分析程序流程，跟踪程序的运行过程才能发现程序中的逻辑错误。Dev-C++也提供了断点调试的方法，通过单步调试，监视程序中变量的变化，帮助程序开发人员快速定位程序中的错误。

C 语言中常见的逻辑错误包括：运算符使用不正确、语句的先后顺序不对、判断条件不正确、循环语句中变量的初值与终值有误等。

同步练习

一、选择题

1. 当整型变量 x 为大于 1 的奇数时，值为 0 的表达式是（　　　）。

    A．x%2==0   B．x/2   C．x%2!=0   D．x%2==1

2. 设 a 为整型变量，则下列不能正确表达数学关系 $10<a<15$ 的语言表达式是（　　　）。

    A．10<a<15   B．a==11||a==12||a==13||a==14

    C．a>10&&a<15   D．!(a<=10)&&!(a>=15)

3. 能正确表示 a 和 b 同时为正或同时为负的逻辑表达式是（　　　）。

    A．(a>=0||b>=0)&&(a<0||b<0)   B．(a>=0&&b>=0)&&(a<0&&b<0)

    C．(a+b>0)&&(a+b<=0)   D．a*b>0

4. 下列运算符中优先级最低的是（　　　）。

    A．?:   B．&&   C．+   D．!=

5. 下列运算符中优先级最高的是（　　　）。

    A．!   B．==   C．+   D．>

6. 已知 a=5，b=6，c=7，d=8，m=2，n=2，执行(m=a>b)&&(n=c<d)后 n 的值为（　　　）。

    A．1   B．0   C．2   D．-1

7. 设 a=3，b=4，c=5，则表达式!(a>b)&&!c||1 的结果是（　　　）。

    A．1   B．0   C．2   D．4

8. 设 a=1，b=2，c=3，d=4，则表达式 a<b?b:c<d?a:b 的结果是（　　　）。

    A．4   B．3   C．2   D．1

9. 下列叙述正确的是（　　　）。

    A．在 switch 语句中不一定有 break 语句

    B．在 switch 语句中必须使用 default 语句

    C．break 语句必须与 switch 语句中的 case 配对使用

    D．break 语句只能用于 switch 语句

10. 若 i=10，则执行下列程序后，变量 i 的值为（　　　　）。

```
switch(i)
{    case 9: i+=1;
     case 10:i+=1;
     case 11:i+=1;
     default:i+=1;
}
```

    A. 11   B. 12   C. 13   D. 14

二、填空题

1. 已知 a=7.5，b=2，c=3.6，则表达式 a>b&&c>a||a<b&&c>b 的值是＿＿＿＿＿＿＿。

2. 已知 a=3，b=-4，c=5，则表达式(a&&b)==(a||c)的值是＿＿＿＿＿＿＿。

3. 已知 a=2，b=3，则表达式!a+b 的值为＿＿＿＿＿＿＿。

4. 设 x 为整型变量，则判断 x 能够被 3 或 7 整除的表达式是＿＿＿＿＿＿＿。

5. 数学表达式 $p<x$ 或 $p<y$ 或 $p\neq z$ 对应的 C 语言表达式＿＿＿＿＿＿＿。

6. 以下程序用于判断 a、b、c 能否构成三角形，若能，输出"YES"，否则，输出"NO"。当将 a、b、c 赋值为三角形的 3 条边长时，确定 a、b、c 能构成三角形的条件有 3 个且它们需同时满足：a+b>c，a+c>b，b+c>a。请在空白处填空完成程序。

```
float a, b, c;
if(＿＿＿＿＿＿＿)
     printf("YES\n");          /*a、b、c 能构成三角形*/
else
     printf("NO\n");           /*a、b、c 不能构成三角形*/
```

7. 输入一个字符，如果它是一个大写字母，则把它转换成小写字母；如果它是一个小写字母，则把它转换成大写字母；其他字符不变。请在空白处填空完成此程序。

```
char ch;
if(＿＿＿＿＿＿＿)
     ch=ch+32;
else
     if(ch>='a' && ch<='z')
          ＿＿＿＿＿＿＿;
printf("%c",ch);
```

三、写出程序运行后的输出结果

1. 以下程序运行后的输出结果是＿＿＿＿＿＿＿。

```
#include <stdio.h>
int main()
{ int x=10,y=20,t=0;
  if(x==y)
  t=x;x=y;y=t;
  printf("%d,%d",x,y);
  return 0;
}
```

2. 若从键盘输入 58，则以下程序运行后的输出结果是＿＿＿＿＿＿＿。

```
#include <stdio.h>
int main()
{ int a;
  scanf("%d",&a);
  if(a>50)
```

```
    printf("%d",a);
    if(a>40)
    printf("%d",a);
    if(a>30)
    printf("%d",a);
    return 0;
}
```

3. 以下程序运行后的输出结果是＿＿＿＿＿＿＿＿＿＿＿。

```
#include <stdio.h>
int main()
{ int a=2,b=1,c=2;
  if(a)
  if(b<0) c=0;
  else c++;
  printf("%d\n",c);
  return 0;
}
```

4. 以下程序运行后的输出结果是＿＿＿＿＿＿＿＿＿＿＿。

```
#include <stdio.h>
int main()
{ int a=2,b=3,c;
  c=a;
  if(a>b)
     c=1;
  else
     if(a==b) c=0;
  printf("%d\n",c);
  return 0;
}
```

5. 以下程序运行后的输出结果是＿＿＿＿＿＿＿＿＿＿＿。

```
#include <stdio.h>
int main()
{    float x=2.0,y;
     if(x<0) y=0.0;
     else if(x<5.0)y=1.0/x;
         else y=1.0;
     printf("%f\n",y);
     return 0;
}
```

6. 从键盘输入数字字符 4，则以下程序运行后的输出结果是＿＿＿＿＿＿＿＿＿＿＿。

```
#include <stdio.h>
int main()
{  char  c;
   c=getchar();
   switch( c-'2' )
    {
       case  0 :
       case  1 : putchar( c+4 );
       case  2 : putchar( c+4 ); break;
```

```
            case  3 : putchar( c+3 );
            default : putchar( c+2 ); break;
        }
return 0;
}
```

四、编程题

1. 编写一个程序，找出两个数中的最小数。

2. 已知函数：

$$y=\begin{cases} x+3 & x>0 \\ 0 & x=0 \\ x-1 & x<0 \end{cases}$$

编写一个程序，输入 x 的值，输出 y 的值。

3. 编写一个程序，输入某年某月某日，判断这一天是这一年的第几天。

单元5
循环结构

问题引入

南北朝北魏著名数学家张邱建在他的《张邱建算经》中，提出了著名的"百钱买百鸡"的问题：鸡翁一，值钱五，鸡母一，值钱三，鸡雏三，值钱一，百钱买百鸡，问翁、母、雏各几何？那怎样用C语言编程来解开这个问题呢？我们可以使用循环语句，用穷举法列举出各种可能的情况。

日常生活中处理许多问题时都要重复相同操作。例如，进行学生成绩管理时，需要重复输入多个学生成绩。再如，超市收银系统中需要重复读入多个商品条码来计算销售金额。需要处理多个数据，而且是重复执行一些相似操作时，应使用循环控制语句。

C语言如何实现循环？这需要考虑如下两个问题。

问题1：如何描述循环条件？

问题2：用什么语句实现循环结构？

本单元学习目标

1. 知识目标

（1）掌握while语句。

（2）掌握do-while语句。

（3）掌握for语句。

（4）掌握循环嵌套结构。

（5）掌握break和continue语句。

2. 技能目标

（1）具备应用循环结构解决问题的能力。

（2）具备简单程序的开发与调试能力。

3. 素质目标

（1）具有简单程序设计的能力。

（2）具有独立思考能力和创新意识。

（3）具备举一反三、解决复杂问题的能力。

（4）培养踏实严谨、一丝不苟、精益求精的工匠精神。

知识描述

循环结构是结构化程序设计的3种基本程序结构之一。大多数实用的程序都包含循环语句。循环语句的特点是,在给定的条件成立时,重复执行某程序段,直到条件不成立为止。给定的条件称为循环条件,重复执行的程序段称为循环体。

5.1 while 语句

while 语句属于当型循环,即先判断条件,再执行循环体语句。

while 语句的语法结构:

5-1:while 语句

```
while(表达式)循环体语句
```

执行过程如下。

(1)计算条件判断表达式(循环条件)的值。如果值为"真",执行步骤(2);如果值为"假",执行步骤(3)。

(2)执行循环体语句一次,再转去执行步骤(1)。

(3)退出 while 循环。

while 语句流程图如图 5.1 所示。

【例 5.1】使用 while 语句,输出 50 个 "*"。

程序代码如下:

```c
#include <stdio.h>
int main()
{
    int i=50;
    while(i>0)
    {
        printf("*");
        i--;
    }
    return 0;
}
```

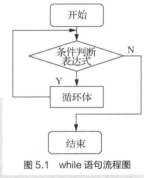

图 5.1　while 语句流程图

程序运行结果如图 5.2 所示。

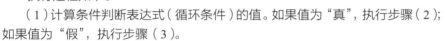

图 5.2　程序运行结果

【例 5.2】统计一个小组中的学生的考试成绩。

某班级一个小组 10 个学生参加了数学考试,现要统计该小组学生的总成绩和平均成绩。

分析:

根据题目要求,需要在主函数中实现 10 个学生的成绩录入,计算并输出总成绩及平均成绩。定义 10 个变量来存放 10 个学生的成绩,显然这个方法不科学。由于计算总成绩是重复执行输入学生的成绩、将其加入总成绩这两步操作,因此可以使用更加简单、合理的循环结构。

程序流程图如图 5.3 所示。

程序代码如下:

```c
#include <stdio.h>
int main()
{
    int i=1,sum=0,score;
    float ave;
    printf("\n 计算学生总成绩和平均成绩\n");
    printf("请输入 10 名学生的成绩:\n");
    while(i<=10)
    {
        scanf("%d",&score);
        sum=sum+score;
        i++;
    }
    ave=sum/10.0;
    printf("总成绩为%d      平均成绩为%.2f\n",sum,ave);
    return 0;
}
```

程序运行结果如图 5.4 所示。

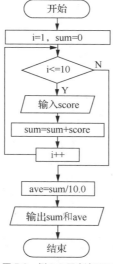

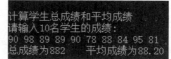

图 5.3　例 5.2 程序流程图　　　　　　图 5.4　程序运行结果

小提示 （1）while 语句先判断表达式的真假，再决定是否执行循环体语句。

（2）"while(表达式)"后面不要加";"。

（3）为了避免陷入"死循环"，while 语句的循环体中应包含使循环趋于结束的语句（如 i++ ）。

例如：

```c
int i=1,sum=0;
while(i<=100)
{
sum=sum+i;
i++;
}
```

这段程序可以求出 1+2+…+100 的值。如果循环体内没有 "i++;" 语句，则 i 的值不变，循环条件永远为 "真"，造成 "死循环"。

（4）如果循环体包含一条以上的语句，必须使用{}进行标识，组成复合语句。如果不含花括号，则 while 语句的循环体只包含 while 语句后的第一条语句。例如：

```
int i=1;
while(i<=100)
    printf("%d",i);
    i++;
```

这段程序中，while 语句的循环体本意是控制 "printf("%d",i);" 和 "i++;" 两条语句，可是由于这两条语句没有用{}进行标识，while 语句的循环体只控制了 "printf("%d",i);" 这一条语句，造成了 "死循环"。

【练一练】

（1）分析下面的程序代码，写出程序的运行结果_____。

```
#include <stdio.h>
int main()
{
    int n=9;
    while(n>6)
    {n--;printf("%d",n);}
    return 0;
}
```

（2）输入 *n* 的数值，输出 *n*!的值。

比如，3! =3×2×1，5! =5×4×3×2×1，以此类推，*n*! =*n*×(*n*-1)×…×2×1。

解题思路：由用户输入 n 的值。如果 n 为 0 或 1，n! 值为 1；如果 n 大于 1，n! =n×(n-1)!。要求出 n! 的值，可以先求出(n-1)! 的值，以此类推。因此定义变量 i 和 fac，两者都赋初值为 1，使用循环结构，用 i 作为计数器，每执行 fac=fac*i 语句一次，就让 i 增加 1，直至 i 的值为 n，停止循环。此时 fac 的值就是 n 的阶乘。该程序流程图如图 5.5 所示。

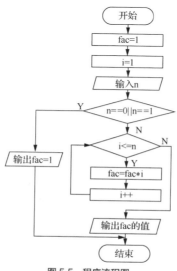

图 5.5　程序流程图

5.2　do-while 语句

5-2：do-while 语句

　　do-while 语句属于直到型循环，这种类型的循环首先执行一次循环体，然后对是否执行下一次循环体进行条件判断。

　　do-while 语句的语法结构：

```
do
    循环体语句
while(表达式);
```

　　执行过程如下。

　　（1）执行 do 后面循环体中的语句组。

　　（2）计算 while 后表达式中的值，当值为非 0 时，转去执行步骤（1）；当值为 0 时，执行步骤（3）。

　　（3）退出 do-while 循环。

　　do-while 语句流程图如图 5.6 所示。

　　【例 5.3】用 do-while 语句完成例 5.2 的题目。

　　程序流程图如图 5.7 所示。

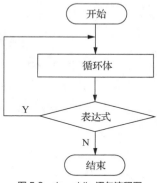

图 5.6　do-while 语句流程图

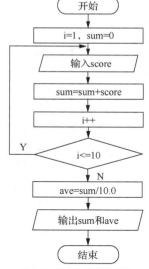

图 5.7　例 5.3 程序流程图

　　程序代码如下：

```
#include <stdio.h>
int main()
{
    int i=1,sum=0,score;
    float ave;
    printf("\n 计算学生总成绩和平均成绩\n");
    printf("请输入 10 名学生的成绩:\n");
    do
    {
```

```
        scanf("%d",&score);
        sum=sum+score;
        i++;
    }while(i<=10);
    ave=sum/10.0;
    printf("总成绩为%d    平均成绩为%.2f\n",sum,ave);
    return 0;
}
```

程序运行结果如图 5.8 所示。

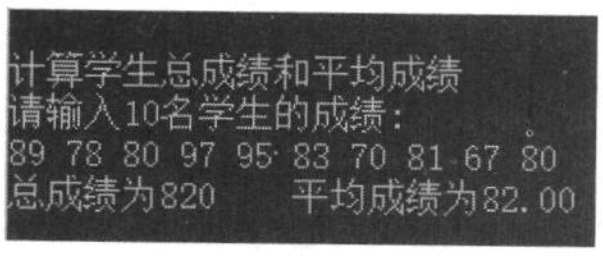

计算学生总成绩和平均成绩
请输入10名学生的成绩：
89 78 80 97 95 83 70 81 67 80
总成绩为820   平均成绩为82.00

图 5.8　程序运行结果

【例 5.4】使用 do-while 语句，输出 50 个 "*"。

程序代码如下：

```
#include <stdio.h>
int main()
{
    int i=1;
    do{
        printf("*");
        i++;
    }while(i<=50);
    return 0;
}
```

程序运行结果如图 5.9 所示。

****

图 5.9　程序运行结果

小提示　（1）do 是 C 语言的关键字，必须和 while 联合使用。

（2）do-while 循环由 do 开始，至 while 结束。在"while(表达式)"后的";"不能省略，它标志着 do-while 语句的结束。

（3）如果循环体中有一条以上语句，必须用 { } 进行标识，组成复合语句。

（4）无论条件如何，do-while 语句首先执行一次循环体中的语句组，然后判断条件的真假。因此，无论判断条件是否为"真"，do-while 语句中的循环体语句组至少执行一次。而 while 语句是当条件判断表达式的值为非 0，才执行循环体语句，因此循环可能一次也不执行。

（5）通常 while 语句和 do-while 语句可以互相改写，但要注意修改循环条件，避免出现"死循环"。

【练一练】

分析下面的程序代码，写出程序的运行结果_____。

```
#include <stdio.h>
int main()
{
    int i=20;
    do
        printf("%d",i--);
    while(i>10);
    return 0;
}
```

5.3 for 语句

for 语句是 C 语言中一种方便灵活、功能强大的循环语句。

for 语句的语法结构：

for（表达式 1;表达式 2;表达式 3）
　　循环体语句

执行过程如下。

（1）计算表达式 1 的值。

（2）计算表达式 2 的值，若其值为"真"（非 0），则转去执行步骤（3）；否则转去执行步骤（5）。

（3）执行一次循环体语句。

（4）计算表达式 3 的值，转去执行步骤（2）。

（5）结束循环。

5-3：for 语句

for 语句流程图如图 5.10 所示。

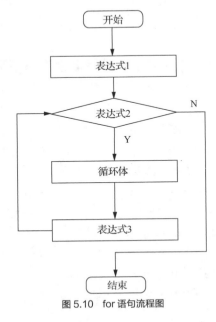

图 5.10　for 语句流程图

【例 5.5】用 for 语句完成例 5.2 的题目。

```
#include <stdio.h>
int main()
{
```

```
    int i,sum=0,score;
    float ave;
    printf("\n 计算学生总成绩和平均成绩\n");
    printf("请输入 10 名学生的成绩:\n");
    for(i=1;i<=10;i++)
    {
        scanf("%d",&score);
        sum=sum+score;
    }
    ave=sum/10.0;
    printf("总成绩为%d    平均成绩为%.2f\n",sum,ave);
    return 0;
}
```

程序运行结果如图 5.11 所示。

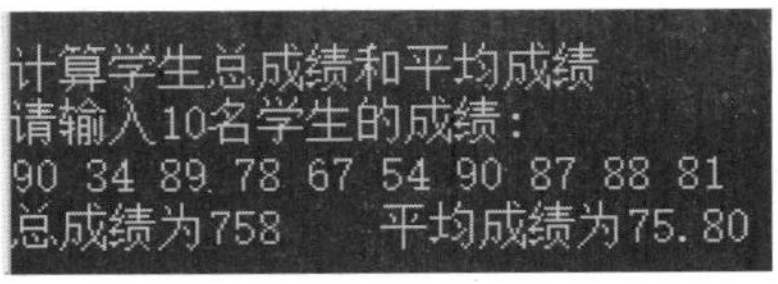

图 5.11　程序运行结果

【例 5.6】古希腊数学家阿基米德与国王下棋，国王输了，问阿基米德要什么奖赏？阿基米德对国王说：“我只要在棋盘上第 1 个格子中放一粒米，在第 2 个格子中放两粒米，以此类推，每一个格子中的米的数量都是前一个格子中的两倍，直到将棋盘每一个格子摆满。”国王觉得很容易就可以满足他的要求，于是同意了。但很快国王就发现，即使将国库所有的米都给他，也不够他要求的百分之一。请编程计算摆满棋盘大约需要多少粒米。

分析：

根据题目要求，设棋盘中共有 64 个格子，在第 1 个格子中放 1 粒米，在第 2 个格子中放 2 粒米，每一个格子中的米的数量都是前一个格子中的 2 倍，这样棋盘中大米的数量为 1,2,4,8,…，那么第 i 个格子中大米的数量是 2^{i-1} 粒，只需要使用循环语句求出 64 个格子中大米数量总和即可。

程序代码如下：

```
#include <stdio.h>
#include <math.h>
int main()
{
 double sum=0;                                //double 类型数据取值范围更广
 int i;
 for(i=1;i<=64;i++)
    sum=sum+pow(2,i-1);
 printf("填满棋盘大约需要%.0f 粒米",sum);       //只显示 sum 的整数部分
 }
```

程序运行结果如图 5.12 所示。

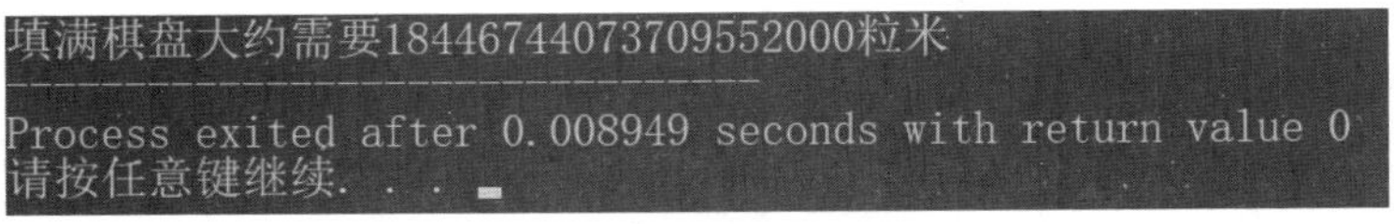

图 5.12　程序运行结果

95

若按 1kg 大米大约有 50000 粒左右计算，则国王大约需要给阿基米德 368935 亿吨大米，可见填满这个棋盘有多困难！我国大米产量不断提高，离不开"杂交水稻之父"袁隆平院士的辛勤付出和伟大贡献。袁隆平院士从事杂交水稻研究几十年，一生浸在稻田里，克服了巨大的困难，实现了"杂交水稻覆盖全球"的梦想。他不仅解决了中国人的吃饭问题，也造福了世界人民。我们要以袁隆平院士为榜样，学习他"科学探索无止境"的精神，立报国之志，育家国情怀。

> **注意**　（1）for 循环相当于如下 while 循环。
>
> ```
> 表达式 1;
> while(表达式 2)
> {
>     循环体语句;
>     表达式 3;
> }
> ```
>
> （2）for 语句内必须有两个分号，程序编译时，将根据两个分号的位置来确定 3 个表达式。for 语句中的表达式可以部分或者全部省略，但两个分号不可省略。
>
> 例如：编写程序，在计算机屏幕上输出 10 个 "*"。
>
> **方法一：**
>
> ```c
> #include <stdio.h>
> int main()
> {
>     int i;
>     for(i=1;i<=10;i++)
>         printf("*");
>     return 0;
> }
> ```
>
> **方法二：**
>
> ```c
> #include <stdio.h>
> int main()
> {
>     int i;
>     for(i=1;i<=10;)
>     {
>         printf("*");
>         i++;
>     }
>     return 0;
> }
> ```
>
> **方法三：**
>
> ```c
> #include <stdio.h>
> int main()
> {
>     int i=1;
>     for(;i<=10;)
>     {
>         printf("*");
>         i++;
> ```

```
    }
    return 0;
}
```

（3）3个表达式都可以是逗号表达式，循环体语句也可以是空语句。

例如：

```
int i=1,sum;
for(i=1,sum=0;i<=10;sum=sum+i,i++);          // sum 的值是 1+2+3+…+10=55
```

（4）for 语句的应用方式灵活，功能较强。虽然 for 语句可以写成多种形式，但不规范语句会降低程序的可读性，所以建议最好规范语句的形式。通常用表达式 1 给循环变量赋初值，用表达式 2 控制循环条件，用表达式 3 控制循环变量递增或递减。所以规范的 for 语句形式为：

```
for(循环变量赋初值;循环条件;循环变量递增/递减)
{循环体语句}
```

【练一练】

分析下面的程序代码，写出程序的运行结果＿＿＿＿＿＿＿＿。

```
#include <stdio.h>
int main()
{
    int i,sum=0;
    for(i=1;i<=100;i++)
        sum+=i;
    printf("%d\n",sum);
    return 0;
}
```

5.4　嵌套的循环

5-4：循环嵌套（1）

动画：嵌套的循环

本节介绍两个知识点，一是循环嵌套的方法，二是结束循环的语句。

5.4.1　循环嵌套的方法

若一个循环体中包含另一个完整的循环结构，则称此为嵌套的循环或多重循环（多层嵌套）。使用循环嵌套时，3 种循环语句既可以自身嵌套，也可以互相嵌套。

【例 5.7】在屏幕上输出如下图形。

```
          * * * * *
          * * * * *
          * * * * *
```

分析：

根据题目要求，每行输出 5 个"*"，共输出 3 行。可以使用嵌套循环，内循环控制每行输出 5 个"*"，外循环控制行数为 3。

程序流程图如图 5.13 所示。

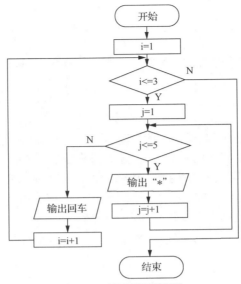

图 5.13　例 5.7 程序流程图

程序代码如下：

```c
#include <stdio.h>
int main()
{   int i,j;
    i=1;
    while(i<=3)
    {
        j=1;
        while(j<=5)
        {
            printf("*");
            j=j+1;
        }
        printf("\n");
        i=i+1;
    }
    return 0;
}
```

程序运行结果如图 5.14 所示。

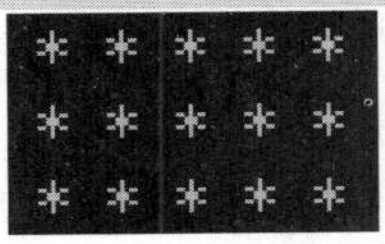

【例 5.8】九九表也称为"乘法口诀表"，九九表是个位数的乘法口诀表，俗称"小九九"，以一至九每两个数相乘所编成，如"一一得一""九九八十一"等。我国敦煌汉简和居延汉简中，均有对九九表的描述，元代数学家朱世杰所著《算学启蒙》中有九九数法，《管子》等先秦典籍中也有许多九九乘法口诀片段。本例中，编程输出乘法口诀表。

图 5.14　程序运行结果

分析：

乘法口诀表包含两个乘数相乘的结果，这两个乘数分别从 1 到 9 取值，共显示 9 行 9 列运算结果。可以定义两个循环控制变量 i 和 j，它们既用来表示乘数 1 和乘数 2，又用来控制外循环和内循环的执行次数。其中变量 i 在外循环中使用，表示乘数 1 从 1 递增到 9，即外循环执行 9 次；变量 j

在内循环中使用，表示乘数 2 从 1 递增到 9。外循环中变量 i 每取一个新值，只要判断取值不大于 9，就进入内循环；变量 j 从 1 递增到 9，即内循环执行 9 次，输出 9 组运算结果，然后输出回车，将变量 i 的值加 1，判断是否进入下一次外循环。

程序流程图如图 5.15 所示。

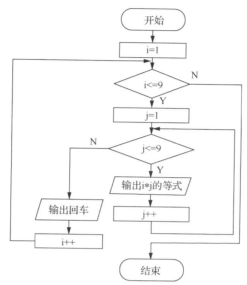

图 5.15　例 5.8 程序流程图

程序代码如下：

```
#include <stdio.h>
int main()
{
    int i,j;
    for(i=1;i<=9;i++)
    {
        for(j=1;j<=9;j++)
        {
            printf("%d*%d=%2d ",i,j,i*j);
        }
        printf("\n");
    }
    return 0;
}
```

程序运行结果如图 5.16 所示。

图 5.16　程序运行结果

如果将内循环语句改成 for(j=1; j<=i; j++)，则运行结果只输出下三角形部分。大家可以自行分析并上机运行。

【例 5.9】"水仙花数"是一种特殊的三位数，其各位数的立方和等于该数，例如，$153=1^3+5^3+3^3$。编写程序，输出所有水仙花数。

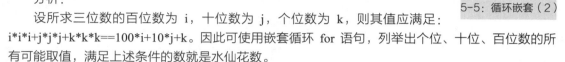

5-5：循环嵌套（2）

分析：

设所求三位数的百位数为 i，十位数为 j，个位数为 k，则其值应满足：$i*i*i+j*j*j+k*k*k==100*i+10*j+k$。因此可使用嵌套循环 for 语句，列举出个位、十位、百位数的所有可能取值，满足上述条件的数就是水仙花数。

程序流程图如图 5.17 所示。

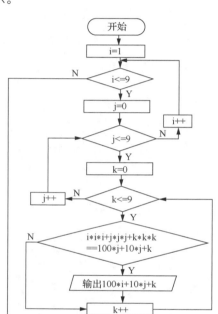

图 5.17　例 5.9 的流程图

程序代码如下：

```c
#include <stdio.h>
int main()
{
    int i,j,k;
    for(i=1;i<=9;i++)
        for(j=0;j<=9;j++)
            for(k=0;k<=9;k++)
                if(i*i*i+j*j*j+k*k*k==100*i+10*j+k)
                    printf("%d\t",100*i+10*j+k);
    return 0;
}
```

程序运行结果如图 5.18 所示。

图 5.18　程序运行结果

【例 5.10】统计一个班级的学生的考试成绩。

某班级共 4 个小组,每个小组有 10 个学生参加数学考试,分别统计各小组的总成绩和平均成绩。

分析:

根据题目要求,需要在主函数中实现 4 个小组共 40 个学生的成绩录入,并分组计算总成绩和平均成绩。

程序流程图如图 5.19 所示。

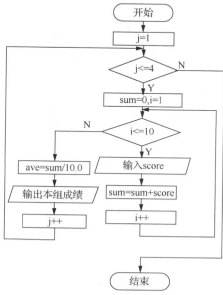

图 5.19　例 5.10 程序流程图

程序代码如下:

```
#include <stdio.h>
int main()
{
    int i,j=1,sum,score;
    float ave;
    printf("\n 计算学生总成绩和平均成绩\n");
    while(j<=4)
    {
        sum=0;
        ave=0;
        i=1;
        printf("\n 请输入第%d 组 10 名学生的成绩:\n",j);
        while(i<=10)
        {
            scanf("%d",&score);
            sum=sum+score;
            i++;
        }
        ave=sum/10.0;
        printf("\n 第%d 组学生的总成绩是: %d,平均成绩是%.2f\n",j,sum,ave);
        j++;
```

```
    }
    return 0;
}
```

程序运行结果如图 5.20 所示。

计算学生总成绩和平均成绩

请输入第1组10名学生的成绩：
90 89 87 67 86 90 56 78 82 91

第1组学生的总成绩是：816,平均成绩是81.60

请输入第2组10名学生的成绩：
89 87 67 90 67 65 87 90 73 93

第2组学生的总成绩是：808,平均成绩是80.80

请输入第3组10名学生的成绩：
90 89 76 76 89 76 94 83 92 71

第3组学生的总成绩是：836,平均成绩是83.60

请输入第4组10名学生的成绩：
90 81 67 65 84 93 96 91 96 71

第4组学生的总成绩是：834,平均成绩是83.40

图 5.20　程序运行结果

【练一练】

编程求 $S_n=a+aa+aaa+\cdots+aa\cdots a$ 的值，其中 a 代表一个数字，例如 3+33+333+3333+33333（此时，$a=3$，$n=5$）。a 和 n 由键盘输入。

5-6：break 语句和
continue 语句

5.4.2　break 语句和 continue 语句

1. break 语句

在 4.3 节介绍过的 switch 语句中，我们曾经使用 break 语句跳出 switch 结构。break 语句也可以出现在 3 种循环语句的循环体语句中，使循环结束。若在多层循环体中使用 break 语句，则只结束本层循环。

【例 5.11】 输出 50 个"*"，使用 break 语句控制数量。

程序代码如下：

```c
#include <stdio.h>
int main()
{
    int i;
    for(i=1;;i++)
    {
        if(i>50) break;
        printf("*");
    }
    return 0;
}
```

程序运行结果如图 5.21 所示。

****

图 5.21　程序运行结果

2. continue 语句

若在循环体语句中遇到 continue 语句，则结束本次循环，进行下一次是否循环的判断，即 continue 语句后面的语句不被执行，但不影响下次循环。

【例 5.12】输出 50 个"＊"，使用 continue 语句控制数量。

程序代码如下：

```c
#include <stdio.h>
int main()
{
    int i;
    for(i=1;i<=100;i++)
    {
        if(i%2==0) continue;
        printf("*");
    }
    return 0;
}
```

程序运行结果与图 5.21 所示相同。

实例分析与实现

1. 编写程序，输入 N 的值，输出图 5.22 所示的图形。

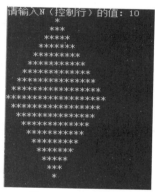

图 5.22　程序运行结果

5-7：实例分析与
实现（1）

分析：

同学们在学习和工作中会遇到各种各样的问题。要解决这些问题，除了要具备相应的知识技能，也要深入探索问题的发展规律，提出问题解决方法，这是同学们需要具备的科研素养。观察题目中输出的图形，可以看出前 N 行和后 N–1 行中出现的"＊"符号和空格符号的数量呈现了不同规律，因此可以把图形分成两部分来分别进行处理。利用双重 for 循环，第 1 层循环控制行，第 2 层循环控制列。

程序代码如下：

```c
#include <stdio.h>
int main()
{
int i,j,k,n;
```

```
    printf("请输入 N（控制行）的值: ");
    scanf("%d",&n);
    for(i=1;i<=n;i++)
    {
        for(k=1;k<=n-i;k++)
            printf(" ");
        for(j=1;j<=2*i-1;j++)
            printf("*");
        printf("\n");
    }
    for(i=1;i<=n-1;i++)
    {
        for(k=1;k<=i;k++)
            printf(" ");
        for(j=2*(n-i)-1;j>=1;j--)
            printf("*");
        printf("\n") ;
    }
        return 0;
    }
```

2. 求 100～200 的全部素数。

分析：

（1）设 m 是要被判断是否为素数的数，其取值范围为 100～200。由于该范围内的偶数一定不是素数，因此只需要对该范围内的奇数逐个判断即可。

（2）判断 m 是否为素数的方法是检测 m 是否能被 2～$\sqrt{m}$ 的数整除。如果 m 能被 2～$\sqrt{m}$ 的某一个整数整除，则 m 不是素数，否则就是素数。

（3）将变量 k 的值设为 $\sqrt{m}$，循环变量 i 初值为 2，求 m 除以 i 的余数。余数为 0，则 m 不是素数；余数非 0，则 i 值加 1 继续判断，直到余数为 0 或 i 的值大于 k。此时如果 i 大于 k，说明 m 是素数。

（4）使用变量 n 进行计数，控制每行显示数据个数为 10。每找到一个素数，令 n 值加 1。若 n 的值能被 10 整除，则换行。

程序流程图如图 5.23 所示。

程序代码如下：

```
#include <stdio.h>
#include <math.h>
int main()
{
    int m,i,k,n=0;
    for(m=101;m<=200;m=m+2)
        {if(n%10==0) printf("\n");
        k=sqrt(m);
        for(i=2;i<=k;i++)
            if(m%i==0) break;
        if(i>k)  {printf("%4d",m);n=n+1;}
        }
    return 0;
}
```

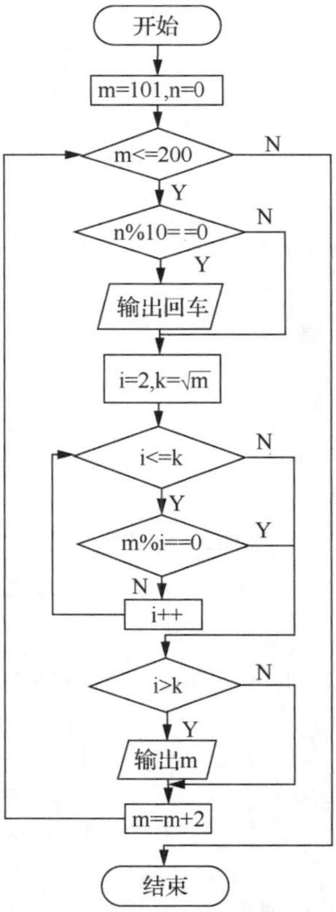

5-8：实例分析与实现（2）

图 5.23 程序流程图

程序运行结果如图 5.24 所示。

```
101 103 107 109 113 127 131 137 139 149
151 157 163 167 173 179 181 191 193 197
199
```

图 5.24　程序运行结果

知识拓展　算法的时间复杂度

处理同一问题的算法不是唯一的，而一个算法质量的优劣将影响到算法乃至整个程序的效率。算法分析的作用在于选择合适的算法和改进算法。

算法的复杂度体现在运行该算法时计算机所需资源的多少。计算机资源中最重要的是时间资源和空间资源，因此算法复杂度分为时间复杂度和空间复杂度。时间复杂度是指执行一个算法所需要的计算工作量，而空间复杂度是指执行这个算法所需要的内存空间。这里主要介绍时间复杂度。

一个算法执行时所耗费的时间，从理论上是不能算出来的，必须上机运行、测试才能知道。但程序设计员不可能也没必要对每个算法都上机运行、测试，只需知道哪个算法花费的时间多，哪个算法花费的时间少就可以了。一个算法中语句的执行次数称为语句频度或时间频度。

某公司曾经为面试者出过这样的笔试题目：当 n 值较大时，编程计算 $1+2+3+\cdots+n$ 的值（假定结果不会超过长整型变量的范围）。当看到这个题目后，很多面试者毫不犹豫地写出了如下答案：

```
long  i,n,sum=0;
scanf("%ld",&n);
for(i=1;i<=n;i++)
sum+=i;
printf("sum=%ld",sum);
```

也有一些面试者略作思考之后写出了如下答案：

```
long i,n,sum=0;
scanf("ld",&n);
sum=(1+n)*n/2;
printf("sum=%ld",sum);
```

第 1 个方案使用了循环结构，该方案简单易懂，循环体 "sum+=i;" 执行 n 次后得出答案；第 2 个方案使用了数学公式，该方案简单直接，执行一次表达式 (1+n)*n/2 即可得出答案。但后者的时间复杂度明显优于前者的。所以，优秀的程序员需要将数学等相关学科的知识应用在程序设计中，在进行程序设计时，应充分考虑算法的质量。

算法的时间复杂度直接影响着程序的执行效率，需要在编程中时刻考虑，这也是对程序员的基本要求。但是这需要许多算法方面的知识。对于初学者来说，编写程序往往以完成题目要求的功能为目的，程序的执行效率是最容易忽略的一个问题，因此学习过程中要注意优化算法思想的培养，从学习之初就养成良好的习惯。

同步练习

一、选择题

1. 在 "int a=2; while(a=0) a--;" 中循环共执行了（　　　）次。

   A．0　　　　　　　　　　B．1　　　　　　　　　　C．2　　　　　　　　　　D．3

2. 有以下程序段，其运行结果是（　　　）。

```
int i=5;
do{
    if(i%3==1)
        if(i%5==2)
        {
            printf("*%d",i);
            break;
        }
    i++;
}while(i!=0);
```

A. *2*6   B. *7   C. *5   D. *3*5

3. 执行完循环"for(i=1; i<100; i++);"后，i 的值为（   ）。

A. 99   B. 100   C. 101   D. 102

4. 以下 for 语句书写错误的是（   ）。

A. for(i=1;i<5;i++)   B. i=1;for(;i<5;i++);   C. for(i=1;i<5;i++);   D. for(i=1;i<5;) i++;

5. （   ）语句，在循环条件初次判断为假时，还会执行一次循环体语句。

A. for   B. while   C. do-while   D. 以上都不是

6. "for(i=1; i<9; i+=1);"循环共执行了（   ）次。

A. 7   B. 8   C. 9   D. 10

7. 若 i、j 已定义为 int 类型，则以下程序段中内循环体语句的执行次数是（   ）。

```
for(i=5;i;i--)
    for(j=0;j<4;j++){…}
```

A. 20   B. 24   C. 25   D. 30

8. 以下不构成"死循环"的语句或语句组是（   ）。

A. n=10; while(n); {n--;}   B. n=0; while(1) {n++;}

C. n=0; do{++n;} while(n<=0);   D. for(n=0,i=1; ; i++) n+=i;

9. 有以下程序段，其运行结果是（   ）。

```
int y=9;
for(;y>0;y--)
    if(y%3==0)
        printf("%d",--y);
```

A. 875421   B. 963   C. 852   D. 741

10. 有以下程序段，其运行结果是（   ）。

```
int i,j;
for(i=3;i>=1;i--)
{
    for(j=1;j<=2;j++)
        printf("%d",i+j);
    printf("\n");
}
```

A. 2 3 4   B. 4 3 2   C. 2 3   D. 4 5

   3 4 5   5 4 3   3 4   3 4

                                                   4 5   2 3

二、填空题

1. 常用的循环语句分别是_____、_____、_____。

2. 有 1020 个西瓜，第一天卖总数的一半多两个，以后每天卖剩下的一半多两个，请填空完成计算几天后卖完的程序。

```
int main( )
{
    int day,x1,x2;
    day=0;  x1=1020;
    while(_____)
    {
        x2=_____;
        x1=_____;
        day++;
    }
    printf("day=%d\n",day);
    return 0;
}
```

3. 输入若干个字符，分别统计数字字符的个数、英文字母的个数，当输入换行符时输出统计结果，运行结束。请填空完成该程序。

```
#include <stdio.h>
int main( )
{
    int s1=0,s2=0;
    charch;
    while((_____)!='\n')
    {
        if(ch>='0'&&ch<='9')
            s1++;
        if(ch>='a'&&ch<='z' ||_____)
            s2++;
    }
    printf("%d,%d",s1,s2);
    return 0;
}
```

4. 下面程序的功能是计算 1-3+5-7+…-99+101 的值，请填空完成程序。

```
#include <stdio.h>
int main( )
{
    int i=1,t=1,s=0;
    for(i=1;i<=101; i=i+2  )
        {_____;_____}
    printf("%d\n",s);
    return 0;
}
```

5. 执行下面语句后，s =_____。

```
int i=1,s=0;
while(i++)
    if(!(i%3))
        break;
    else
        s+=i;
```

```c
    printf("%d",s);
```

三、写出程序运行后的输出结果

1. 以下程序运行后，如果从键盘输入 1298，则输出结果为＿＿＿＿＿＿＿。

```c
#include <stdio.h>
int main( )
{
    int n1,n2;
    scanf("%d",&n2);
    while(n2!=0)
    {
        n1=n2%10;
        n2=n2/10;
        printf("%d",n1);
    }
    return 0;
}
```

2. 以下程序运行后，如果从键盘输入 2⊔4，则输出结果为＿＿＿＿＿＿。

```c
#include <stdio.h>
int main( )
{
    int s=1,t=1,a,n;
    scanf("%d%d",&a,&n);
    for(int i=1;i<n;i++)
    {
        t=t*10+1;
        s=s+t;
    }
    s*=a;
    printf("SUM=%d\n",s);
    return 0;
}
```

3. 以下程序运行后的输出结果为＿＿＿＿＿＿＿。

```c
#include <stdio.h>
int main ( )
{
    int s,i;
    for(s=0,i=1;i<3;i++,s+=i);
        printf("%d\n",s);
    return 0;
}
```

四、编程题

1. 从键盘输入 n（$n>0$）个数，求它们的和并输出。

2. 找出 1000 以内的所有"完数"（若一个数的各因子之和等于该数本身，则称其为"完数"）。例如，6 的因子是 1、2、3，而 6=1+2+3，所以 6 是完数。28 也是完数，因为 28 的因子是 1、2、4、7、14，而 28=1+2+4+7+14。

3. 从键盘输入两个正整数，求其最大公因数和最小公倍数。

单元6
数组

 问题引入

中华民族是由56个民族组成的大家庭。各族人民共同创造了中华民族悠久的历史，共同缔造了我们伟大的祖国。民族团结是国家统一、繁荣昌盛的前提和保障。加强民族团结，维护祖国统一是各族人民的共同愿望。

如果要在计算机内存中存储56个民族的名称，我们应该如何实现呢？实际上，这些是同类型的、具有相同属性的数据。

C语言提供了"数组"这一构造类型，来表示一批具有相同属性的数据。同时将数组与循环结合起来，可以快速地处理大批量的数据，极大地提高工作效率。那么我们还需要思考以下两个问题。

问题1：定义数组的一般格式是什么？数组中的每个数据如何表示、引用？

问题2：数组与循环结构的结合可以解决什么问题？

本单元学习目标

1. 知识目标

（1）掌握一维数组和二维数组的定义、初始化及引用方法。

（2）理解并掌握数组的输入、输出、排序等基本操作。

（3）理解字符数组与字符串的关系，掌握字符串的基本操作。

2. 技能目标

（1）具备应用数组分析和解决实际问题的能力。

（2）具备优化算法的能力。

3. 素质目标

（1）具有使用数组解决问题的思想意识。

（2）具有良好的团队合作意识。

（3）培养学生精益求精的工匠精神。

（4）培养创新意识、创新精神。

知识描述

6.1 一维数组

在程序设计中，为了处理方便，人们把具有相同类型的若干变量按有序的形式组织起来，这些同类数据元素的集合称为数组。一个数组可以分解为多个数组元素，这些数组元素可以是基本数据类型或构造数据类型。因此按数组元素的类型，数组又可分为数值数组、字符数组、指针数组、结构体数组等。

动画：一维数组

6.1.1 一维数组的定义

在C语言中使用数组必须先定义。一维数组定义的一般形式为：

类型说明符 数组名[常量表达式]；

其中，类型说明符是任一种基本数据类型或构造数据类型；数组名是用户定义的数组标识符；方括号中的常量表达式表示数组元素的个数，也称为数组的长度。

6-1：初识一维数组

例如：

```
int a[10];          /*整型数组a，有10个元素*/
float b[10],c[20];  /*实型数组b，有10个元素；实型数组c，有20个元素*/
char ch[20];        /*字符数组ch，有20个元素*/
```

关于数组应注意以下几点。

（1）数组的类型实际上是指数组元素的取值类型。对于同一个数组，其所有元素的数据类型都是相同的。

（2）数组名的书写规则应符合数组标识符的书写规则。

（3）数组名不能与其他变量名相同。

（4）方括号中常量表达式表示数组元素的个数，如a[5]表示数组a有5个元素。但是其索引从0开始计算。因此5个元素分别为a[0]、a[1]、a[2]、a[3]、a[4]。

（5）不能在方括号中用变量来表示元素的个数，但是可以用符号常量或常量表达式。

例如，下述数组定义是合法的：

```
#define FD 5
int main()
{
    int a[3+2],b[7+FD];
        ...
}
```

但是下述说明方式是错误的：

```
#include <stdio.h>
int main()
{
    int n=5;
    int a[n];
    ...
}
```

（6）C 编译系统为数组分配了连续的存储空间，数组名代表数组在内存中存放的首地址。例如整型数组 a[10]，其存储情况如图 6.1 所示，每个存储单元占 4 个字节。

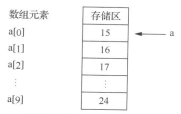

图 6.1　数组 a[10] 的存储情况

6-2：一维数组的
初始化

6.1.2　一维数组的初始化

给数组赋值时除可采用用赋值语句对数组元素逐个赋值的方法外，还可采用初始化赋值和动态赋值的方法。初始化赋值即在定义数组时赋值，其一般形式为：

类型说明符　数组名［常量表达式］={值,值,…,值};

其中，在{}中的各数值即各元素的初值，各值之间用逗号间隔。例如：

```
int a[10]={ 0,1,2,3,4,5,6,7,8,9 };
```

相当于

```
a[0]=0;a[1]=1;…;a[9]=9;
```

C 语言对数组的初始化赋值还有以下几点规定。

（1）可以只给部分元素赋初值。当{}中值的个数少于元素个数时，只给前面部分元素赋值。例如：

```
int a[10]={0,1,2,3,4};
```

表示只给 a[0]～a[4] 这 5 个元素赋值，而后 5 个元素自动赋值 0。

（2）只能给元素逐个赋值，不能给数组整体赋值。例如给 10 个元素全部赋值 1，只能写为：

```
int a[10]={1,1,1,1,1,1,1,1,1,1};
```

而不能写为：

```
int a[10]=1;
```

如给全部元素赋值，则在数组说明中可以不给出数组元素的个数。例如：

```
int a[5]={1,2,3,4,5};
```

可写为：

```
int a[]={1,2,3,4,5};
```

在第 2 种写法中，花括号中有 5 个数，系统就会据此自动定义 a 数组的长度为 5。

6.1.3　一维数组元素的引用

6-3：一维数组元素
的引用

数组元素是组成数组的基本单元。数组元素也是一种变量，其标识方法为数组名后跟一个索引。索引表示了元素在数组中的顺序号。数组元素的一般表示形式为：

数组名［索引］

其中，索引只能为整型常量或整型表达式。例如，a[5]、a[i+j]、a[i++] 都是合法的数组元素。

数组元素通常也称为索引变量。必须先定义数组，才能使用数组元素。在 C 语言中只能逐个地使用数组元素，而不能一次引用整个数组。例如，输出有 10 个元素的数组必须使用循环语句逐个输出各数组元素。

```
for(i=0; i<10; i++)
    printf("%d",a[i]);
```

【例 6.1】为数组 a 赋值，使 a[0]~a[9]的值为 0~9，并按逆序输出。

```
#include <stdio.h>
int main()
{
    int i,a[10];
    for(i=0;i<=9;i++)
        a[i]=i;                  //为数组元素赋初值
    for(i=9;i>=0;i--)
        printf("%d",a[i]);       //输出各数组元素
    return 0;
}
```

程序运行结果如图 6.2 所示。

【例 6.2】用数组来处理 Fibonacci（斐波那契）数列问题。

分析：

Fibonacci 数列的各项遵循以下特点：

$$f(n)=\begin{cases} 1 & n=1 \\ 1 & n=2 \\ f(n-1)+f(n-2) & n \geqslant 3 \end{cases}$$

可以发现，除了第 1、2 项，从第 3 项开始，每一项都是前面两项之和。将 Fibonacci 数列的前 N 项依次放入数组之中，用循环语句从第 3 项开始求解。

程序流程图如图 6.3 所示。

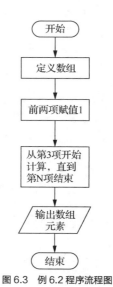

```
9 8 7 6 5 4 3 2 1 0
```
图 6.2 程序运行结果

图 6.3 例 6.2 程序流程图

程序代码如下：

```
#include <stdio.h>
#define N 20
int main()
{
```

```
    int i;
    int f[N]={1,1};
    for(i=2;i<N;i++)
      f[i]=f[i-2]+f[i-1];
for(i=0;i<N;i++)
{
  if(i%5==0) printf("\n");
  printf("%12d",f[i]);
 }
 printf("\n");
 return 0;
   }
```

程序运行结果如图 6.4 所示。

```
           1           1           2           3           5
           8          13          21          34          55
          89         144         233         377         610
         987        1597        2584        4181        6765
```

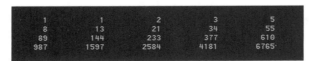

图 6.4　程序运行结果

【例 6.3】某位同学一学期有 10 门课程，根据每门课程的得分情况，试查找出其最高分和最低分。

分析：

定义一个包含 10 个元素的数组 a[10]来存放 10 门课程的分数，定义变量 max 表示最高分、min 表示最低分。先假定最高分和最低分均为 a[0]，然后利用 for 循环随着 i 的变化依次访问 a[1]～a[9]。在此过程中，让 max 和 min 与每一个分数 a[i]进行比较，最终得到所有分数中的最高分和最低分。

程序流程图如图 6.5 所示。

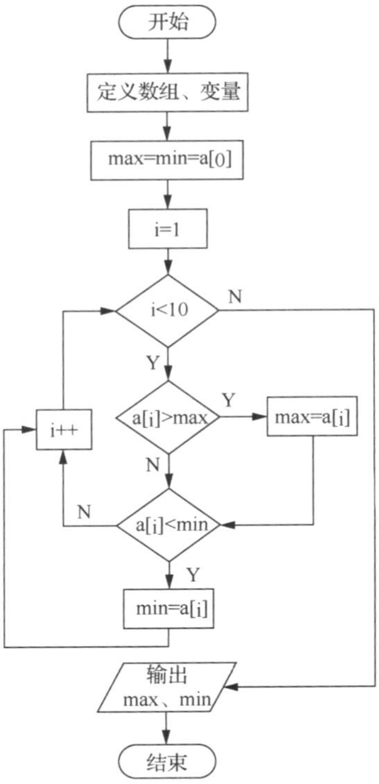

图 6.5　例 6.3 程序流程图

程序代码如下：

```
 #include  <stdio.h>
 int main( )
{
  int a[10],i,max,min;
  printf("请输入 10 门课程的得分：");
  for(i=0;i<10;i++)  //输入课程分数
     scanf("%d",&a[i]);
  max=min=a[0];          //假设最高分和最低分均为 a[0]
  for(i=1;i<10;i++)  //依次与各个元素进行比较
     { if(a[i]>max)   max=a[i];
       if(a[i]<min)   min=a[i];
     }
  printf("最高分为:%d,最低分为:%d",max,min);      //输出最高分和最低分
  return 0;
}
```

程序运行结果如图 6.6 所示。

```
请输入10门课程的得分: 99 84 77 88 59 67 100 81 80 93
最高分为:100,最低分为:59
```

图 6.6　程序运行结果

在数据处理过程中，经常会遇到排序的问题。排序的方法很多，如交换法、选择法、希尔排序法、插入法等，不同方法的执行效率不同。对排序方法的全面分析与研究是算法分析或数据结构课程的任务，本书不做详述。下面介绍一种有代表性的排序算法，这一算法在C程序中要通过数组来实现。

【例6.4】用"冒泡法"对10个整数进行由小到大排序。

分析：

冒泡法排序是对相邻的两个数进行比较，将小的数调到前面。下面以5个数为例说明排序过程。设：

动画：冒泡排序　　　6-4：冒泡法

```
int a[5]={10,7,4,5,8};
```

则排序过程如下：

```
a[0]   10      7       7       7
a[1]    7      10      4       4       4
a[2]    4       4      10      5       5
a[3]    5       5       5      10      8
a[4]    8       8       8       8      10
     第1次  第2次  第3次   第4次    结果
```

可以看出，通过第1轮的比较和交换，最大值沉到了底部，这正是我们所希望的，所以a[4]不需要再参与第2轮比较和交换。

```
a[0]    7       4       4       4
a[1]    4       7       5       5
a[2]    5       5       7       7
a[3]    8       8       8       8
     第1次  第2次  第3次   结果
```

如此通过4轮比较和交换后，就可以将5个数由小到大排好顺序了。

该例的程序流程图如图6.7所示。

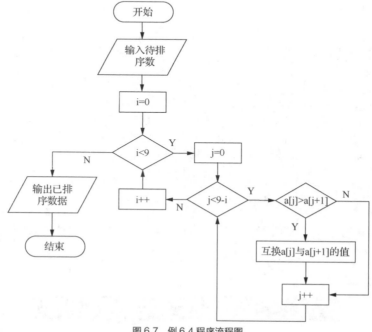

图6.7　例6.4程序流程图

程序代码如下:

```c
#include <stdio.h>
int main()
{
    int i,j,t,a[10];
    printf("input 10 numbers:");
    for(i=0;i<10;i++)
        scanf("%d",&a[i]);
    printf("\n");
     /*  冒泡排序  */
    for(i=0;i<9;i++)                      // 9 轮比较和交换
        for(j=0;j<9-i;j++)
          if(a[j]>a[j+1])
          {
              t=a[j];
              a[j]=a[j+1];
              a[j+1]=t;
          }
    printf("the sorted numbers:");   //输出排序结果
    for(j=0;j<10;j++)
        printf("%5d",a[j]);
    printf("\n");
    return 0;
}
```

程序运行结果如图 6.8 所示。

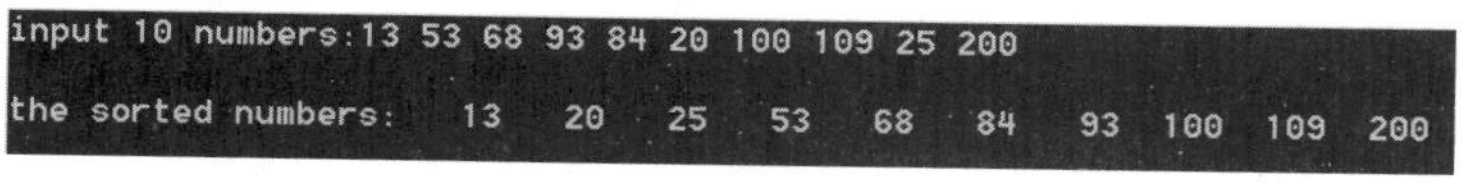

```
input 10 numbers:13 53 68 93 84 20 100 109 25 200
the sorted numbers:  13  20  25  53  68  84  93 100 109 200
```

图 6.8　程序运行结果

以上程序中的外循环用来控制比较和交换的轮次,内循环用来控制每轮比较的次数。可以看出,对 n 个数用冒泡法排序,需要进行 $n-1$ 轮的比较,每一轮的比较次数分别为 $n-1,n-2,\cdots,2,1$。

【练一练】

(1)用一个数组存放 10 个学生的年龄,年龄由用户输入,然后分别按照正序和逆序显示。

(2)试一试用选择法对 10 个整数进行由大到小排序。

6.2 二维数组

前面介绍的数组只有一个索引,称为一维数组,其数组元素也称为单索引变量。在实际问题中有很多量是二维的或多维的,因此C语言允许构造多维数组。多维数组元素有多个索引,以标识它在数组中的位置,所以也称为多索引变量。本节只介绍二维数组,多维数组可由二维数组类推。

6-5:二维数组的定义

动画:二维数组

6.2.1　二维数组的定义

二维数组定义的一般形式是:

类型说明符 数组名[常量表达式 1][常量表达式 2];

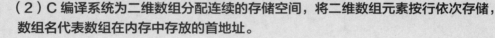

说明 （1）"常量表达式 1"表示第 1 维索引的长度，"常量表达式 2"表示第 2 维索引的长度，两个表达式分别用方括号括起来。

（2）C 编译系统为二维数组分配连续的存储空间，将二维数组元素按行依次存储，数组名代表数组在内存中存放的首地址。

例如：

```
int a[3][3];
```

定义了一个 3 行 3 列的数组，该数组所包含的数组元素及其存储情况如图 6.9 所示，先存放 a[0]行，再存放 a[1]行，以此类推。每行的元素也是依次存放的，每个存储单元占 4 个字节。

a[0]行			a[1]行			a[2]行		
a[0][0]	a[0][1]	a[0][2]	a[1][0]	a[1][1]	a[1][2]	a[2][0]	a[2][1]	a[2][2]

图 6.9 整型二维数组 a[3][3]包含的数组元素及其存储情况

6.2.2 二维数组的初始化

6-6：二维数组的初始化

二维数组初始化也是在类型说明时给各数组元素赋以初值，以数组元素的存储顺序为赋值顺序。二维数组可按行分段赋值，也可按行连续赋值。例如对整型数组 a[3][3]，按行分段赋值可写为：

```
int a[3][3]={ {80,75,92},{61,65,71},{59,63,70} };
```

按行连续赋值可写为：

```
int a[3][3]={ 80,75,92,61,65,71,59,63,70 };
```

这两种赋初值的结果是完全相同的。赋初值后的二维数组如图 6.10 所示。

a[0]行			a[1]行			a[2]行		
a[0][0]	a[0][1]	a[0][2]	a[1][0]	a[1][1]	a[1][2]	a[2][0]	a[2][1]	a[2][2]
80	75	92	61	65	71	59	63	70

图 6.10 赋初值后的二维数组 a[3][3]

【例 6.5】输出二维数组矩阵。

```
#include <stdio.h>
int main()
{
  int i,j;
  int a[5][3]={{80,75,92},{61,65,71},{59,63,70},{85,87,90},{76,77,85}};
  for(i=0;i<5;i++)
    {  for(j=0;j<3;j++)
         printf("%d",a[i][j]);
       printf("\n");
    }
  return 0;
}
```

程序运行结果如图 6.11 所示。

除以上两种赋值方法外，二维数组同样也可以对部分元素赋初值。未赋初值的元素自动取 0 值。例如：

```
int a[3][3]={{1},{2},{3}};
```

图 6.11 程序运行结果

是对每一行的第 1 列元素赋值，未赋值的元素取 0 值。赋值后各元素的值如图 6.12 所示。

a[0]行			a[1]行			a[2]行		
a[0][0]	a[0][1]	a[0][2]	a[1][0]	a[1][1]	a[1][2]	a[2][0]	a[2][1]	a[2][2]
1	0	0	2	0	0	3	0	0

图 6.12　二维数组 a[3][3]初始化结果

又如：

```
int a [3][3]={{0,1},{0,0,2},{3}};
```

赋值后各元素的值如图 6.13 所示。

a[0]行			a[1]行			a[2]行		
a[0][0]	a[0][1]	a[0][2]	a[1][0]	a[1][1]	a[1][2]	a[2][0]	a[2][1]	a[2][2]
0	1	0	0	0	2	3	0	0

图 6.13　二维数组 a[3][3]初始化结果

若对二维数组中全部元素赋初值，则第 1 维的长度可以不给出。

例如：

```
int a[3][3]={1,2,3,4,5,6,7,8,9};
```

可以写为：

```
int a[][3]={1,2,3,4,5,6,7,8,9};
```

从本小节的介绍中可以看到：C 语言在定义数组和表示数组元素时采用 a[ ][ ]这种形式，这种形式对数组初始化十分有用，使概念清楚、使用方便，不易出错。

6.2.3　二维数组元素的引用

二维数组的元素也称为双索引变量，其表示的形式为：

数组名[索引][索引]

其中索引应为整型常量或整型表达式。

二维数组元素的访问涉及第 1 维和第 2 维两个索引，所以对二维数组的操作通常和双重循环结合。

【例 6.6】求二维数组（5 行 5 列）中最大元素的值及其行列号。

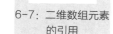

6-7：二维数组元素
的引用

分析：

5 行 5 列的矩阵共有 25 个数据，可以定义一个 5 行 5 列的二维数组来存放这些数据，并定义数组中的第 1 个元素为最大值，然后利用循环语句，让第 1 个元素与后面的元素进行比较，如果有更大者，便赋值给最大值，同时记录下最大值的行号和列号。

程序流程图如图 6.14 所示。

程序代码如下：

```
#include <stdio.h>
int main( )
{
    int a[5][5],i,j,x,y,max;
    printf("请输入 25 个数: ");
    for(i=0;i<5;i++)
    {
        for(j=0;j<5;j++)
        {
```

```
                scanf("%d",&a[i][j]);
            }
        }
        max=a[0][0];
        for(i=0;i<5;i++)
        {
            for(j=0;j<5;j++)
            {
                if(max<a[i][j])
                {
                    max=a[i][j];
                    x=i;
                    y=j;
                }
            }
        }
    printf("最大值为 a[%d][%d]=%d",x,y,max);
    return 0;
        }
```

开始
定义数组、变量
输入数组
元素
max=a[0][0]
i=0
i<5
N
Y
i++
N
输出max
值及索引
j=0
j<5
Y
max<a[i][j]
Y
max<a[i][j],
x=i,y=j
j++
N
结束

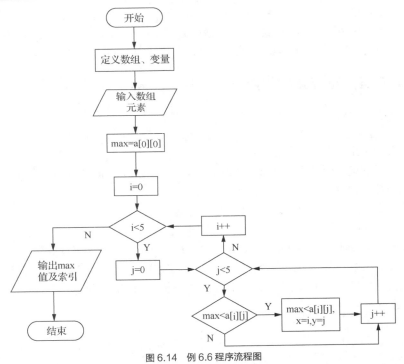

图 6.14　例 6.6 程序流程图

程序运行结果如图 6.15 所示。

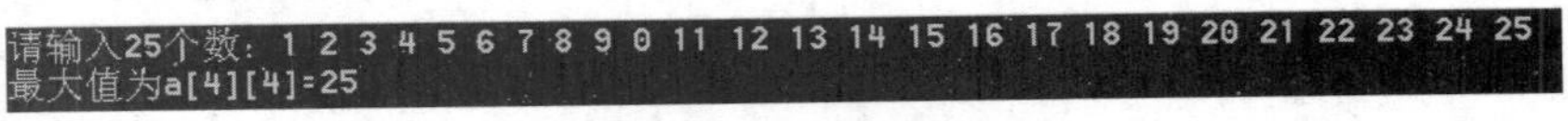

请输入25个数: 1 2 3 4 5 6 7 8 9 0 11 12 13 14 15 16 17 18 19 20 21 22 23 24 25
最大值为a[4][4]=25

图 6.15　程序运行结果

【例 6.7】一个学习小组有 5 个人，每个人有 3 门课程的考试成绩，如表 6.1 所示。求全组各门课程的平均成绩和各门课程的总平均成绩（保留 2 位小数）。

表 6.1　考试成绩

课程	张	王	李	赵	周
Math	80	61	59	85	76
C	75	65	63	87	77
Foxpro	92	71	70	90	85

分析：

可设一个二维数组 a[5][3]存放 5 个人各自的 3 门课程的成绩。再设一个一维数组 v[3]存放所求的各门课程的平均成绩。设变量 average 为全组各门课程的总平均成绩。通过循环来接收用户输入的成绩，放入数组 a 中，同时统计各门课程的总成绩。每接收完一门课程的成绩，计算出该课程的平均成绩，存入数组 v 中，最后通过计算数组 v 中的平均值得到全组各门课程的平均成绩。

程序代码如下：

```
#include <stdio.h>
int main( )
{
    int i,j;
    float average,v[3],a[5][3],s=0;
    printf("input score\n");
    for(i=0;i<3;i++)
    {
        for(j=0;j<5;j++)
        {
            scanf("%f",&a[j][i]);
            s=s+a[j][i];
        }
        v[i]=s/5.0;
        s=0;
    }
    average =(v[0]+v[1]+v[2])/3.0;
    printf("Math:%.2f\nC language:%.2f\nFoxpro:%.2f\n",v[0],v[1],v[2]);
    printf("average:%.2f\n", average );
    return 0;
}
```

程序运行结果如图 6.16 所示。

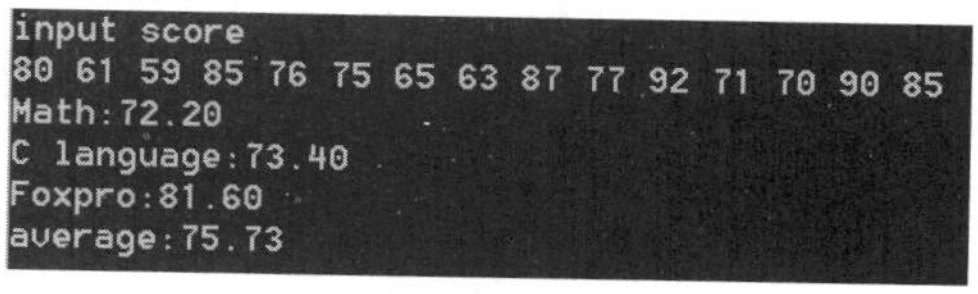

图 6.16　程序运行结果

程序中用了一个双重循环。在内循环中依次读入某一门课程的全组各个学生的成绩，并把这些成绩累加起来，退出内循环后再把该累加成绩除以 5 存入 v[i]之中，这就是该门课程的平均成绩。外循环共循环 3 次，分别求出 3 门课程各自的平均成绩并存放在 v 数组之中。退出外循环之后，把 v[0]、v[1]、v[2]相加除以 3 即得到各门课程的总平均成绩。最后按题意输出各成绩。

【练一练】

1. 编写程序，读取学生的学号和英语成绩信息（见表 6.2），并输出。

表 6.2　学生的学号和英语成绩信息

学号	1	2	3	4	5	6	7	8	9	10
成绩	81	65	90	91	57	80	65	70	89	60

2. 根据表 6.2 中的成绩，查找英语成绩为 90 的学生的学号，并输出。

6.3　字符数组和字符串

字符数组是存放字符型数据的数组，其中每个数组元素存放的值都是单个字符。字符数组分为一维字符数组和二维字符数组。一维字符数组可以存放一个字符串，其长度至少要比字符串的长度多 1 个字节，这是因为字符串的结束标志'\0'也要存放在字符数组中。字符数组名代表字符串在内存中的起始地址。二维字符数组可以存放多个字符串。

6.3.1　字符数组

6-8：字符数组

1. 字符数组的定义

字符数组的定义形式与前面介绍的数值数组的相同，只是数组类型需定义为字符型。例如：

```
char c[10];      /*定义一个包含 10 个字符的数组*/
```

字符数组也可以是二维或多维数组。例如：

```
char c[5][10];       /*定义一个 5 行 10 列的字符数组*/
```

即定义了一个二维字符数组。

2. 字符数组的初始化

字符数组也允许在定义时进行初始化赋值。例如：

```
char c[10]={'c', '', 'p','r','o','g','r','a','m'};
```

赋值后各元素的值为：

```
c[0]的值为'c'
c[1]的值为''
c[2]的值为'p'
c[3]的值为'r'
c[4]的值为'o'
c[5]的值为'g'
c[6]的值为'r'
c[7]的值为'a'
c[8]的值为'm'
```

其中 c[9]未赋值，系统自动赋值 0。当对全体元素赋初值时也可以省去长度说明。例如：

```
char c[]={'c','','p','r','o','g','r','a','m'};
```

这时 c 数组的长度自动定为 9。

3. 字符数组元素的引用

通过对字符数组中元素的引用，可以得到一个字符。

【例 6.8】输出字符数组中各元素的值。

```
#include <stdio.h>
int main()
{
    int i,j;
```

```
char a[][5]={{'C','H','I','N','A',},{'B','a','s','i','c'}};
for(i=0;i<=1;i++)
 {
    for(j=0;j<=4;j++)
        printf("%c",a[i][j]);
    printf("\n");
 }
 return 0;
}
```

程序运行结果如图 6.17 所示。

本例的二维字符数组由于在初始化时给全部元素都赋以初值，因此一维索引的长度可以不加以说明。

图 6.17　程序运行结果

【例 6.9】我国自古以来是一个多民族国家。中华人民共和国成立后，经中央人民政府调查与统计正式确认的民族共有 56 个。汉族是我国的主体民族，约占全国人口总数的 91.11%，其他还有 55 个民族，约占 8.89%。汉族和 55 个少数民族共同组成伟大的中华民族。我国，是一个以汉族为主体、56 个民族共同组成的统一的多民族国家。请编程输出我国 56 个民族名称。

分析：

定义一个字符数组用来存放民族名称，应用循环结构输出字符数组中各元素的值。

程序代码如下：

```
#include <stdio.h>
int main( )
{
    int  i;
    char  minzu[][12]={"汉族","壮族","回族","满族","维吾尔族","苗族","彝族","土家族","藏族","蒙古族","侗族","布依族","瑶族","白族","朝鲜族","哈尼族","黎族","哈萨克族","傣族","畲族","傈僳族","东乡族","仡佬族","拉祜族","佤族","水族","纳西族","羌族","土族","仫佬族","锡伯族","柯尔克孜族","景颇族","达斡尔族","撒拉族","布朗族","毛南族","塔吉克族","普米族","阿昌族","怒族","鄂温克族","京族","基诺族","德昂族","保安族","俄罗斯族","裕固族","乌孜别克族","门巴族","鄂伦春族","独龙族","赫哲族","高山族","珞巴族","塔塔尔族"  }
    for(i=0;i<56;i++)
        printf("%s  ", minzu[i]);
    return 0;
}
```

程序运行结果如图 6.18 所示。

汉族　壮族　回族　满族　维吾尔族　苗族　彝族　土家族　藏族　蒙古族　侗族　布依族　瑶族　白族　朝鲜族　哈尼族　黎族　哈萨克族
傣族　畲族　傈僳族　东乡族　仡佬族　拉祜族　佤族　水族　纳西族　羌族　土族　仫佬族　锡伯族　柯尔克孜族　景颇族　达斡尔族
撒拉族　布朗族　毛南族　塔吉克族　普米族　阿昌族　怒族　鄂温克族　京族　基诺族　德昂族　保安族　俄罗斯族　裕固族　乌孜别克族
门巴族　鄂伦春族　独龙族　赫哲族　高山族　珞巴族　塔塔尔族

图 6.18　程序运行结果

6.3.2　字符串及其处理函数

1. 字符串

6-9：字符串

在 C 语言中没有专门的字符串变量，通常用一个字符数组来存放一个字符串。2.2 节介绍字符串常量时，已说明字符串总是以'\0'作为串结束标志。因此当把一个字符串存入一个数组时，也把字符串结束标志'\0'存入数组，并以此作为该字符串是否结束的标志。C 语言允许用字符串的方式对数组进行初始化赋值。例如：

```
char c[]={'c',' ','p','r','o','g','r','a','m'};
```
可写为：
```
char c[]={"C program"};
```
或
```
char c[]="C program";
```

本例用一个字符串作为初值。显然，这种方法直观、方便且符合人们的习惯。赋值后，数组 c 的长度不是 9，而是 10，这一点务必注意。

用字符串赋值比用字符逐个赋值要多占一个字节，这个字节用于存放字符串结束标志'\0'。 '\0' 是由 C 编译系统自动加上的。由于采用了'\0'标志，所以在用字符串赋初值时一般无须指定数组的长度，而由系统自行处理。

在采用字符串赋初值方法后，字符数组的输入和输出将变得简单方便。除了上述用字符串赋初值的方法外，还可用 printf 函数和 scanf 函数一次性输出和输入一个字符数组中的字符串，而不必使用循环语句逐个地输入和输出每个字符。

【例 6.10】用 printf 函数输出字符串。

```
#include <stdio.h>
int main()
{
    char c[]="CHINA\nhello";
    printf("%s\n",c);
    return 0;
}
```

程序运行结果如图 6.19 所示。

输出字符不包括字符串结束标志'\0'。注意在本例的 printf 函数中，使用的格式控制字符串为"%s"，它表示输出的是一个字符串，而在输出列表中给出数组名即可。

图 6.19　程序运行结果

【例 6.11】用 scanf 函数输入字符串。

```
#include <stdio.h>
int main()
{
    char st[15];
    printf("input string:\n");
    scanf("%s",st);
    printf("%s\n",st);
    return 0;
}
```

程序运行结果如图 6.20 所示。

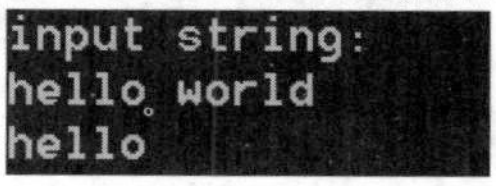

本例中由于定义数组长度为 15，因此输入的字符串长度必须小于 15，以留出一个字节来存放字符串结束标志'\0'。

图 6.20　程序运行结果

> **小提示**　当用 scanf 函数输入字符串时，字符串中不能含有空格，否则将以空格作为字符串的结束标志。
>
> 从例 6.11 的输出结果可以看出，空格以后的字符都未能输出。为了避免这种情况，可多设几个字符数组，分段存放含空格的串。

【例 6.12】用多个字符数组分段存放含空格的字符串。

```c
#include <stdio.h>
int main()
{
    char st1[6],st2[6];
    printf("input string:\n");
    scanf("%s%s",st1,st2);
    printf("%s %s\n",st1,st2);
    return 0;
}
```

程序运行结果如图 6.21 所示。

```
input string:
hello world
hello world
```

图 6.21 程序运行结果

6-10：字符串处理
函数（1）

2. 常用字符串处理函数

C 语言提供了丰富的字符串处理函数，大致可分为字符串的输入、输出、合并、修改、比较、转换、复制、搜索等函数。使用这些函数可减轻编程的负担。

> **小提示** 用于输入和输出字符串的函数，在使用前程序应包含头文件<stdio.h>，使用其他字符串函数则应包含头文件<string.h>。

下面介绍几种最常用的字符串函数。

（1）字符串输出函数 puts。

其一般形式为：puts(字符数组名)。

功能：把字符数组中的字符串输出到显示器，即在屏幕上显示该字符串。

【例 6.13】用 puts 函数在屏幕上显示一个字符串。

```c
#include<stdio.h>
int main()
{
    char c[]="c language\nprogram";
    puts(c);
    return 0;
}
```

程序运行结果如图 6.22 所示。

从程序中可以看出 puts 函数中可以使用转义字符，因此输出结果显示为两行。puts 函数完全可以由 printf 函数替代。当需要按一定格式输出时，通常使用格式输出函数 printf。

```
c language
program
```

图 6.22 程序运行结果

（2）字符串输入函数 gets。

其一般形式为：gets(字符数组名)。

功能：从键盘输入一个字符串，gets 函数得到一个函数值，即该字符数组的首地址。

【例 6.14】用 gets 函数接收用户输入的字符串，并输出。

```c
#include<stdio.h>
int main()
```

```
{
    char st[15];
    printf("input string:\n");
    gets(st);
    puts(st);
    return 0;
}
```

程序运行结果如图 6.23 所示。

```
input string:
c program
c program
```

图 6.23　程序运行结果

可以看出，当输入的字符串中含有空格时，输出仍为全部字符串。说明 gets 函数并不以空格作为字符串输入结束的标志，而只以回车作为输入结束的标志。这是与 scanf 函数不同的地方。

> **小提示**　**用 puts 和 gets 函数只能输出或输入一个字符串，不能写成：**
> `puts(str1,str2)` 或 `gets(str1,str2)`。

（3）字符串连接函数 strcat。

其一般形式为：strcat(字符数组名 1,字符数组名 2)。

功能：把字符数组 2 中的字符串连接到字符数组 1 中字符串的后面，将最后结果放在字符数组 1 中，并删去字符串 1 后的字符串结束标志'\0'。strcat 函数返回值是字符数组 1 的首地址。

【例 6.15】根据用户输入的姓名 x，输出"My name is x"。

```
#include<string.h>
#include<stdio.h>
int main()
{
    static char st1[30]="My name is ";
    char st2[10];
    printf("input your name:\n");
    gets(st2);
    strcat(st1,st2);
    puts(st1);
    return 0;
}
```

程序运行结果如图 6.24 所示。

```
input your name:
zhang san
My name is zhang san
```

图 6.24　程序运行结果

本程序把初始化赋值的字符数组与动态赋值的字符串连接起来。要注意的是，字符数组 1 应定义足够的长度，否则不能全部装入被连接的字符串。

（4）字符串复制函数 strcpy。

其一般形式为：strcpy(字符数组名 1,字符数组名 2)。

功能：把字符数组 2 中的字符串复制到字符数组 1 中。字符串结束标志'\0'也一同复制。"字符数组名 2"也可以是一个字符串常量，这时相当于把一个字符串赋给一个字符数组。

【例 6.16】将字符串复制到另一数组后输出。

```
#include<string.h>
#include <stdio.h>
int main()
{
    char st1[15],st2[]="C Language";
    strcpy(st1,st2);
    puts(st1);
    return 0;
}
```

程序运行结果如图 6.25 所示。

C Language

图 6.25　程序运行结果

小提示　在使用 strcpy 函数时应注意以下几点。

（1）字符数组 1 必须定义得足够大，以便容纳被复制的字符串。字符数组 1 的长度不应小于字符数组 2 的长度。

（2）"字符数组 1 名"必须写成字符数组名形式，"字符数组 2 名"可以是字符数组名，也可以是一个字符串常量。

（3）如果在复制前未对字符数组赋值，则字符数组 1 各字节中的内容是无法预知的，复制时将字符数组 2 中的字符串和其后的'\0'一起复制到字符数组 1 中，取代字符数组 1 中的字符。

（5）测字符串长度函数 strlen。

其一般形式为：strlen(字符数组名)。

功能：求字符串的实际长度（不含字符串结束标志'\0'），并将其作为函数返回值。

6-11：字符串处理
函数（2）

【例 6.17】求输入字符串的实际长度。

```
#include <string.h>
#include <stdio.h>
int main()
{
    int length;
    char st[20];
    printf("请输入一个字符串: \n");
    gets(st);
    length=strlen(st);
    printf("输入的字符串为: ");
    puts(st);
    printf("字符串的长度为: %d\n",length);
    return 0;
}
```

程序运行结果如图 6.26 所示。

```
请输入一个字符串：
c language program
输入的字符串为：c language program
字符串的长度为：18
```

图 6.26　程序运行结果

（6）字符串比较函数 strcmp。

其一般形式为：strcmp(字符数组名 1,字符数组名 2)。

功能：按照 ASCII 值顺序比较两个数组中的字符串，并由函数返回值返回比较结果。

例如：

```
strcmp(st1,st2);
strcmp("hello","world");
strcmp(st1,"China") ;
```

C 语言中的字符串比较的规则与其他语言中的规则相同，即对两个字符串自左至右逐个字符相比，直到出现不同的字符或遇到'\0'为止。若全部字符相同，则认为两个字符串相等；若出现不同的字符，则以第一个不同的字符的比较结果为准。不同情况函数的返回值如下。

- 字符串 1=字符串 2，返回值=0。
- 字符串 1>字符串 2，返回值>0。
- 字符串 1<字符串 2，返回值<0。

小提示　对两个字符串进行比较，不能用以下形式：

```
if(st1<st2)
```

而只能用：

```
if(strcmp(st1,st2)>0)
```

【例 6.18】比较两个字符串的大小。

```
#include<string.h>
#include <stdio.h>
int main()
{
    int k;
    static char st1[15],st2[]="C Language";
    printf("input a string:\n");
    gets(st1);
    k=strcmp(st1,st2);
    if(k==0) printf("st1=st2\n");
    if(k>0)  printf("st1>st2\n");
    if(k<0)  printf("st1<st2\n");
    return 0;
}
```

程序运行结果如图 6.27 所示。

```
input a string:
hello world
st1>st2
```

图 6.27　程序运行结果

本程序中将输入的字符串和数组 st2 中的字符串进行比较，比较结果返回到 k 中，根据 k 值再输出结果。当输入为"hello world"时，由 ASCII 值可知"hello world"大于"C Language"，故 k>0，输出结果"st1>st2"。

【例 6.19】为了保证信息的安全，大多数系统都含有用户登录模块。只有输入正确的用户名和密码之后才能进行相应的操作。本例编写程序实现一个用户登录功能。

分析：

要想成功登录系统，输入的密码和原密码要一致。也就是说，两个字符串要进行比较。这里就用到了我们的字符串比较函数 strcmp。可定义字符数组来存放原密码及用户输入的密码；若输入密码不正确，可再次进行尝试，这里考虑通过循环来实现多次输入；若输入密码正确，则提示"密码正确，登录成功！"，循环结束。

程序流程图如图 6.28 所示。

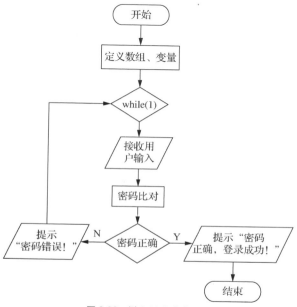

图 6.28　例 6.19 程序流程图

程序代码如下：

```c
#include <stdio.h>
#include <string.h>
int main( )
{
    char s[20];
    char password[]="right";
    int r=1;
    printf("欢迎登录学生管理系统! \n");
    while(1)
    {
        printf("请输入正确的密码: ");
        gets(s);
        r=strcmp(s,password);
        if(r==0)
        {
```

```
            printf("密码正确，登录成功! \n");
            break;
        }
        else
            printf("密码错误! \n");
    }
    return 0;
}
```

程序运行结果如图 6.29 所示。

图 6.29　程序运行结果

【练一练】

编写程序实现输入两个字符串 str1 和 str2，对这两个字符串进行比较后将较大的字符串存放在 str1 中，较小的存放在 str2 中，并输出 str1 和 str2。

实例分析与实现

1. 把一个整数按大小顺序插入已排好序的数组中。

分析：

为了把一个数按大小顺序插入已排好序的数组中，首先应确定排序是从大到小还是从小到大进行的。设排序是从大到小进行的，则可把欲插入的数与数组中各数逐个比较，当找到第一个比插入数小的元素 i 时，该元素之前即插入位置。然后将数组最后一个元素到元素 i，逐个后移一位。最后把欲插入的数赋给元素 i 即可。如果欲插入的数值比所有的元素值都小，则将它插入最后的位置。

6-12：实例分析与实现

程序代码如下：

```
#include <stdio.h>
int main()
{
    int i,j,p,q,s,n,a[11]={127,3,6,28,54,68,87,105,162,18};
    for(i=0;i<10;i++)
    {
        p=i;q=a[i];
        for(j=i+1;j<10;j++)
            if(q<a[j])
                {p=j;q=a[j];}
        if(p!=i)
            {
            s=a[i];
            a[i]=a[p];
            a[p]=s;
            }
        printf("%d ",a[i]);
    }
    printf("\ninput number:\n");
    scanf("%d",&n);
    for(i=0;i<10;i++)
        if(n>a[i])
            {
```

```
            for(s=9;s>=i;s--)
                a[s+1]=a[s];
            break;
        }
    a[i]=n;
    for(i=0;i<=10;i++)
        printf("%d ",a[i]);
    printf("\n");
    return 0;
}
```

程序运行结果如图 6.30 所示。

```
162 127 105 87 68 54 28 18 6 3
input number:
34
162 127 105 87 68 54 34 28 18 6 3
```

图 6.30　程序运行结果

2.《孔子家语》中有一则名言"言必诚信，行必忠正"。诚信是一个人的立身之本，也是一个集体、一个民族、一个国家的生存之基。现编程实现输入社会主义核心价值观 24 字，并输出。

分析：

社会主义核心价值观分别从国家、社会、公民 3 个层面，引领人们的思想，凝聚力量，激励我们为实现中国梦而不懈奋斗。因此，可定义一个 3 行 18 列的二维数组来存储输入信息。

程序代码如下：

```
#include <stdio.h>
int main( )
{
    char jiazhiguan[3][18];
    int i,j;
    printf("请输入社会主义核心价值观:\n");
    for(i=0;i<3;i++)
        scanf("%s",jiazhiguan[i]);

    for(i=0;i<3;i++)
        {printf("%s   ",jiazhiguan[i]);
        printf("\n");}
    return 0;
}
```

程序运行结果如图 6.31 所示。

```
请输入社会主义核心价值观:
富强民主文明和谐
自由平等公正法治
爱国敬业诚信友善
富强民主文明和谐
自由平等公正法治
爱国敬业诚信友善
```

图 6.31　程序运行结果

📝 知识拓展　算法的空间复杂度

　　一个程序的空间复杂度是指运行完一个程序所需内存的大小。了解程序的空间复杂度，可以预估程序运行所需要的内存大小。程序执行时所需的存储空间包括存储算法本身所占用的存储空间、算法的输入/输出数据所占用的存储空间和算法在运行过程中临时占用的存储空间这三方面。

　　在编码时，有时可以用空间来换取时间。比如，要判断某年是不是闰年，这里有两种算法，一种算法是每次给出一个年份，通过计算判断该年份是否是闰年；另一种算法是事先建立一个大数组（如数组元素的个数为1000），把所有的年份按索引的数字对应，如果该年是闰年，数组元素值为1；若不是闰年，数组元素值为0，这样，所谓的判断某一年是否是闰年的问题，就变成了查找这个数组的某一项的值是多少的问题。第2种算法中，运算最小化了，但是需要的存储空间就变大了。

　　算法的输入/输出数据所占用的存储空间是由需要解决的问题决定的。存储算法本身所占用的存储空间与算法书写的长短成正比。要压缩这方面的存储空间，就需编写精练的算法。算法在运行过程中临时占用的存储空间随算法的不同而异，有的算法只需要占用少量的临时工作单元，而且不随需要解决的问题的规模的大小而改变；有的算法需要占用的临时工作单元数量与需要解决的问题的规模有关。

　　对于一个算法，其时间复杂度和空间复杂度往往是相互影响的。当追求一个较好的时间复杂度时，可能会使空间复杂度变差，即可能导致占用较多的存储空间；反之，当追求一个较好的空间复杂度时，可能会使时间复杂度变差，即可能导致占用较长的运行时间。另外，算法的所有性能之间都存在着或多或少的影响。因此，设计一个算法时，要综合考虑算法的各项性能、使用频率、算法处理的数据量大小、算法描述语言的特性、算法运行的硬件环境等各方面因素，这样才能设计出较好的算法。

📝 同步练习

一、选择题

1. 以下不能对一维数组 a 进行正确初始化的语句是（　　　）。

    A．int a[10]={0,0,0,0,0};　　　　　　　　B．int a[10]={};

    C．int a[] = {0};　　　　　　　　　　　　D．int a[10]={10*1} ;

2. 在 C 语言中，引用数组元素时，其数组索引的数据类型允许是（　　　）。

    A．整型常量　　　　　　　　　　　　　　B．整型表达式

    C．整型常量或整型表达式　　　　　　　　D．任何类型的表达式

3. 对于以下说明语句，理解正确的是（　　　）。

```
int a[10]={6,7,8,9,10};
```

    A．将 5 个初值依次赋给 a[1]到 a[5]

    B．将 5 个初值依次赋给 a[0]到 a[4]

    C．将 5 个初值依次赋给 a[6]到 a[10]

    D．因为数组长度与初值的个数不相同，所以此语句不正确

4. 若有说明"int a[3][4];"，则 a 数组元素的非法引用是（　　）。

    A. a[0][2*1]　　　　　　B. a[1][3]　　　　　　C. a[4-2][0]　　　　　　D. a[0][4]

5. 以下选项中，不能为二维数组 a 正确赋值 1、2、3、4 的初始化语句是（　　）。

    A. int a[][2]={1,2,3,4}　　　　　　B. int a[2][2]={1,2,3,4}

    C. int a[2][]={1,2,3,4}　　　　　　D. int a[][2]={{1,2},{3,4}}

6. 下面程序段的输出结果是（　　）。

```
#include <stdio.h>
int main( )
{ int k,a[3][3]={1,2,3,4,5,6,7,8,9};
  for (k=0;k<3;k++)
    printf("%d",a[k][2-k]);
  return 0;}
```

    A. 3 5 7　　　　　　B. 3 6 9　　　　　　C. 1 5 9　　　　　　D. 1 4 7

7. 下面程序段的输出结果是（　　）。

```
#include <stdio.h>
#include <string.h>
int main()
{
  char a[7]="abcdef";
  char b[4]="ABC";
  strcpy(a,b);
  printf("%c",a[5]);
  return 0;}
```

    A. 空　　　　　　B. \0　　　　　　C. e　　　　　　D. f

8. 设有数组定义"char arr[]="China";"，则数组 arr 所占空间为（　　）。

    A. 4 个字节　　　　　　B. 5 个字节　　　　　　C. 6 个字节　　　　　　D. 7 个字节

9. 若有以下语句，则下列描述正确的是（　　）。

```
char a[]="toyou";
char b[]={'t','o','y','o','u'};
```

    A. a 数组和 b 数组的长度相同　　　　　　B. a 数组长度小于 b 数组长度

    C. a 数组长度大于 b 数组长度　　　　　　D. a 数组等价于 b 数组

10. 有以下程序：

```
#include <stdio.h>
#include <string.h>
int main()
{ char a[]={'a','b','c','d','e','f','g','h','\0'};
  int i,j;
    i=sizeof(a);
    j=strlen(a);
  printf("%d,%d\n",i,j);
  return 0;
}
```

则程序运行后的输出结果是（　　）。

    A. 9,9　　　　　　B. 8,9　　　　　　C. 1,8　　　　　　D. 9,8

二、填空题

1. 数组元素的索引从_____开始。

2. 二维数组元素在内存中是按＿＿＿＿存储的，数组名表示数组在内存中存放的＿＿＿＿。

3. 使用字符串处理函数前应包含头文件＿＿＿＿＿＿。

4. 应用 strcmp 函数对两个字符串进行比较时，若返回值为＿＿则表示两个字符串相等。

5. 下面的程序可求出矩阵 a 的两条对角线上的元素之和。请填空完成此程序。

```c
#include <stdio.h>
int main()
{
  int a[3][3]={1,3,6,7,9,11,14,15,17}, sum1=0,sum2=0,i,j;
  for(i=0;i<3;i++)
    for(j=0;j<3;j++)
      if(i==j) sum1=sum1+a[i][j];
  for(i=0;i<3;i++)
    for(_____;_____;j--)
      if((i+j)==2) sum2=sum2+a[i][j];
    printf("sum1=%d,sum2=%d",sum1,sum2);
  return 0;
}
```

6. 现有如下程序段：

```c
#include <stdio.h>
int main()
{ char s[80];
  int i,j;
  gets(s);
  for(i=j=0;s[i]!='\0';i++)
    if(s[i]!='H')
      _____
  s[j]='\0';
  puts(s);
  return 0;
}
```

这个程序段的功能是删除输入的字符串中的字符'H'，请填空完成此程序。

三、写出程序运行后的输出结果

1. 现有如下程序段：

```c
#include <stdio.h>
int main()
{
  int k[30]={12,324,45,6,768,98,21,34,453,456};
  int count=0,i=0;
  while(k[i])
  {
    if(k[i]%2==0|| k[i]%5==0)
    count++; i++;
  }
  printf("%d,%d\n",count,i);
  return 0;
}
```

则程序段运行后的输出结果为：＿＿＿＿＿＿。

2. 阅读下面的程序段：

```
#include <stdio.h>
int main()
{   int a[4][4]={{1,2,3,4},{5,6,7,8},{3,9,10,2},{4,2,9,6}};
    int i,s=0;
    for(i=0;i<4;i++)
      s+=a[i][1];
    printf("%d\n",s);
    return 0;
}
```

则程序段运行后的输出结果为：_____。

3. 下列程序运行的输出结果是_____。

```
#include <stdio.h>
 int main()
 {
int i=0;
char a[]="abm",b[]="aqid",c[10];
 while(a[i]!='\0'&&b[i]!='\0')
 {
    if(a[i]>=b[i])
        c[i]=a[i]-32;
    else
        c[i]=b[i]-32;
        ++i;
 }
c[i]='\0';
puts(c);
return 0;
}
```

4. 下列程序运行后的输出结果是_____。

```
#include <string.h>
#include <stdio.h>
 int  main()
{
    char a[]={'a','b','c','d','e','f','g','h','\0'};
    int i,j;
    i=sizeof(a);
    j=strlen(a);
    printf("%d,%d\n",i,j);
    return 0;
}
```

5. 下列程序运行后的输出结果是_____。

```
#include <string.h>
#include <stdio.h>
 int  main()
{
    char a[2][4];
    strcpy(a,"you");
    strcpy(a[1],"me");
    a[0][3]='&';
```

```
    printf("%s\n",a);
    return 0;
}
```

四、编程题

1. 设数组 int a[10]的元素全不相等，求出 a 中的最大元素和最小元素。

2. 输出"杨辉三角"的前 10 行。

1

1   1

1   2   1

1   3   3   1

1   4   6   4   1

……

3. 编程实现从键盘输入一个字符串，将字符串中的大写字母转换成小写字母后输出的功能。

单元7
函数

07

 问题引入

随着软件系统的规模越来越庞大，软件开发过程中的分工也越来越细致，仅凭一个超级程序员的"单打独斗"无法实现复杂的系统功能，此时需要以团队的形式进行系统的设计和研发，成立专门的项目组（Team），进行具体的研发工作。项目组由多种角色的成员构成，包括项目经理、产品经理、架构师、软件工程师、测试工程师等，只有团队协作才能让产品快速、高质量上线。团队精神和协作能力是作为一个程序员应具备的最基本的素质，模块化的思维能力更是衡量程序员技术水平的重要指标。

通过学习前面的内容，我们已经学会编写一些简单的C语言程序，但是，随着程序功能的增多，main函数中的代码也越来越多，导致main函数的可读性越来越差。此时，需要使用模块化程序设计思想，将程序分为若干个模块，每个模块实现一个独立的功能，最后，将这些模块"组装"到main函数中。这就如同"组装"计算机一样，事先准备好电源、主板、CPU等各种部件，最后将它们组装在一起。程序中的每个模块由C语言中的函数实现。

在C程序中使用函数，需要考虑以下两个问题。

问题1：如何定义函数？

问题2：如何调用函数？

 本单元学习目标

1. 知识目标

（1）掌握函数定义的一般形式。

（2）掌握无参函数和有参函数的调用过程。

（3）理解函数调用过程中数据的传递方式。

（4）理解函数递归调用的过程。

（5）了解变量的作用域及存储类别。

2. 技能目标

（1）具备使用函数进行程序设计的能力。

（2）具备运用模块化程序设计思想解决实际问题的能力。

3. 素质目标

（1）具有精益求精、持续提升自我的工匠精神。

（2）具有团队协作、共克难题的职业素养。

知识描述

7.1 函数的定义

从程序员使用的角度来分析，C 语言的函数可分为库函数和用户定义函数两种。

（1）库函数。它是由编译器提供的函数，无须用户定义，它的源代码一般是不可见的。C 程序中可以直接使用库函数，例如 printf、scanf、getchar、putchar、main 函数等。

（2）用户定义函数。它是由用户按照需求定义的函数，也是本单元重点介绍的内容。

函数就是实现特定功能的一个模块。C 程序就是由多个函数构成的，通过 main 函数调用其他的函数实现需求。函数是构成 C 程序的基本单元，它可以减轻 main 函数的负担，使程序结构简明清晰，使程序便于维护；还可以增强代码的复用性。

7-1：函数的定义

C 语言要求，变量必须"先定义，后使用"，函数也遵循"先定义，后调用"的规则。函数定义时必须指定函数名、参数类型、要实现的功能等，这样编译系统在调用函数时就会根据函数定义的功能来执行。函数定义的语法结构为：

```
返回值类型    函数名（[形式参数列表]）
{
    函数体
}
```

针对函数的各个组成部分，具体说明以下几点。

（1）返回值类型。它用于指定函数返回值的数据类型。如果函数没有返回值，则返回值类型为 void。

（2）函数名。它用于指定函数的名称，是用户自定义的标识符。

（3）形式参数列表。参数是调用函数时传入的数据，函数定义时需要指定函数参数的名称和数据类型。方括号"[ ]"代表可选，表示函数可以有形式参数，也可以没有形式参数。依此函数可分为有参函数和无参函数。

（4）函数体。它就是用花括号"{}"进行标识的部分，用于实现该函数的功能，由 C 语言语句组成。

【例 7.1】定义一个函数，实现两个整数的求和运算。

方法一程序代码如下：

```
void add()
{
    int x,y,result;
    scanf("%d%d",&x,&y);
    result=x+y;
    printf("%d",result) ;
}
```

分析：这是一个无参、无返回值的函数。关键字 void 表示函数没有返回值。add 是函数名。函数名后面的括号中是空的，没有任何参数，通过在函数体中声明两个变量 x 和 y，实现两个整数的求和运算。

方法二程序代码如下：

```
void add(int x,int y)
{
    int result;
    result=x+y;
    printf("%d",result) ;
}
```

分析：这是一个有参、无返回值的函数。有两个形式参数 x 和 y。在调用此函数时，主调函数把实际参数的值传递给 x 和 y。函数体中的语句用于实现两个整数的求和运算。

方法三程序代码如下：

```
int add(int x,int y)
{
    int result;
    result=x+y;
    return result;
}
```

分析：这是一个有参、有返回值的函数。关键字 int 表示函数有返回值，返回值的类型是整型。语句"return result;"的作用是将 result 的值作为函数返回值，变量 result 的类型必须与函数返回值的类型相同。

> **小提示** （1）C99 标准对 main 函数的返回值类型的定义是 int。但是之前的标准中，main 函数可以不标明返回值类型，默认返回值为 int。
> （2）如果 main 函数函数体的最后没有 return 语句，C99 规定编译器要自动在生成的目标文件中加入"return 0;"语句，表示程序的正常退出。所以，建议大家按照 C99 标准编写 main 函数。

【练一练】

定义一个有参且有返回值的函数，实现两个整数的乘法运算功能。

7.2 函数的调用

如果要在程序中使用函数，就需要在 main 函数中调用它。C 程序必须有一个 main 函数，而且只能有一个 main 函数。程序的运行从 main 函数开始，main 函数调用其他函数。

7.2.1 函数调用的形式

本小节将分别针对无参函数、有参函数，讲解函数的调用过程。

1. 无参函数的调用

调用无参函数的语法结构：

```
函数名();
```

【例 7.2】分析下列程序的运行结果。

程序代码如下：

```
1    #include <stdio.h>
```

7-2：函数调用的形式

137

```
2     void fun()
3     {
4         printf("这是一个无参函数\n");
5     }
6     int main()
7     {
8         printf("fun 函数调用前\n");
9         fun();
10        printf("fun 函数调用后\n");
11        return 0;
12    }
```

程序运行结果如图 7.1 所示。

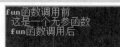

图 7.1 程序运行结果

分析：这是一个采用顺序结构的 C 程序，程序按照由上而下的顺序执行。调用过程示意具体如图 7.2 所示。

（1）程序从 main 函数开始执行，执行第 8 行代码，输出第 1 行字符串"fun 函数调用前"。

（2）程序执行第 9 行代码，此时调用 fun 函数，程序转至执行 fun 函数，即从第 2 行代码开始执行，当第 4 行代码执行完后，fun 函数执行结束。

（3）程序返回到原来的调用点，接着执行 main 函数中的第 10 行代码，直至 main 函数执行结束。

> **小提示** 库函数由编译器提供，无须用户定义，在程序中直接调用即可。但是需要使用"#include"指令将库函数所在的头文件包含到本程序中。例如，本例中需要使用输出函数 printf，就需要在程序第 1 行写上：
> ```
> #include <stdio.h>
> ```

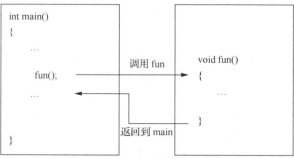

图 7.2 main 函数调用 fun 函数的过程示意

【例 7.3】通过函数调用实现图 7.3 所示的运行结果。

分析：

图 7.3 程序运行结果

在运行结果中，第 1 行和第 3 行分别是一行"-"。这里使用模块化编程思想，定义函数 show single 实现输出一行"-"的功能；定义函数 show txt 实现输出"----欢迎进入***主界面----"的功能。在 main 函数中调用这两个函数。

程序代码如下：

```
#include <stdio.h>
void show_single()
{
```

```
        printf("------------------------\n");
}
void show_txt()
{
        printf("----欢迎进入***主界面---\n");
}
int main()
{
        show_single();
        show_txt();
        show_single();
        return 0;
}
```

> **小提示** 如果不使用函数 show single，要想实现输出两行"-"的功能，程序中就需要重复编写代码"printf("------------------------\n");"。在本例中，只需要在 main 函数中两次调用函数 show single 即可。所以，函数的使用增强了代码的复用性。

2. 有参函数的调用

与无参函数相比，有参函数在调用时，需要调用者传入参数值。调用有参函数的语法结构是：
函数名(实参列表);

【例 7.4】例 7.1 中定义了函数 add，实现两个整数的求和功能。现要求在 main 函数中调用该函数。

程序代码如下：

```
#include <stdio.h>
void add(int x,int y)
{
        int result;
        result=x+y;
        printf("%d+%d=%d\n ",x,y,result);
}
int main()
{
        add(5,10);          //调用函数 add
        return 0;
}
```

程序运行结果如图 7.4 所示。

分析：调用有参函数时，主调函数和被调函数之间有数据传递关系。7.2.2 小节对此有详细说明。

图 7.4　程序运行结果

7.2.2　参数的传递

1. 形式参数和实际参数

在定义有参函数时，函数名后面括号中的参数称为"形式参数"，简称"形参"。在调用该有参函数时，函数名后面括号

动画：参数的传递方式

7-3：参数的传递方式

中的参数称为"实际参数"，简称"实参"。

比如例7.4中，定义add函数时的参数x和y是"形参"，在main函数中调用add函数时传入的参数5和10是"实参"。

2. 参数的传递方式

在调用有参函数时，实参传递值给形参。需要说明以下两点。

（1）实参可以是常量、变量或表达式，但是必须有确定的值。

（2）实参与形参必须个数相等、顺序对应、类型匹配。实参和形参的数据类型必须相同或赋值兼容。如例7.4中，实参和形参的数据类型都是int。如果形参的数据类型是int，实参的数据类型是float，按照数据类型向下兼容的原理，需要将实参的类型转换为int，然后赋值给形参。

【例7.5】 具体说明例7.4中参数的传递方式。

分析：

（1）函数add被调用前，形参x和y并不占用内存空间。

（2）函数add被main函数调用时，形参x和y被分配内存空间，并且被实参5和10分别赋值。函数调用过程中的参数传递如图7.5所示。

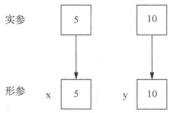

图7.5 函数调用过程中的参数传递

（3）函数add执行期间，由于形参x和y已有值，所以可以执行x+y操作，并且将结果输出。

（4）函数add执行结束后，形参x和y占用的内存空间被释放。

本例中实参传值给形参属于"值传递"。函数被调用时，系统为形参开辟内存空间，并将实参的值赋给形参，函数调用结束后，形参占用的内存空间被立即释放。本单元我们所举的实例中，都使用这种"值传递"方式。

小提示 参数的传递方式有两种："值传递"和"地址传递"。"地址传递"方式中实参传递给形参的是地址，即实参和形参指向同一个内存空间。这一点会在单元8中进行详细说明。

【例7.6】 编译、运行下列程序，分析并写出程序的运行结果_____。

```c
#include <stdio.h>
void swap(int x,int y)
{
    int temp;
    printf("函数内部　交换之前:x=%d,y=%d\n",x,y);
    temp=x;
    x=y;
    y=temp;
    printf("函数内部　交换之后:x=%d,y=%d\n",x,y);
}
int main()
```

```
{
    int num1,num2;
    scanf("%d%d",&num1,&num2);
    printf("交换之前:num1=%d,num2=%d\n",num1,num2);
    swap(num1,num2);
    printf("交换之后:num1=%d,num2=%d\n",num1,num2);
    return 0;
}
```

程序运行结果如图 7.6 所示。

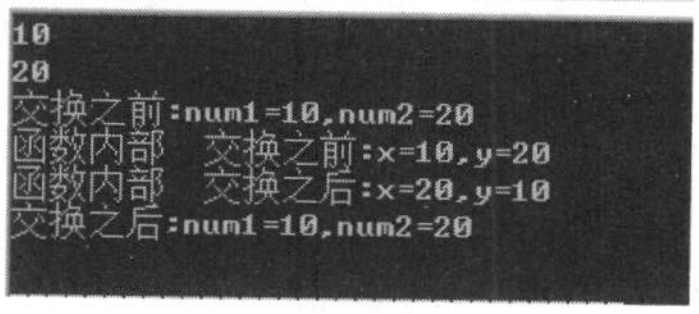

分析:

（1）实参 num1 的初值为 10，实参 num2 的初值为 20，调用函数 swap 后，num1 和 num2 的值并没有交换。

（2）再来分析函数 swap 的调用过程。实参 num1 传值给形参 x，实参 num2 传值给形参 y，x 的值为 10，y 的值为 20。当函数 swap 执行结束后，形参 x 的值为 20，形参 y 的值为 10；但是，实参 num1 和 num2 的值仍未改变。说明此处函数调用对实参 num1 和 num2 没有起到交换数值的作用。

图 7.6　程序运行结果

（3）这是什么原因呢？因为此时参数的传递方式是"值传递"，当函数调用结束后，形参占用的内存空间被释放，所以形参不能传递值给实参，形参值的变化当然不会影响实参，因为其进行的是单向传递。

【练一练】

编译、运行下列程序，分析并写出程序的运行结果＿＿＿＿＿＿＿。

```
#include <stdio.h>
void sum(int a, int b)
{
    printf("%d\n", a + b - 2);
}
int main()
{   int i;
    for (i=0; i<5; i++)
        sum(i,3);
    printf("\n");
    return 0;
}
```

7.2.3　函数的返回值

通过函数调用可以使主调函数得到一个值，这个值就是函数的返回值。函数的返回值通过函数体中的 return 语句获得。如果函数没有返回值，那么函数定义时的返回值类型为 void，函数体中不能使用 return 语句；如果函数需要有返回值，那么函数中必须使用 return 语句，而且返回值的类型需要与函数定义时的函数类型一致。

7-4：函数的返回值

【例 7.7】 编译、运行下列程序，分析程序的运行结果。

```
#include <stdio.h>
int add(int x,int y)
{
    int result;
```

```
        result=x+y;
        return result;
    }
int main()
{
        int sum;
        sum=add(5,10);
        printf("%d\n ",sum);
        return 0;
}
```

下面具体说明 return 语句的返回过程。函数 add 中执行 x+y 操作之后，return 语句将变量 result 的值返回给主调函数 main，并且赋值给 main 函数中的变量 sum。main 函数中调用 add 函数的具体过程如图 7.7 所示。

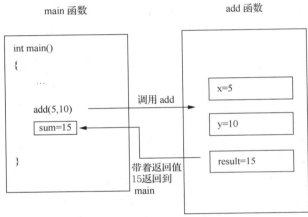

图 7.7　main 函数中调用 add 函数的具体过程

小提示　函数被调用的位置可以有以下 3 种。

（1）函数语句。把函数调用当作一条语句，即"函数名();"。这也是我们最熟悉的方式。

（2）函数表达式。函数出现在表达式中，要求函数返回一个确定的值以参与表达式运算。例如例 7.7 中的 sum=add(5,10)。

（3）函数参数。把函数调用作为另外一个函数的参数。例如：

```
printf("处理结果1: %d\n",add(5,10));
```

就是把函数 add(5,10)作为函数 printf 的一个参数。

【练一练】

（1）编译、运行下列程序，分析并写出程序的运行结果_____。

```
#include <stdio.h>
int fun(int x,int y)
{
        if(x!=y)
            return (x+y)/2;
        else
```

```
        return x;
    }
int main()
{
    int a=4,b=5;
    printf("%d\n",fun(a,b));
    return 0;
}
```

（2）定义一个函数，实现两个数的除法运算，并将结果返回。注意考虑除数为 0 的情况。

7.2.4　函数的参数类型

函数的参数类型可以是任意数据类型。前面的实例中我们使用的都是基本数据类型，当然，函数的参数类型也可以是数组、指针和结构体。本小节将讲述数组作为函数参数时，函数的调用过程和参数之间数据的传递方式。

当函数的参数类型是数组时，实参向形参传递的是数组首元素的地址，这种传递方式被称为"地址传递"。在内存中，实参和形参占用相同的存储单元。而在"值传递"中，实参和形参占用不同的存储单元，只是存储的值相同。

7-5：函数的参数
类型

【例 7.8】使用函数实现下面的功能：某位同学一学期有 5 门课程，根据每门课程的得分情况，找出其最高分和最低分。

分析：

定义一个函数 min 用来求最低分，定义一个函数 max 用来求最高分。例如：

```
int min(int array[5])
```

main 函数调用 min 函数 min(score)，其中实参 score 是一个整型数组名。

程序代码如下：

```
#include <stdio.h>
int min(int array[5])
{
    int minnum=array[0];
    for(int i=1;i<5;i++)
    {
        if(array[i]<minnum)
            minnum=array[i];
    }
    return minnum;
}
int max(int array[5])
{
    int maxnum=array[0];
    for(int i=1;i<5;i++)
    {
        if(array[i]>maxnum)
            maxnum=array[i];
    }
    return maxnum;
}
int main()
```

```
{
    int score[5],minresult,maxresult;
    printf("请输入 5 门课程的得分: \n");
    for(int i=0;i<5;i++)
        scanf("%d",&score[i]);
    minresult=min(score);              //调用 min 函数
    maxresult=max(score);              //调用 max 函数
    printf("成绩最低分是%d\n ",minresult);
    printf("成绩最高分是%d\n ",maxresult);
    return 0;
}
```

程序运行结果如图 7.8 所示。

图 7.8　程序运行结果

下面说明程序执行过程中参数的传递方式。

实参数组 score 的首元素的地址传递给形参数组 array，即数组 array 和 score 代表的是内存中的同一个地址。参数传递后的效果如图 7.9 所示。对数组 array 的访问，实质上就是对数组 score 的访问。

score 首地址 score[0]	score[1]	score[2]	score[3]	score[4]
60	70	80	90	100
array 首地址 array[0]	array[1]	array[2]	array[3]	array[4]

图 7.9　参数传递后的效果

> **小提示**　函数的参数类型是数组时，数组可以指定大小，也可以不指定大小。例如：
> ```
> int min(int array[])
> ```
> 这是因为 C 编译系统不检查形参数组的大小，只是将实参数组的首元素的地址传给了形参数组。

【例 7.9】某位同学第一学期有 3 门课程，第二学期有 5 门课程，根据每门课程的得分情况，找出每个学期中的最高分和最低分。

分析：例 7.8 中可以找到一个有确定长度的数组中的最大值、最小值；本例要考虑的则是怎样用一个函数找到无确定长度的数组中的最大值或最小值。这就需要在定义函数时不指定数组的长度，而是在形参列表中增加一个参数 len 以表示数组长度，在 main 函数调用时把数组的实际长度传递给形参 len。

程序代码如下：

```
#include <stdio.h>
int min(int array[],int len)  //定义函数时不指定形参数组 array 的长度
{
    int minnum=array[0];
```

```
        for(int i=1;i<len;i++)
        {
            if(array[i]<minnum)
                minnum=array[i];
        }
        return minnum;
}
int max(int array[],int len)
{
        int maxnum=array[0];
        for(int i=1;i<len;i++)
        {
            if(array[i]>maxnum)
                maxnum=array[i];
        }
        return maxnum;
}
int main()
{    int score1[3],score2[5];      //定义长度为3和5的两个数组
    printf("请输入第一学期3门课程的得分: \n");
    for(int i=0;i<3;i++)
        scanf("%d",&score1[i]);
    printf("请输入第二学期5门课程的得分: \n");
    for(int i=0;i<5;i++)
        scanf("%d",&score2[i]);
//调用min函数,用数组名score1和3作实参
    printf("第一学期成绩最低分是%d\n",min(score1,3));
    printf("第一学期成绩最高分是%d\n",max(score1,3));
//调用min函数,用数组名score2和5作实参
    printf("第二学期成绩最低分是%d\n ",min(score2,5));
    printf("第二学期成绩最高分是%d\n ",max(score2,5));
    return 0;
}
```

程序运行结果如图 7.10 所示。

图 7.10　程序运行结果

【练一练】

编译、运行下列程序，分析并写出程序的运行结果_____。

```
#include <stdio.h>
void f(int  b[])
{ int  i;
```

```
    for (i=2; i<6; i++)  b[i] *= 2;
}
int main()
{ int  a[10]={1,2,3,4,5,6,7,8,9,10}, i;
  f(a);
  for (i=0; i<10; i++)  printf("%d,", a[i]);
  return 0;
}
```

7.3　函数的嵌套调用

函数的定义是独立的，在一个函数中不能嵌套定义另外一个函数。但是，函数可以嵌套调用，即可以在一个函数中调用另一个函数。

7-6：函数的嵌套
调用

【例 7.10】编译、运行下列程序，分析程序的运行结果。

```
#include <stdio.h>
void fun2()
{
    printf("调用 fun2()函数\n");
}
void fun1()
{
    printf("调用 fun1()函数\n");
    fun2();
}
int main()
{
    fun1();
    return 0;
}
```

程序运行结果如图 7.11 所示。

函数的嵌套调用过程如图 7.12 所示。

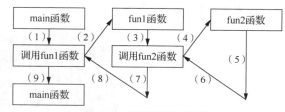

图 7.11　程序运行结果

图 7.12　函数的嵌套调用过程

（1）程序的执行从 main 函数开始。

（2）调用函数 fun1，程序流程转向 fun1 函数。

（3）执行函数 fun1 中的代码。

（4）调用 fun2 函数，程序流程转向 fun2 函数。

（5）执行 fun2 函数中的代码，直至 fun2 函数执行结束。

（6）返回到 fun1 函数中调用 fun2 函数的位置。

（7）继续执行 fun1 函数中的语句，直至 fun1 函数执行结束。

(8）返回到 main 函数中调用 fun1 函数的位置。

(9）继续执行 main 函数，直至 main 函数执行结束。

【练一练】

编译、运行下列程序，分析并写出程序的运行结果_____。

```
#include <stdio.h>
int f(int x)
{
    return x*2;
}
int main()
{
    int n=1,m;
    m=f(f(n));
    printf("%d\n",m);
    return 0;
}
```

7.4 函数的递归调用

在函数的嵌套调用中，如果函数嵌套调用的是自己，就是函数的递归调用。例如：

```
void fun()
{
    fun();
}
```

动画：递归函数　　7-7：函数的递归调用

在调用 fun 函数时，又要调用 fun 函数，这就是 fun 函数的递归调用。但是，这里 fun 函数的调用是无终止的，在程序中不应该出现。函数的递归调用必须要有终止条件，通常在函数定义时通过 if 语句控制。

递归算法是计算机科学中十分重要的概念，绝大多数编程语言都支持函数的自调用，即函数可以通过调用自身来进行递归。实现递归算法的关键是找出递归公式，根据公式找出下一项，直到得到结果。

【例 7.11】计算 $1 \sim n$（$n \geq 1$）的整数之和。

分析：

通过前面的学习，我们应该能够想到使用循环结构来解决这个问题。此处使用函数的递归调用实现。递归分为递推和回归两个过程。

（1）递推：想要计算 $1 \sim n$ 的整数之和，需要计算 $1 \sim n-1$ 的整数之和，想要计算 $1 \sim n-1$ 的整数之和，需要计算 $1 \sim n-2$ 的整数之和，以此类推，直至递推至 $n=1$ 时的和为 1。

（2）回归：由 $n=1$ 的和得到 1、2 之和（1+2=3），然后用这个结果加 3，得到 $1 \sim 3$ 的整数之和（1+2+3=6），以此类推，直到得到 $1 \sim n-1$ 的整数之和。最后将这个结果加 n，最终得到 $1 \sim n$ 的整数之和（1+2+3+…+n-1+n）。用数学语言描述，即得到递归公式：

$$f(n)=\begin{cases} f(n-1)+n & n>1 \\ 1 & n=1 \end{cases}$$

程序代码如下：

```
#include <stdio.h>
```

```
int fun(int n)
{
    if(n==1)                       //递归调用结束条件
        return 1;
    else
        return n+fun(n-1);         //fun 函数的递归调用
}
int main()
{
    int sum;
    sum=fun(4);
    printf("1～4 的整数和是%d\n",sum);
    return 0;
}
```

程序运行结果如图 7.13 所示。

函数 fun(4)的递归调用过程如图 7.14 所示。函数 fun 共被调用 4 次，即 fun(4)、fun(3)、fun(2)、fun(1)。其中 fun(4)是被 main 函数调用的，其他 3 次是被 fun 函数调用的，即递归调用了 3 次。

> **小提示** 使用函数的递归调用解决问题时，递归必须有结束条件，否则程序会陷入无限递归的状态。例如本例中的函数递归调用结束条件为 n==1，此时执行语句"return 1;"，程序不再递归调用 fun 函数。

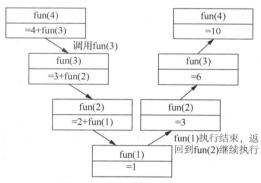

1～4的整数和是 10

图 7.13　程序运行结果　　　　图 7.14　函数 fun(4)的递归调用过程

【例 7.12】输出斐波那契数列（Fibonacci Sequence）的前 20 个数。

斐波那契数列，又称黄金分割数列，因它是数学家莱昂纳多·斐波那契以兔子繁殖为例子而引入的，故又称为"兔子数列"。斐波那契数列可以这样描述，数列的第 1 个数是 1，第 2 个数是 1，以后每个数是其前面两个数的和，即 1,1,2,3,5,8,13,21,34,55,…。

斐波那契数列在自然科学有许多应用。观察百合花、蝴蝶花等花的花瓣，可以发现它们的花瓣数目呈现斐波那契数列关系。其中百合花的花瓣数目为 3，梅花的为 5，飞燕草的为 8，万寿菊的为 13，向日葵的为 21 或 34，雏菊的为 34、55 或 89。

斐波那契数列计算公式如下：Fib(n)=Fib(n-1)+Fib(n-2)。

分析：

利用递归的方法分析斐波那契数列，可以得到递归公式：

$$f(n) = \begin{cases} 1 & n=1 \\ 1 & n=2 \\ f(n-1)+f(n-2) & n \geqslant 3 \end{cases}$$

程序代码如下:

```c
#include <stdio.h>
int f(int n);
int main()
{
 int a;
 printf("斐波那契数列为\n");
 for(int i=1;i<=20;i++)
 {
     printf("%5d",f(i));
     if(i%5==0)
       printf("\n");
 }
   return 0;
}
int f(int n)
{
    if(n==1||n==2)
        return 1;
    else
    return(f(n-1)+f(n-2));
}
```

程序运行结果如图 7.15 所示。

图 7.15　程序运行结果

【练一练】

（1）编译、运行下列程序，分析并写出程序的运行结果_____。

```c
#include <stdio.h>
int f(int x)
{   int y;
    if (x == 0 || x== 1)
    return (3);
    y = x*x - f(x-2);
    return  y;
}
int main()
{   int z;
    z = f(3);
    printf("%d\n", z);
    return 0;
}
```

（2）使用函数递归调用计算"猴子吃桃子"的问题。一群猴子摘了一堆桃子，它们每天都吃当前一半数量的桃子且再多吃一个，到了第10天就只剩一个桃子。计算这群猴子一共摘了多少个桃子。

7.5 函数的声明

在前面的例子中，函数定义的位置是在该函数被调用之前。如果要把函数定义的位置放在调用它的函数的后面，应该在主调函数中进行函数的声明。函数的声明是把函数的信息（函数名、函数类型、参数的个数和类型）提前告知编译系统，以便编译系统对程序进行编译时，检查被调函数是否正确存在。

7-8：函数的声明

1. 函数声明的方法

函数定义时的首行称为函数原型，函数声明时只需要在函数的原型后面加上";"。例如：

```
int add(int x,int y);
```

编译系统在检查函数调用时要求函数名、函数类型、参数个数和参数顺序必须与函数声明一致，实参类型必须与形参类型相同或赋值兼容。由于不检查参数名，因此在函数声明时，形参名也可以省略。例如：

```
int add(int ,int );
```

2. 函数声明的位置

函数声明的位置有以下两种情况。

（1）函数声明在主调函数的外部。此时函数可以被声明之后出现的所有函数调用。例如：

```
#include <stdio.h>
int add(int ,int );
int main()
{
    int sum;
    sum=add(5,10);
    printf("%d\n ",sum);
    return 0;
}
int add(int x,int y)
{
    int result;
    result=x+y;
    return result;
}
```

（2）函数声明在主调函数的内部。此时函数只能被主调函数调用。例如：

```
#include <stdio.h>
int main()
{   int add(int ,int );
    int sum;
    sum=add(5,10);
    printf("%d\n ",sum);
    return 0;
}
int add(int x,int y)
{
```

```
    int result;
    result=x+y;
    return result;
}
```

7.6 变量的作用域和存储类别

7.6.1 变量的作用域

C 语言中的变量，按照其作用域可分为局部变量和全局变量。

1. 局部变量

局部变量是指在函数内定义的变量，它的作用域是本函数内。也就是说，在函数的外部是不能使用这些变量的。此外，在函数内的复合语句内定义的变量也是局部变量，它的作用域是复合语句内。

7-9：变量的作用域
和存储类别

【例 7.13】分析程序中变量的作用域。

```
#include <stdio.h>
void fun()
{
    int x=6;
    printf("fun 函数: x=%d\n ",x);
}
int main()
{
    int x=8;
    fun();
    printf("main 函数: x=%d\n ",x);
    return 0;
}
```

程序运行结果如图 7.16 所示。

分析：

fun 函数中定义了一个局部变量 x，它只在 fun 函数中有效。当 fun 函数被调用时，x 被分配内存空间，并且被赋值 6；当函数 fun 执行结束后，x 的

图 7.16　程序运行结果

内存空间被释放。main 函数中也定义了一个局部变量 x。需要说明的是，允许在不同的函数中使用相同的变量名，但它们是不同的变量，会分配到不同的存储单元，互不干扰。

2. 全局变量

全局变量是指在函数外定义的变量，它的作用域是从定义处开始，到本程序文件的结束。也就是说，全局变量可以被文件中的所有函数所共用。

【例 7.14】分析程序中变量的作用域。

```
#include <stdio.h>
int  x=10;  //全局变量 x
void fun()
{
    printf("fun 函数: x=%d\n ",x);
}
int main()
```

```
{
    fun();
    printf("main 函数: x=%d\n ",x);
    return 0;
}
```

程序运行结果如图 7.17 所示。

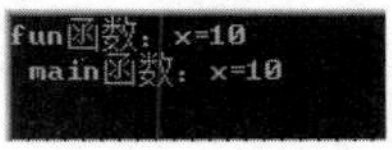

分析：

图 7.17　程序运行结果

本程序定义了一个全局变量 x，虽然 fun 函数和 main 函数中都没有定义局部变量 x，但是它们可以共用全局变量 x，所以程序结果中输出了 x 的值。

【例 7.15】分析程序中全局变量与局部变量同名时各自的作用域。

```
#include <stdio.h>
int  a=3,b=5;                    //定义全局变量 a 和 b
int max(int a,int b)            //定义局部变量 a 和 b，只在 max 函数中有效
{
    int c;
    c=a>b?a:b;
    return c;
}
int main()
{
    int a=10;                   //定义局部变量 a，只在 main 函数中有效
    printf("%d\n ",max(a,b));
    return 0;
}
```

本程序的运行结果是 10。当全局变量与局部变量同名时，则在局部变量的作用域内，全局变量被"屏蔽"，不起作用。

【练一练】

编译、运行下列程序，分析并写出程序的运行结果＿＿＿＿＿＿＿＿。

```
#include <stdio.h>
int main()
{
    int  i=1, j=3;
    printf("%d," ,i++ );
    {  int  i=0;
       i+=j*2;
       printf("%d,%d," ,i,j );
    }
    printf("%d,%d\n" ,i,j );
    return 0;
}
```

7.6.2　变量的存储类别

从变量的作用域角度分析，变量可分为局部变量和全局变量。此外，还可以从变量的存在时间角度分析，则变量在内存中的存储方式有两种：动态存储方式和静态存储方式。

动态存储方式：在程序运行期间由系统动态地分配存储空间。例如有的变量在调用其所在的函数时才被分配存储空间，而在函数调用结束后该空间就马上被释放。

静态存储方式：在程序运行期间由系统分配固定的存储空间。例如有的变量在程序的整个运行期间都是存在的。全局变量使用的就是静态存储方式。

C 语言中，变量有两个属性：数据类型和存储类别。存储类别就是指变量的存储方式。C 的存储类别包括 4 种：自动（auto）、静态（static）、寄存器（register）和外部（extern）。变量定义的完整形式是：

存储类别 数据类型 变量名；

1. 局部变量的存储类别

（1）自动变量（auto 变量）。

自动变量采用动态存储方式存储，函数中的形参和局部变量都属此类变量。在调用函数时，系统为这些变量分配存储空间，当函数调用结束时就自动释放这些空间。如果变量定义时没有使用存储类别，系统默认为 auto。

（2）静态局部变量（static 局部变量）。

静态局部变量采用静态存储方式存储，此类变量在函数调用结束后并不释放存储空间，而在下一次再调用该函数时，该变量已有值。

（3）寄存器变量（register 变量）。

一般情况下，变量的值是保存在内存中的。如果有一些变量使用频繁，为了提高程序的执行效率，可将该变量的值放在 CPU（Central Processing Unit，中央处理器）的寄存器中，需要时直接从寄存器取出参加运算，不用再到内存中去存取，因为寄存器的存取速度远高于内存的存取速度。这种变量就是寄存器变量，用 register 声明。

【例 7.16】分析不同存储类别的变量的作用时间。

```c
#include <stdio.h>
int fun(int n)
{
    auto int x=0;          //自动变量 x
    static int y=3;        //静态局部变量 y
    x++;
    y++;
    return n+x+y;
}
int main()
{
    int n=2,i;
    for(i=0;i<3;i++)
        printf("%d,",fun(2));
    return 0;
}
```

程序运行结果如图 7.18 所示。

分析:

7,8,9,

图 7.18　程序运行结果

fun 函数第 1 次调用时，变量 x=1，y=4，n+x+y=7。在 fun 函数调用结束后，只有变量 y 的空间并不释放，仍然保留值 4。所以在 fun 函数第 2 次调用时，x 的初值为 0，y 的初值为 4，执行运算后，x=1，y=5，n+x+y=8。同理在 fun 函数第 3 次调用后，n+x+y=9。

2. 全局变量的存储类别

全局变量的存储类别是静态存储方式，作用域是从定义处开始，到本程序文件的结束。程序设计中为了扩展全局变量的作用域，有以下几种方法。

（1）将全局变量的作用域扩展到整个文件。

全局变量的作用域是从定义处开始的，在定义之前的函数不能引用该变量。为了将其作用域扩展到整个文件，应该使用 extern 关键字声明全局变量。

【例 7.17】结合例 7.14，将全局变量 x 的作用域扩展到整个文件。

```
#include <stdio.h>
void fun();
int main()
{
    extern int x;   //把全局变量的作用域扩展到从此处开始
    fun();
    printf("main 函数: x=%d\n ",x);
    return 0;
}

int  x=10;    //全局变量 x

void fun()
{
    printf("fun 函数: x=%d\n ",x);
}
```

分析：

如果程序代码中缺少语句"extern int x;"，函数 main 中就不能引用全局变量 x，程序编译会报错。

（2）将全局变量的作用域扩展到其他文件。

一个 C 程序可以由多个源文件组成。如果在一个文件中引用另一个文件的全局变量，需要使用 extern 扩展。

【例 7.18】结合例 7.14，将全局变量 x 的作用域扩展到其他文件中。

文件 file1：

```
#include <stdio.h>
#include "file2.cpp"
int  x=10;    //全局变量 x
int main()
{
    printf("main 函数: x=%d\n ",x);
    fun();
    return 0;
}
```

文件 file2：

```
#include <stdio.h>
extern int x;
void fun()
{
    printf("fun 函数: %d\n",x);
}
```

程序运行结果如图 7.19 所示。

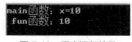

图 7.19　程序运行结果

分析：

文件 file2 中的语句 "extern int x；"将文件 file1 中的全局变量 x 的作用域扩展到文件 file2 中。

（3）将全局变量的作用域限制于本文件。

为了将全局变量的作用域限制于本文件中，要使用 static 声明全局变量。例如，若将例 7.18 中文件 file1 中的全局变量 x 声明为 static int x=10，则文件 file2 中不能引用变量 x。

✎ 实例分析与实现

编写一个简易的计算器程序，能够实现加法、减法、乘法、除法计算功能。程序运行结果如图 7.20 所示。

"分而治之"，出自《群经平议·周官二》，"凡邦之有疾病者，疕疡者造焉，则使医分而治之，是亦不自医也。"古人的智慧来源于生活经验，也适合于现代社会。分而治之是算法设计中经常采用的技术，将复杂问题分解为若干个相互独立的小问题，然后逐个解决，分别找出各部分的解，再用各部分的解组成整个问题的解。分而治之的核心是细化问题，优化程序结构，提高效率，几乎所有的商业软件都采用的是这种模块化程序设计思想。

图 7.20　程序运行结果

7-10：实例分析与实现

分析：

（1）按照模块化的程序设计思想，程序需要实现加法、减法、乘法、除法计算功能，每个功能由一个函数实现，需要定义 4 个函数。

（2）根据输入的运算符选择执行不同的计算功能，需要使用多分支选择结构。

（3）为了实现可以多次进行计算的功能，main 函数中需要使用循环结构。

程序代码如下：

```c
#include <stdio.h>
#include <stdlib.h>
int add(int a,int b)
{
    int result;
    result=a+b;
    return result;
}
int sub(int a,int b)
{
    int result;
    result=a-b;
    return result;
}
int mul(int a,int b)
{
    int result;
```

```
        result=a*b;
        return result;
}
int dive(int a,int b)
{
        int result;
        if(b!=0)
                result=a/b;
        else
                result=0;
        return result;
}
int main()
{    char oper;
        int num1,num2,result;
        while(1)
        {
                printf("请输入两个操作数\n");
                scanf("%d%d",&num1,&num2);
                printf("请输入运算类型\n");
                scanf("%c",&oper);         //该语句用于接收上次输入缓冲区的回车符
                scanf("%c",&oper);         //接收运算符字符
                switch(oper)
                {
                        case '+':result=add(num1,num2);break;
                        case '-':result=sub(num1,num2);break;
                        case '*':result=mul(num1,num2);break;
                        case '/':result=dive(num1,num2);break;
                        case 'e':exit(0);
                        default:printf("请输入正确的运算类型\n");
                }
                printf("%d%c%d=%d",num1,oper,num2,result);
        }
        return 0;
}
```

知识拓展   模块化程序设计

  模块化程序设计，简单地说就是程序的编写不是一开始就逐条录入语句，而是按照"自顶向下、逐步细化"的方法，将系统的功能细分为多个模块，每个模块实现一个单一功能，最后将所有模块"组装"起来。

  C语言就是模块化程序设计语言，它使用函数实现一个模块的功能。一个C程序可以由若干个源文件组成，而一个源文件可以由一个主函数和若干个其他函数组成。主函数调用其他函数，其他函数也可以互相调用，如图7.21所示。

  模块化程序设计的基本原则是"高聚合，低耦合"。"高聚合"是指一个模块只能完成单一的功能，不能"身兼数职"；"低耦合"是指模块之间参数的传递应尽量少，模块间的调用尽量只通过简单的接口完成，减少全局变量的使用。

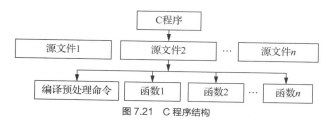

图 7.21　C 程序结构

模块化程序设计的特点体现在以下 3 方面。

（1）各个模块相对独立、结构清晰，可以分配给不同的程序开发人员开发，从而缩短开发周期。

（2）某个模块内部的改动不会影响其他模块，易于维护和功能扩展。

（3）避免了程序开发的重复性工作，提高了程序的可重用性。

 同步练习

一、选择题

1. 一个 C 程序总是从（　　）开始执行的。

　　A. main 函数　　　　　　　　　　　B. 文件中的第一个函数

　　C. 文件中的第一个子函数调用　　　　D. 文件中的第一条语句

2. 关于一个 C 程序，下列说法正确的是（　　）。

　　A. main 函数必须出现在其他所有函数之前

　　B. main 函数可以出现在其他函数之外的任何位置

　　C. main 函数必须出现在其他所有函数之后

　　D. main 函数必须出现在固定位置

3. 以下叙述正确的是（　　）。

　　A. 函数名允许用数字开头

　　B. 函数调用时，不必区分函数名的大小写

　　C. 调用函数时，函数名必须与被调用的函数名完全一致

　　D. 在函数体中只能出现一次 return 语句

4. 有以下定义：

```
void fun(int n,double x) {…}
```

若下列选项中的变量都已正确定义并赋值，则正确调用函数 fun 的语句是（　　）。

　　A. fun(int x, double n);　　　　　　B. m=fun(10,12.5);

　　C. fun(10,12.5);　　　　　　　　　D. void fun(n,x);

5. 函数返回值的类型是（　　）决定的。

　　A. 调用函数时临时　　　　　　　　B. 由 return 语句的表达式类型

　　C. 由调用该函数的主调函数类型　　D. 由定义函数时，所指定的函数类型

6. 若函数调用时的实参为变量，则以下关于函数形参和实参的叙述正确的是（　　）。

　　A. 函数的形参和实参分别占用不同的存储单元

　　B. 形参只是形式上存在，不占用具体存储单元

　　C. 同名的实参和形参共占同一存储单元

　　D. 函数的实参和其对应的形参共占同一存储单元

7. 以下关于函数参数传递方式的叙述，正确的是（　　）。

    A. 函数参数只能从实参单向传递给形参

    B. 函数参数可以在实参和形参之间双向传递

    C. 函数参数只能从形参单向传递给实参

    D. 函数参数既可以从实参单向传递给形参，也可以在实参和形参之间双向传递，可视情况
       选择使用

8. 以下程序运行后的输出结果是（   ）。

```c
#include <stdio.h>
int new_div(double a, double b)
{   return a/b + 0.5;   }
int main( )
{   printf("%d", new_div(7.8, 3.1));
    return 0;
}
```

    A. 1   B. 2   C. 3   D. 0

9. 有如下函数定义：

```c
#include <stdio.h>
int fun( int k )
{ if (k<1)  return 0;
  else if (k==1)  return 1;
       else  return  fun(k-1)+1;
}
```

若执行调用语句"n=fun(3);"，则函数 fun 总共被调用的次数是（   ）。

    A. 1   B. 2   C. 3   D. 5

10. 一个 C 源文件中所定义的全局变量，其作用域是（   ）。

    A. 由具体定义位置和 extern 关键字来决定的   B. 所在程序的全部范围

    C. 所在函数的全部范围   D. 所在文件的全部范围

二、填空题

1. C 语言的程序模块称为＿＿＿＿＿＿＿＿。

2. C 程序的执行总是从＿＿＿＿＿＿＿＿开始。

3. 函数定义时使用关键字＿＿＿＿＿＿＿＿表示它没有返回值。

4. 在调用一个函数时，当实参是数组名时，参数的传递方式为＿＿＿＿＿＿＿＿；当实参是普通变量时，参数的传递方式为＿＿＿＿＿＿＿＿。

5. 凡在函数中未指定存储类别的变量，其隐含的存储类别是＿＿＿＿＿＿＿＿。

三、写出程序运行后的输出结果

1. 以下程序运行后的输出结果是＿＿＿＿＿＿＿＿。

```c
#include <stdio.h>
void fun (int n)
 { n++; }
int main()
{ int a=1 ;
  fun(a) ;
  printf( "%d ", a);
  fun(a) ;
  printf( "%d\n", a);
  return 0;
}
```

2. 以下程序运行后的输出结果是_____。

```c
#include <stdio.h>
void fun(int a[], int n)
{  int  i,j=0,k=n-1, b[10];
   for (i=0; i<n/2; i++)
   {    b[i] =a[j];
        b[k]=a[j+1];
        j+=2; k--;
   }
   for (i=0; i<n; i++)
        a[i] = b[i];
}
int main()
{  int  c[10]={10,9,8,7,6,5,4,3,2,1},i;
   fun(c, 10);
   for (i=0;i<10; i++)
     printf("%d,", c[i]);
   printf("\n");
   return 0;
}
```

3. 以下程序运行后的输出结果是_____。

```c
#include <stdio.h>
int fun(int a,int b)
{    if(b==0)
         return a;
     else
         return(fun(--a,--b));
}
int main()
{    printf("%d\n",fun(4,2));
     return 0;
}
```

4. 以下程序运行后的输出结果是_____。

```c
#include <stdio.h>
int  a=1, b=2;
void fun1( int a, int b )
{  printf( "%d %d " ,a, b ); }
void fun2()
{  a=3;  b=4;   }
int main()
{  fun1(5,6);
   fun2( );
   printf( "%d %d\n",a, b );
   return 0;
}
```

5. 以下程序运行后的输出结果是_____。

```c
#include <stdio.h>
void fun2(char a,char b)
{
```

```
    printf("%c %c",a,b);
}
char a='A',b='B';
void fun1()
{
    char a='C';
    char b='D';
}
int main()
{
    fun1();
    printf("%c %c",a,b);
    fun2('E','F');
    return 0;
}
```

6. 以下程序运行后的输出结果是_____。

```
#include <stdio.h>
int  a=2;
int  f()
{ static int  n=0;
  int  m=0;
  n++;  a++;  m++;
  return n+m+a;
}
int main()
{ int  k;
  for (k=0; k<3; k++)
    printf("%d,", f( ));
  printf("\n");
  return 0;
}
```

四、编程题

1. 有 5 个人坐在一起。问第 5 个人多少岁，他说比第 4 个人大 2 岁。问第 4 个人多少岁，他说比第 3 个人大 2 岁。问第 3 个人，又说比第 2 个人大 2 岁。问第 2 个人，说比第 1 个人大 2 岁。最后问第 1 个人，他说是 10 岁。请问第 5 个人多少岁？

2. 分别用函数实现下列功能。

（1）输入 3 个学生两门课程的成绩。

（2）计算每个学生的平均分。

（3）计算每门课程的平均分。

单元8
指针

08

 问题引入

中国有一句古话："授人以鱼不如授人以渔"。送给他人一条鱼能解他的一时之饥，却不能解他的长久之饥，如果想让他永远有鱼吃，不如教会他捕鱼的方法。这句话告诉我们，与其直接帮助他人解决难题，不如传授给他人解决难题的方法。在本书单元7中，我们已经学习了使用数组名作为函数参数进行函数调用时，实参传递了数组首元素的地址，被调函数可以直接修改这个地址中的数据。把地址作为参数进行函数调用时，如同主调函数递给被调函数一把打开自己"数据之门"的钥匙，使其不仅可以获取数据，还可以修改数据，极大地提高了数据处理的效率。

计算机的存储器就像一栋楼房，里面有连续的存储空间用来存放数据。这些存储空间以字节为单位。每个空间都有自己的编号，这些编号也称为地址。有了存储单元的地址，计算机系统可以快速且方便地存储和管理数据。

在C语言中处理地址需要考虑两个问题。

问题1：如何存放地址？

问题2：如何使用地址？

本单元学习目标

1. 知识目标

（1）理解地址和指针的概念。

（2）掌握普通指针变量、指向数组的指针变量、指向指针的指针变量、指向函数的指针变量的定义及使用方法。

（3）掌握用指针变量作为函数参数、返回指针值的函数和指针数组的使用方法。

2. 技能目标

（1）具备熟练使用各种形式的指针变量解决实际问题的能力。

（2）具备合理设计、实现项目实施步骤的能力。

3. 素质目标

（1）具有综合运用知识分析问题和解决问题的能力。

（2）具备独立思考能力和创新意识。

（3）具备举一反三、解决复杂问题的能力。

（4）培养踏实严谨、一丝不苟、精益求精的工匠精神。

知识描述

指针是C语言中的一个重要概念，是C语言重要的特色。利用指针变量可以表示各种数据结构，能很方便地使用数组和字符串，并能像汇编语言一样处理内存地址，从而编写出精练、高效的程序。指针在使用上也比较灵活，大家在学习本单元内容时，要多思考、多上机实践。

8.1 地址和指针

要弄清楚什么是指针，我们必须先弄清楚数据在内存中是怎样存放、怎样读取的。

计算机的内存由很多存储单元组成，这些存储单元是一个以字节为单位的连续存储空间。为了正确地访问这些存储单元，必须为每个内存单元编号。根据一个内存单元的编号即可准确地找到该内存单元。内存单元的编号就叫作地址，通常也称为指针。

动画：指针

8-1：地址和指针

如果在程序中定义了一个变量，在编译时系统就在内存中给这个变量分配了存储空间。系统会根据变量的类型，分配一定大小的空间。例如前文提到过，许多计算机的C系统为整型变量分配4个字节的内存空间，为字符型变量分配1个字节的内存空间。

举个例子，如果程序中有语句"int i=3, j=4;"，编译时系统分配内存编号为1000～1003的4个字节给i，内存编号为1004～1007的4个字节给j，并将数值3、4分别存入这两个区域，如图8.1所示。对变量值的存取是通过地址进行的。例如，"printf("%d",i);"语句的执行过程是：根据变量名i与地址的对应关系，找到变量i的地址1000，然后从1000开始的4个字节中取出数据（即变量的值3）并输出。输入时如果用"scanf("%d",&i);"语句，就将通过键盘输入的值存入变量i对应的地址1000开始的整型存储区域。这种根据变量名对应的地址存取变量值的方式称为"直接访问"。

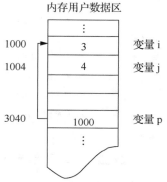

图8.1 内存分配示例

还有一种称为"间接访问"的方式，将变量i的地址存放在另一个内存单元中。C语言规定，在程序中可以定义一种特殊变量，用来存放地址。假设变量p是用来存放整型变量i的地址的，被分配了编号为3040～3044的字节，那么可以通过以下语句将i的地址存放到p中：

```
p=&i;
```

这时p的值就是1000，即变量i所占用单元的起始地址，通常称p指向了i，如图8.1所示。要存取变量i的值，也可以采用间接方式，先找到存放i的地址的单元地址（3040），从中取出i的地址（1000），再到该地址中取出i的值（3）。如果有一个变量专门用来存放另一个变量的地址，则称它为指针变量。上述变量p就是一个指针变量。

8.2 指针变量

在程序中定义变量后，系统会根据变量的类型，为变量在内存中分配若干字节的存储空间，此后这个变量的单元地址就确定了。有了变量的地址，就可以立即找到该变量所在的存储单元，并进行数据的存取操作。指针变量是专门存放变量地址的变量。

指针变量的语法结构为：

数据类型名 *指针变量名;

其中，星号（*）为定义指针变量的标志，称为指针运算符。

例如：

int *p;

表示定义指针变量 p，它指向整型变量。

假如有下列语句：

```
int a;                      /*定义整型变量 a*/
int *pointer_a;             /*定义指针变量 pointer_a */
pointer_a =&a;              /*变量 a 的地址存放在指针变量 pointer_a 中*/
```

这组语句表示，定义了整型变量 a 和指针变量 pointer_a，由取地址符号"&"得到 a 的地址，把该地址赋值给 pointer_a，此时称 pointer_a 为变量 a 的指针，或者说 pointer_a 指向了 a。当指针 pointer_a 指向变量 a 后，可以通过 pointer_a 完成对变量 a 的各种操作。*pointer_a 表示变量 a 的值，星号"*"也称为取值运算符。

> **小提示** （1）标识符前面的"*"，表示该变量为指针变量，但指针变量名是 pointer_a，而不是* pointer_a。
> （2）一个指针变量只能指向同一个类型的变量。例如，上述的 pointer_a 只能指向整型变量，不能指向实型变量。其类型在定义指针变量时指定。指针变量的类型必须与所指向变量的类型一致。
> （3）指针变量中只能存放地址（指针），不要将一个整型量（或任何其他非地址类型的数据）赋给一个指针变量。例如下面的赋值是不合法的：
> pointer_a=100;   /*pointer_a 为指针变量，100 为整数*/

【例 8.1】通过指针变量访问整型变量。

程序代码如下：

```
#include <stdio.h>
int main()
{
    int a,b,*p;
    a=5;
    p=&a;
    b=*p+5;
    printf("a=%d,*p=%d,b=%d\n",a,*p,b);
    return 0;
}
```

程序运行结果如图 8.2 所示。

该例中，*p 在定义的位置出现，表示定义了一个指针变量，指针变量的名字是 p；在赋值语句中出现，表示取了所指变量的值。

&和*为单目运算符，优先级仅次于括号和成员运算符，具有右结合性。运算符"&"的操作数可以是一般变量或指针变量，运算符"*"的操作数必须为指针变量或地址型表达式。

【例 8.2】验证取地址符号与取值符号是互为逆运算。

程序代码如下：

```
#include <stdio.h>
int main()
{
    int a=5,*p;
    p=&a;
    printf("%d,%d,%d\n",&a,p,&(*p));
    printf("%d,%d,%d\n",a,*p,*(&a));
    return 0;
}
```

程序运行结果如图 8.3 所示。

a=5,*p=5,b=10

图 8.2　程序运行结果

10485316,10485316,10485316
5,5,5

图 8.3　程序运行结果

&a、p、&(*p)取值是相同的，表示指针变量 p 存放的是变量 a 的地址。

a、*p、*(&a)取值是相同的，表示指针变量 p 所指向的是变量 a 的值。

指针变量必须先赋值，再使用。

【例 8.3】利用指针对两个数进行排序。

程序代码如下：

```
#include <stdio.h>
int main()
{
    int *p1,*p2,*p,a,b;
    printf("请输入两个整数\n");
    scanf("%d%d",&a,&b);
    p1=&a;
    p2=&b;
    if(a<b)
    {
        p=p1;p1=p2;p2=p;
    }
    printf("a=%d,b=%d\n",a,b);
    printf("max=%d,min=%d\n",*p1,*p2);
    return 0;
}
```

程序运行结果如图 8.4 所示。

当输入 45、78 时，由于 a<b，将 p1 和 p2 交换。交换前的情况如图 8.5（a）所示，交换后的情况如图 8.5（b）所示。请注意，a 和 b 并未交换，它们仍保留原值，但 p1 和 p2 的值改变了。p1 的值原为&a，后来变成&b；p2 的值原为&b，后来变成&a。这样在输出*p1 和*p2 时，实际上是输出了变量 b 和 a 的值。这个例子中交换的是指针变量的值，而不是整型变量的值。

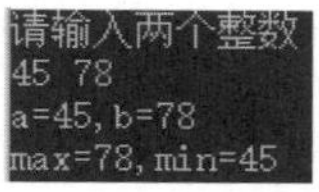

图 8.4　程序运行结果

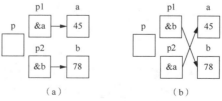

图 8.5　交换指针变量的值

【练一练】

分析下面的程序,写出运行结果_____。

```c
#include <stdio.h>
int main()
{
    int i,j,*p,*q;
    p=&i;
    q=&j;
    i=5;j=9;
    printf("\n%d,%d,%d,%d",i,j,*p,*q);
    printf("\n%d,%d,%d,%d",&i,&j,p,q);
    return 0;
}
```

8.3 指向数组的指针

一个变量有地址,一个数组包含若干个元素,每个数组元素都在内存中占用存储单元,它们也有相应的地址。指针变量既然可以指向变量,当然也可以指向数组和数组元素。数组元素的指针即数组元素的地址。

数组名代表数组的起始地址,这是一个不允许赋值的指针(地址常量)。对数组元素的访问,既可以采用数组下标法(如 a[5]),也可以采用指针法。指针法是指通过数组元素的指针找到所需元素。使用指针法访问数组元素能使目标程序质量更高(占用内存少,运行速度快)。

8.3.1 指向一维数组的指针

1. 指向一维数组元素指针的定义

数组元素相当于一个普通变量,定义指向数组元素的指针与 8.2 节介绍的定义普通变量指针的方法相同。

例如:

```c
int a[10];        //定义 a 为包含 10 个整型数据的数组
int *p;           //定义 p 为指向整型变量的指针变量
p=&a[0];
```

动画:指针和一维数组   8-3:指向一维数组的指针

将数组元素 a[0]的地址赋给指针变量 p,p 就指向数组 a 中的 a[0]元素。数组名 a 是数组的首地址,它与&a[0]是同一值。因此 p=&a[0]也可以写成 p=a。

注意,数组名 a 不代表整个数组,上述"p=a"的作用是"把 a 数组的首地址赋给指针变量 p",而不是"把数组 a 各元素的值赋给指针变量 p"。

在定义指针变量时,可以直接给它赋初值:

```c
int *p=&a[0];
```

它等效于以下两行语句:

```c
int *p;
p=&a[0];          //注意,不是*p=&a[0];
```

当然定义时也可以写成:

```c
int *p=a;
```

它的作用是将 a 的首地址(即 a[0]的地址)赋给指针变量 p。

如果有定义:

```
int a=3,array[5]={1,2,3,4,5},*p1,*p2;
```
那么如下赋值运算都是正确的：
```
p1=&a;              //将变量 a 的地址赋值给 p1
p1=array;           //将数组 array 的首地址赋值给 p1
p1=&array[2];       //将数组元素 array[2]的地址赋值给 p1
p2=p1;              //将指针变量 p1 的值赋值给 p2
*p1=1;              //将 p1 指向的数组元素（当前为 array[2]）赋值为 1
```

8-4：数组指针的
运算

2. 数组指针的运算

如果指针变量 p 指向数组 a 的某个元素，那么表达式 p+1 的含义是什么呢？C 语言规定 p+1 指向数组的下一个元素（而不是将 p 的值简单加 1）。例如，数组元素是整型数据，每个元素占 4 个字节，p 指向 a[0]，则 p+1 意味着使 p 的值加 4 个字节，使它指向下一个元素 a[1]。p+1 所代表的地址实际上是 p+1*d，d 是一个数组元素所占的字节数（对整型数据，d=4；对字符型数据，d=1）。

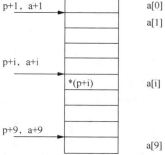

如果 p 的初值为&a[0]，则有如下说法。

（1）p+i 和 a+i 就是 a[i]的地址，如图 8.6 所示。这里需要说明的是：a 代表数组的首地址，a+i 也是地址，它的计算方法同 p+i 相同，即它的实际地址为 a+i*d。例如，p+9 和 a+9 的值是&a[9]。

（2）*(p+i)或*(a+i)是 p+i 或 a+i 所指向的数组元素，即 a[i]。例如，*(p+5)或*(a+5)就是 a[5]，即*(p+5)=*(a+5)=a[5]。实际上，在编译时，就是将数组元素 a[i]处理成*(a+i)，即按数组首地址加上相对位移量 i*d 得到要找的元素的地址，然后找出该地址对应单元中的内容。

图 8.6 指向一维数组的指针

（3）如果要按照次序对数组各元素进行操作，通常可以使用自增运算 p++来完成指针移动。对于指针变量 p，可以做以下运算：p++、p--、p+i、p-i、p+=i、p-=i 等。若 p 指向数组 a 的起始地址，则有如下说法。

① p++（或 p+=1），p 指向下一元素，即 a[1]。此时*p 就是 a[1]的值。

② *p++，由于++和*同优先级，其结合方向是自右向左，因此它等价于*(p++)，作用是先得到 p 指向的变量的值（即*p），再使 p 的值加 1。

③ *(p++)与*(++p)作用不同。前者是先取*p 的值，后使 p 的值加 1；后者是先使 p 加 1，再取*p 的值。若 p 的初值为 a（即&a[0]），输出*(p++)时，得到 a[0]的值；而输出*(++p)，则得到 a[1]的值。

④ (*p)++表示 p 所指向的元素值加 1，即(a[0])++，如果 a[0]=3，则(*p)++的值为 4。注意，是元素值加 1，而不是指针值加 1。

⑤ 如果 p 当前指向 a 数组中第 i 个元素，则：

(p--)的值相当于 a[i--]，先取 p 值做""运算，再使 p 自减；

(++p)的值相当于 a[++i]，先使 p 自加，再做""运算；

(--p)的值相当于 a[--i]，先使 p 自减，再做""运算。

将++和--运算符用于指针变量十分有效，可以使指针变量向前或向后逐个移动，指向下一个或上一个数组元素。例如，想输出 a 数组的 100 个元素，可以写成：

```
p=a;                    或      p=a;
while(p<a+100)                  while(p<a+100)
    printf("%d",*p++);             {printf("%d",*p);
                                    p++;}
```

小提示 使用*p++的形式运算时，一定要十分小心，要清楚 p 值如何变化，否则容易出错。

（4）若 p1 与 p2 指向同一数组，则 p1-p2 的值是两个指针之间的元素个数。

（5）p1+p2 无意义。

根据以上说法，引用一个数组元素，可以用如下两种方法。

（1）下标法，如 a[i]的形式。

（2）指针法，如*(a+i)或*(p+i)。其中 a 是数组名，p 是指向数组的指针变量，其初值 p=a。

【例 8.4】指针变量的运算。

程序代码如下：

```c
#include <stdio.h>
int main()
{
    int a[]={1,3,6,7,9,12};
    int x,*p=&a[2];     //p 指向元素 a[2]
    x=(*--p)++;         //p 先自减 1,指向 a[1],再将 a[1]的值 3 赋给 x,最后使 a[1]加 1
    printf("x=%d\n",x);
    printf("a[1]=%d\n",a[1]);
    return 0;
}
```

程序运行结果如图 8.7 所示。

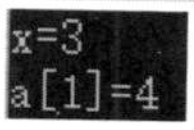

【例 8.5】显示指针变量指向的当前值。

程序代码如下：

图 8.7　程序运行结果

```c
#include <stdio.h>
int main()
{
    int a[5],*p,i;
    p=a;
    for(i=0;i<5;i++)
        scanf("%d",p++);
    printf("\n");
    for(i=0;i<5;i++,p++)
        printf("%d\t",*p);
    return 0;
}
```

程序运行结果如图 8.8 所示。

图 8.8　程序运行结果

这个程序乍看起来好像没有什么问题，编译时也不会显示有错误。但是观察结果，大家会发现，第 2 行输出的是无意义的数字。产生此结果的原因是，程序执行完第 1 个 for 循环后，指针已经指向数组后的内存单元，如图 8.9（a）所示。在执行第 2 个 for 循环时，p 的起始值不是&a[0]了，而是 a+5。C 编译程序并不认为这样非法，系统把它按照*(a+5)处理。因此执行第 2 个 for 循环时，输出的是 p 指向的数组 a 后面的 5 个随机数。

要解决这个问题，应在第 2 个 for 循环之前加一个赋值语句：

```
p=a;
```

使 p 的值重新变成&a[0]，这样结果就对了，此时 p 指针的指向如图 8.9（b）所示。

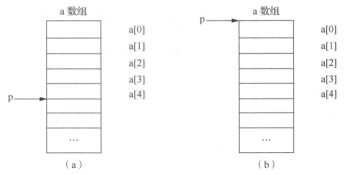

图 8.9　p 指针的指向

在定义数组时，必须定义数组的长度。如例 8.5 对数据类型的定义如果改为：

```
int a[],*p,i;
p=a;
```

这样对数组 a 不指定长度，企图通过 p 来指向各个元素并输出元素的值，是不行的。

> **小提示**　指针也可以进行关系运算。
> （1）若 p1 和 p2 指向同一个数组，则：
> p1<p2 表示 p1 指的元素在前；
> p1>p2 表示 p1 指的元素在后；
> p1==p2 表示 p1 与 p2 指向同一个元素。
> （2）若 p1 和 p2 不指向同一个数组，它们之间的比较毫无意义。

借助指针运算，可以完成对数组元素的引用。

【例 8.6】输入 5 个学生的成绩，计算平均分，输出高于平均分的成绩。（使用指针完成对数组元素的操作。）

程序代码如下：

```
#include <stdio.h>
int main()
{
    int *p,i,score[5],sum=0;
    float aver;
    p=score;
    printf("请输入 5 个学生成绩：\n");
    for(i=0;i<5;i++,p++)
        {
            scanf("%d",p);
            sum=sum+*p;
        }
    aver=sum/5.0;
    printf("\n 平均分：%.2f\n 高于平均分的有\n ",aver);
    p=score;
```

```
        for(i=0;i<5;i++,p++)
        {
            if(*p>aver)
                printf("%d\t",*p);
        }
        return 0;
}
```

程序运行结果如图 8.10 所示。

图 8.10 程序运行结果

现在我们知道，在使用指针变量时指针变量的值是可以改变的。例如，例 8.5 中用指针变量 p 指向元素，用 p++使 p 的值不断改变，这是合法的。如果不使 p 的值变化而使数组名变化，是否可行呢？例如将例 8.5 中的

```
for(i=0;i<5;i++)
  scanf("%d",p++);
```

改为：

```
for(i=0;i<5;i++)
  scanf("%d",score++);
```

这是不行的。因为 score 是数组名，是数组的首地址，是个常量，它的值在程序运行期间是固定不变的。score++能实现吗？这是无法实现的。

【练一练】

分析下面的程序，写出运行结果_____。

```
#include <stdio.h>
int main()
{
    int a[]={1,2,3},*p,i;
    p=a;
    for(i=0;i<3;i++)
        printf("\n%d %d %d %d",a[i],p[i],*(p+i),*(a+i));
    return 0;
}
```

8.3.2　指向字符串的指针

字符数组通常用来存放字符串，可以使用指向字符数组的指针来灵活、方便地进行字符串的处理。

8-5：指向字符串的指针

【例 8.7】使用指向字符数组的指针输出字符串。

程序代码如下：

```
#include <stdio.h>
int main()
{
    char str[]="Hello,China!",*p;
    p=str;
    printf("%s\n",p);
    p+=6;
    printf("%s\n",p);
    return 0;
}
```

程序运行结果如图 8.11 所示。

该例中，指针 p 先指向字符串首部，从此位置开始输出字符串，遇到字符串结束标志'\0'结束字符输出。执行"p+=6;"后，指针向后移动 6 个字符的位置，从字符串的第 7 个字符开始输出，遇到字符串结束标志'\0'结束字符输出。

在 C 语言中，字符串在内存中的存储方式与字符数组在内存中的存储方式是一致的。计算机给字符串自动分配一个首地址，并在字符串尾部添加字符串结束标志'\0'。用字符串常量为指针变量赋值，即将字符串的首地址赋给指针变量。使用字符串指针可以代替字符数组，请看下例。

【例 8.8】使用字符型指针输出字符串。

程序代码如下：

```c
#include <stdio.h>
int main()
{
    char *str="Hello China";
    printf("%s\n",str);
}
```

程序运行结果如图 8.12 所示。

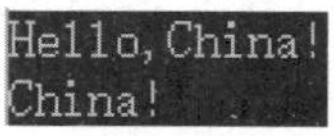

图 8.11　程序运行结果 　　　　　　　图 8.12　程序运行结果

在这里虽然没有定义字符数组，但实际上在内存中开辟了一个字符数组的空间用来存放字符串常量。在程序中定义了一个字符型指针变量 str，并把字符串首地址（即存放字符串的字符数组的首地址）赋给了它。定义 str 的部分：

```c
char *str="Hello China";
```

等价于下面两行：

```c
char *str;
str="Hello China";
```

可以看到，str 被定义为一个指针变量，它指向字符型数据。请注意它只能指向一个字符变量或其他字符型数据，不能同时指向多个字符型数据，更不是把"Hello China"中的字符存放在 str 中，只是把"Hello China"的首地址赋给指针变量 str。

【例 8.9】使用字符型指针复制字符串，将字符数组 str1 中的字符串"hello"复制到 str2 中。

程序代码如下：

```c
#include <stdio.h>
int main()
{
    char str1[10]="hello",str2[10],*p,*q;
    p=str1;
    q=str2;
    while(*p)
    {
        *q=*p;
        p++;
        q++;
    }
    *q='\0';
    puts(str1);
    puts(str2);
```

```
        return 0;
    }
```

程序运行结果如图 8.13 所示。

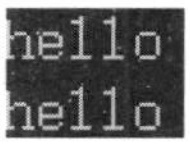

该例中，字符型指针变量 p 和 q 先分别指向字符数组 str1 和 str2 的首地址，
*p 的初值是'h'。在循环控制语句中，先检查 p 指向的字符是否为字符串结束标
志'\0'，如果是的话退出循环，否则使用赋值语句"*q=*p;"，将 p 指向的字符复制到 q 指向的位置，
并保持 p 和 q 的值同步增加。循环结束后在 str2 字符串尾部添加字符串结束标志。上面字符串的赋
值操作也可以简写为：

图 8.13 程序运行结果

```
        while(*q++=*p++);
```

之所以不能将字符串常量赋给字符数组名，是因为数组名是地址常量，不能被赋值。但可以通
过字符数组名的地址方法存取字符串的字符。请看下例。

【例 8.10】通过字符数组名的地址（指针）方法处理例 8.9 中的问题。

程序代码如下：

```c
#include <stdio.h>
int main()
{
    char str1[10]="hello",str2[10];
    int i;
    while(*(str1+i)!='\0')
    {
        *(str2+i)=*(str1+i);
        i++;
    }
    *(str2+i)='\0';
    puts(str1);
    puts(str2);
    return 0;
}
```

程序运行结果与图 8.13 所示相同。

程序中 str1 和 str2 都定义为字符数组，可以用地址方法表示数组元素。语句*(str2+i)=*(str1+i)
与语句 str2[i]=str1[i]等价。

【练一练】

（1）分别通过字符数组名的地址方法和字符型指针的方法连接两个字符串"I love"和"China"。

（2）写一个函数，实现两个字符串的比较。即自己写一个 strcmp 函数：strcmp(s1,s2)。如果 s1
与 s2 相等，返回 0;如果 s1 与 s2 不相等,返回它们的第一个不同字符的 ASCII 差值(如"Boy"与"Bad",
第二个字母不同，则返回'o'与'a'的 ASCII 差值 111-97=14)。如果 s1>s2，则输出正值；如果 s1<s2，则
输出负值。

8.3.3 指向二维数组的指针和指针数组

1. 二维数组元素的地址

与一维数组一样，二维数组名 a 是数组的首地址。但二者不同的是，二维数
组名的基类型不是数组元素类型，而是一维数组类型，因此，二维数组名 a 是一
个行指针。

8-6: 二维数组元素
的地址（1）

例如，如果有"int a[3][4];"语句，则二维数组 a 的行指针、列指针和数值如表 8.1 所示。

表 8.1　二维数组 a 的行指针、列指针和数值

行指针	列指针	数值			
a	a[0]	a[0][0]	a[0][1]	a[0][2]	a[0][3]
a+1	a[1]	a[1][0]	a[1][1]	a[1][2]	a[1][3]
a+2	a[2]	a[2][0]	a[2][1]	a[2][2]	a[2][3]

此例中，二维数组 a 包含 3 个行元素 a[0]，a[1]，a[2]，它们又都是一维数组名，因此也是地址常量；它们的类型与数组元素类型一致。a+1 的值是数组 a 的起始地址加上 1 行元素（共 4 个整数）占据的字节数的和，即 a[1]的地址。a+i 的值是数组 a 的起始地址加上 i 行元素（共 4×i 个整数）所占据的字节数的和，即 a[i]的地址，所以称 a 为行指针。

第 0 行首地址为 a[0]；第 1 行首地址为 a[1]；第 2 行首地址为 a[2]。

a[0]+1 就是数组元素 a[0][1]的地址，a[0]+2 就是数组元素 a[0][2]的地址，a[1]+1 是数组元素 a[1][1]的地址。以此类推，任意数组元素 a[i][j]的地址是 a[i]+j，所以称 a[i]为列指针。

二维数组元素的地址表示形式较多，每种地址表示形式都有对应的数组元素引用方法。如数组元素地址：

```
&a[i][j],a[i]+j,*(a+i)+j
```

对应的数组元素为：

```
a[i][j],*(a[i]+j),*(*(a+i)+j)
```

2. 指向二维数组元素的指针变量（列指针）

二维数组是由若干行、若干列组成的。C 语言中二维数组在内存中按照行顺序存放。一个数组元素与一个简单变量相当。因此在数组中，将一般简单变量的指针称作元素的指针。

当元素指针 p 指向某一个数组元素时，p+1 将指向的下一个元素刚好是同行的下一列元素。因此，在对二维数组操作时，经常将元素指针称作列指针（下一个元素就是同行的下一列元素）。用列指针操作二维数组，只要知道二维数组中数组元素在内存中的存放顺序即可。

8-7：二维数组元素
的地址（2）

【例 8.11】使用列指针输出二维数组元素。

程序代码如下：

```c
#include <stdio.h>
int main()
{
    int a[2][3]={{1,2,3},{4,5,6}},*p;
    for(p=a[0];p<a[0]+6;p++)
    {
        if((p-a[0])%3==0) printf("\n");
        printf("%2d",*p);
    }
    printf("\n");
    return 0;
}
```

程序运行结果如图 8.14 所示。

a[0]是数组的第一个元素的地址，且基类型与指针 p 的基类型一致。所以用 p=a[0]可以使 p 指向数组的第一个元素，该语句也可以用 p=&a[0][0]代替。

图 8.14　程序运行结果

3. 指向二维数组元素的指针变量（行指针）

行指针 p 是用来存放地址的变量。当 p 指向二维数组 a 中的数组元素 a[i][j] 时，p+1 将指向同列的下一行元素 a[i+1][j]，所以行指针不能按照一般指针变量的方法定义。行指针定义时，必须说明数组每行元素的个数。

8-8：指向二维数组
元素的指针变量

语法结构：

数据类型名 （*指针变量名）[行元素个数]；

例如：

```
int (*p)[3];
```

该语句定义了一个指向每行 3 个整型元素的行指针 p。p 的基类型是一个包含 3 个整型元素的一维数组类型。如果有 int a[4][3]，则 p 与 a 的基类型相同，因此通常称 p 为指向二维数组的指针。

进一步理解，行指针是指向列指针的指针变量，列指针为一级指针，行指针为二级指针。通过行指针确定数组元素所在的行首地址，通过列指针最后确定数组元素所在的列地址。

【例 8.12】使用行指针输出二维数组元素。

程序代码如下：

```
#include <stdio.h>
int main()
{
    int a[3][4]={1,2,3,4,5,6,7,8,9,10,11,12};
    int (*p)[4],i;
    for(p=a;p<a+3;p++)
    {
        for(i=0;i<4;i++)
            printf("%3d",*(*p+i));
        printf("\n");
    }
    return 0;
}
```

程序运行结果如图 8.15 所示。

该例中，把数组 a 看成一维数组，它的元素有 a[0]、a[1]、a[2]。由于指针 p 与数组名 a 表示的地址常量的基类型相同，所以可以用 p=a，使指针变量 p 指向数组 a 的第一个元素 a[0]，*p 为 a[0] 的值，即二维数组 a 中第 0 行的首地址。*(*p+1)表示二维数组元素 a[0][1]。类似地，还可以采用如下方法，利用行指针来表示二维数组元素 a[i][j]：

((p+i)+j)　　*(a[i]+j)　　*(*(a+i)+j)

【例 8.13】二维数组元素的不同表示方法。

程序代码如下：

```
#include <stdio.h>
int main()
{
    int a[3][4]={{1,2,3,4},{5,6,7,8},{9,10,11,12}};
    int (*p)[4],i=2,j=1;
    p=a;
    printf("%d,%d,%d",a[i][j],*(a[i]+j),*(*(p+i)+j));
    return 0;
}
```

程序运行结果如图 8.16 所示。

图 8.15　程序运行结果

10，10，10

图 8.16　程序运行结果

因为 a[i]相当于数组首地址（列指针），a[i]+j 就是 a[i][j]元素的地址，*(a[i]+j) 就是元素 a[i][j]的值。同样的道理，p+i 是指向第 i 行首地址的行指针，*(p+i)是指向第 i 行首地址的列指针，*(p+i)+j 就是元素 a[i][j]的地址，*(*(p+i)+j)就是 a[i][j] 的值。

8-9：指针数组

4. 指针数组

如果一个数组的元素的类型都是指针类型，则该数组称为指针数组，即数组的元素都是指针变量。一维指针数组的定义形式为：

类型名 *数组名 [常量表达式]；

例如：

```
int *p[5];
```

其中，[]比*的优先级高，因此 p 先与[]结合，形成 p[5]的形式，这显然是数组形式。数组 p 是一个包含 5 个元素的一维数组。它的每个元素都是基类型为 int 的指针，所以称数组 p 为指针数组。

注意　不要写成"int (*p)[5];"。

为什么要用到指针数组呢？因为它比较适合用来指向若干个字符串，可以使字符串处理更加方便灵活。

例如，图书馆有若干本书，想把书名放在一个数组中，对这些书进行排序和查询。按一般方法，一个字符串本身就可以看作一个一维字符数组。因此要设计一个二维字符数组才能存放多个字符串。二维数组的列数确定后，每一行的元素个数都相等。而实际上各字符串（书名）的长度是不等的。如果按最长的字符串来定义列数，会浪费许多内存单元，如图 8.17 所示。

C	o	m	p	u	t	e	r		n	e	t	w	o	r	k	\0
V	i	s	u	a	l		C	+	+	\0						
D	a	t	a		s	t	r	u	c	t	u	r	e	\0		
O	p	e	r	a	t	i	n	g		s	y	s	t	e	m	\0
J	a	v	a	\0												

图 8.17　使用二维数组存放不同长度的字符串

可以分别定义一些字符串，然后用指针数组中的元素分别指向各字符串，如图 8.18 所示。

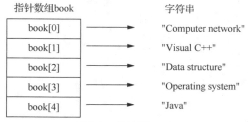

图 8.18　指针数组示意

如果想对字符串排序，不必改动字符串的位置，只需改动指针数组中各元素的指向（即改变各元素的值，这些值是各字符串的首地址）。这样，各字符串的长度可以不同，而且修改指针变量的值（地址）要比移动字符串所花的时间少得多。

【例 8.14】将多个字符串按字母顺序（由小到大）输出。

分析：

可以使用选择法排序。按照前面的分析，定义指针数组 book，每个数组元素指向一个字符串，如图 8.18 所示。通过对比数组元素所指向的字符串的大小，交换指针指向，使得 book[0]指向的字符串的值最小，book[4]指向的字符串的值最大。排序后的指针数组情况如图 8.19 所示。

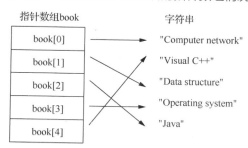

图 8.19　排序后的指针数组情况

程序代码如下：

```c
#include <stdio.h>
#include <string.h>
int main()
{
    char *book[]={"Computer network","Visual C++","Data structure",
        "Operating system","Java"};
    int n=5;
    char *temp;
    int i,j,k;
    for(i=0;i<n-1;i++)              //对多个字符串进行排序
    {
        k=i;
        for(j=i+1;j<n;j++)
            if(strcmp(book[k],book[j])>0) k=j;
        if(k!=i)
            {temp=book[i];book[i]=book[k];book[k]=temp;}
    }
    for(i=0;i<n;i++)               //输出排序结果
        printf("%s\n",book[i]);
    return 0;
}
```

程序运行结果如图 8.20 所示。

在本例中，strcmp 是字符串比较函数，book[k]和 book[j]是第 k 个和第 j 个字符串的起始地址。strcmp(book[k],book[j])的值为：如果 book[k]所指向的字符串大于 book[j]所指向的字符串，函数值为正值；若相等，函数值为 0；若小于，函数值为负值。if 语句的作用是将两个字符串中"小"的那个字符串的序号（i 或者 j）保留在变量 k 中。执行完内循环 for 语句后，在第 i 个字符串到第 n 个字符串中，第

```
Computer network
Data sturcture
Java
Operating system
Visual C++
```

图 8.20　程序运行结果

k 个字符串最"小"。如果 k 不等于 i，那么最小的字符串不是第 i 个字符串。因此，将 book[i] 和 book[k] 对换。

【练一练】

（1）写出以下程序的运行结果_____。

```
#include <stdio.h>
int main()
{
    int i,x[3][3]={9,8,7,6,5,4,3,2,1},*p=&x[1][1];
    for(i=0;i<4;i+=2)
        printf("%d",p[i]);
}
```

（2）输入 3 个字符串，按从小到大的顺序输出。

8.4 用指针变量作为函数参数

指针变量作为函数形参时，对应的实参必须为它提供确定的地址类型的表达式的值。通过函数中的形参指针，可以间接地访问实参地址中的数据。被调函数如果向该地址单元赋新的值，调用结束后主调函数可以使用这个数据。使用指针参数最重要的作用是，除了可以用 return 返回一个值之外，还可以通过指针参数返回多个数据。

8-10：用指针变量
作为函数参数

【例 8.15】 指针变量作为形参，交换函数实参变量的值。

程序代码如下：

```
#include <stdio.h>
void swap(int *p,int *q)
{
    int t;
    t=*p;
    *p=*q;
    *q=t;
}
int main()
{
    int a=3,b=5;
    printf("a=%d,b=%d\n",a,b);
    swap(&a,&b);
    printf("a=%d,b=%d\n",a,b);
    return 0;
}
```

程序运行结果如图 8.21 所示。

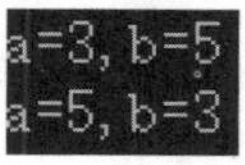

该例中，函数 swap 的形参是两个整型指针变量 p 和 q。主函数在调用它时，
将变量 a 的地址传送给 p，变量 b 的地址传送给 q，这样就使得函数 swap 的两
个参数 p 和 q 分别指向主函数中的变量 a 和 b，而函数 swap 中的语句将 p 和 q 所指的地址中的内容进行交换。对 main 函数来说，swap 函数改变了变量 a 和 b 的值。

```
a=3,b=5
a=5,b=3
```
图 8.21 程序运行结果

指针变量作为形参，仍然遵循单向值传送规则，这里传递的值是地址对应的值。

8.5 返回指针值的函数

一个函数可以返回整型值、字符型值、实型值等，也可以返回指针值，即地址。这种返回指针值的函数的一般定义形式为：

类型名 *函数名 (参数列表);

例如：

int *a(int x,int y);

8-11：返回指针值
的函数

a 是函数名，调用它以后能得到一个指向整型数据的指针（地址）。( )的优先级高于*，所以 a(int x,int y)是函数，前面加一个*，表示此函数是指针型函数（函数返回值是指针）。最前面的 int 表示返回的指针指向整型变量。

【例 8.16】从键盘输入一个字符串，再输入一个要查找的字符，调用 match 函数在字符串中查找该字符。若找到相同字符，则返回一个指向该字符所在位置的指针；如果没有找到，则返回一个空（NULL）指针。如果该字符在字符串中出现多次，只返回第一次出现的位置。

程序代码如下：

```
#include <stdio.h>
int main()
{
    char *match(char,char *);          //声明 match 函数原型
    char s[50],c,*p;
    printf("请输入一个字符串: \n");
    gets(s);                           //从键盘输入一个字符串
    printf("请输入一个字符: \n");
    c=getchar();                       //从键盘输入一个字符
    p=match(c,s);                      //调用 match 函数
    printf("查找结果: ");
    if(p=='\0')
        printf("字符串中无此字符\n");
    else
        printf("%c 查找成功! \n",*p);
}
char *match(char c,char *s)            //match 函数返回指向字符型数据的指针
{
    int i=0;
    while(s[i]!='\0'&&c!=s[i])
        i++;
    return &s[i];                      //返回 s[i]的地址
}
```

程序运行结果如图 8.22 所示。

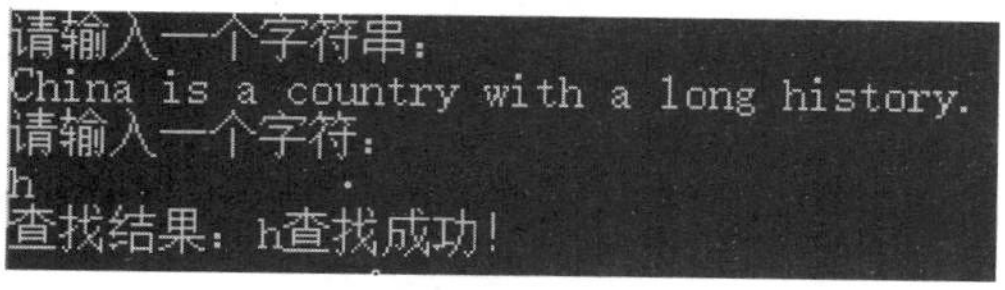

请输入一个字符串：
China is a country with a long history.
请输入一个字符：
h
查找结果：h查找成功!

图 8.22 程序运行结果

在使用函数返回指针值时，要特别注意不能返回已经释放的内存地址。

例如：

```
char* GetMemory()
{
    char p[] = "hi";
    return p;
}
int main()
{
    char *str = GetMemory(); //出错！得到一块已释放的内存
    printf( "%s", str);
    return 0;
}
```

使用栈内存返回指针明显是错误的，因为栈内存将在调用结束后自动释放，因而主函数使用该地址空间将很危险。

由于指针可以直接对内存进行操作，使用时快速又灵活，正确使用指针会给编程带来很多的便利。但是如果对指针不能正确理解和灵活、有效地应用，利用指针编写的程序也更容易隐含各式各样的错误。辩证唯物主义认为，事物就像一把双刃剑，具有两面性，既有其有利的一面，也有其有害的一面。同学们应以客观理性的态度对待学习和生活，合理利用好事物好的一面，也应该注意避免坏的一面。

8.6 指向函数的指针和指向指针的指针

8.6.1 指向函数的指针

8-12：指向函数的指针和指向指针的指针

一个函数在编译时会占用一段连续的内存区域，函数名表示该函数所在内存区域的首地址。函数的这个首地址（或称入口地址）就称为函数的指针。

指针变量可以指向整型变量、实型变量、字符型变量、字符串、数组，还可以指向一个函数。将函数名赋予一个指针变量，使指针变量指向函数所在的内存区域，这种指针就是指向函数的指针。通过指向函数的指针变量，可以找到并调用对应的函数。

指向函数的指针变量的定义形式为：

数据类型　（*指针变量）（参数列表）

其中，"数据类型"是指函数返回值的类型。

【例 8.17】使用指向函数的指针变量调用一个函数，求出两个整数的和。

程序代码如下：

```
#include <stdio.h>
int sum()
{
    int  a,b;
    printf("请输入两个整数:\n");
    scanf("%d,%d",&a,&b);
    return a+b;
}
int main()
{
```

```
int result;
int (*p)();                  //p 是指向无参函数的指针变量
    p=sum;                   //变量 p 指向 sum 函数的首地址
    result=(*p)();           //通过 p 指针调用 sum 函数
    printf("两个数的和是%d\n",result);
}
```

程序运行结果如图 8.23 所示。

图 8.23　程序运行结果

说明：

（1）在上例中，语句"int (*p)();"说明 p 是一个指向函数的指针变量，此函数没有参数，并带回整型的返回值。注意，*p 两侧的圆括号不能省略。p 先与*结合，表示 p 是指针变量，然后与后面的()结合，表示 p 指向的是函数。如果写成"int *p();"，由于()的优先级高于*，就成了声明函数原型，并且该函数的返回值是指向整型变量的指针。

（2）指向函数的指针变量的一般赋值形式为：

函数指针变量=函数名；

在上例中，赋值语句"p=sum;"的作用就是将函数 sum 的首地址赋给指针变量 p。这时，p 和 sum 都指向函数的开头，如图 8.24 所示。在给指针变量赋值的时候，必须给出函数名，不必给出参数。

图 8.24　p 指向 sum 的开头

（3）函数可以通过函数名调用，也可以通过函数指针调用（即用指向函数的指针变量调用）。上例中，调用*p 就是调用函数 sum。请注意，p 是指向函数的指针变量，它只能指向函数的开头而不能指向函数中间的某一条指令，因此不能用*(p+1)来表示函数的下一条指令。对于指向函数的指针变量，像 p++、p--、p+n 等运算是无意义的。

（4）在一个程序中，如果定义了一个指向函数的指针变量，它就可以先后指向不同的函数。但并不意味着这个指针可以指向任何函数，它只能指向与其定义时所指定的类型一致的函数。如有"int (*p)(int ,int);"，代表 p 只能指向函数返回值为整型且有两个整型参数的函数。

【例 8.18】使用指向函数的指针变量调用有参函数，求两个整数中较大的数。

程序代码如下：

```c
#include <stdio.h>
int max(int a,int b)
{
    return a>b?a:b;
}
int main()
{
    int a,b,result;
    int (*p)(int,int);              //p 是指向有参函数的指针变量
    p=max;                          //给 p 赋值时不必给出函数参数
    printf("请输入两个整数: \n");
    scanf("%d,%d",&a,&b);
    result=(*p)(a,b);               //通过 p 指针调用 max 函数
    printf("其中较大的数是%d\n",result);
}
```

程序运行结果如图 8.25 所示。

图 8.25　程序运行结果

8.6.2　指向指针的指针

指针可以指向普通类型的数据，也可以指向指针类型的数据。如果一个指针指向的是另外一个指针，我们就称它为二级指针，或者指向指针的指针。

例如，定义一个 int 类型的变量 a，p1 是指向 a 的指针变量，p2 是指向 p1 的指针变量，这样 p2 就是一个指向指针的指针变量。它们的关系如图 8.26 所示。

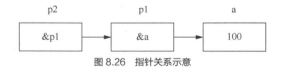

图 8.26　指针关系示意

表示这种关系的 C 语言代码如下：

```c
int a=100;
int *p1=&a;
int **p2=&p1;
```

其中，p2 前面有两个*，*运算符的结合性从右到左，因此**p2 相当于*(*p2)。显然*p2 是指针变量的定义形式，表示 p2 是一个指针变量，前面又有一个*，表示 p2 是指向一个整型指针变量的指针变量。

指针变量也是一种变量，也会占用存储空间，也可以使用&获取它的地址。C 语言不限制指针的级数，每增加一级指针，在定义指针变量时就得增加一个*。p1 是一级指针，指向普通类型的数据，定义时有一个*；p2 是二级指针，指向一级指针 p1，定义时有两个*。如果我们希望再定义一个三级指针 p3，让它指向 p2，那么可以这样写：

```c
int ***p3 = &p2;
```

四级指针也是类似的道理：

```
int  ****p4 = &p3;
```

实际开发中会经常使用一级指针和二级指针，几乎用不到多重指针。

实例分析与实现

1. 计算字符串中子串出现的次数。例如，"China"在"China is a great country. China is a civilized country."中出现的次数为 2。

分析：

（1）分别定义两个字符数组 str1 和 str2，str1 用于存放用户输入的字符串，str2 用于存放要查找的子串。

（2）使用两个字符型指针变量 p1 和 p2，分别指向两个字符串的起始位置。

（3）当*p1 不是字符串结束标志时，进行如下循环：如果 p1 和 p2 当前指向的字符相同，则 p1 和 p2 同步后移，进一步比较下一个字符，直到*p2 为字符串结束标志'\0'或 p1 和 p2 指向的字符不同；如果 p1 和 p2 当前指向的字符不同，则 p1++。如果此时 p2 指向字符串结束标志，则说明找到了一次子串，计数器 sum 加 1。p2 重新指向 str2 首地址，继续循环。

程序代码如下：

```
#include <stdio.h>
int main()
{ char str1[50],str2[50],*p1,*p2;
 int sum=0;
 printf("please input two strings\n");
 gets(str1);
 gets(str2);
 p1=str1;p2=str2;
 while(*p1!='\0')
 {
   if(*p1==*p2)
     {
       while(*p1==*p2&&*p2!='\0')
       {
         p1++;
         p2++;
       }
     }
   else
     p1++;
   if(*p2=='\0')
     sum++;
   p2=str2;
 }
 printf("%d",sum);
 return 0;
}
```

程序运行结果如图 8.27 所示。

181

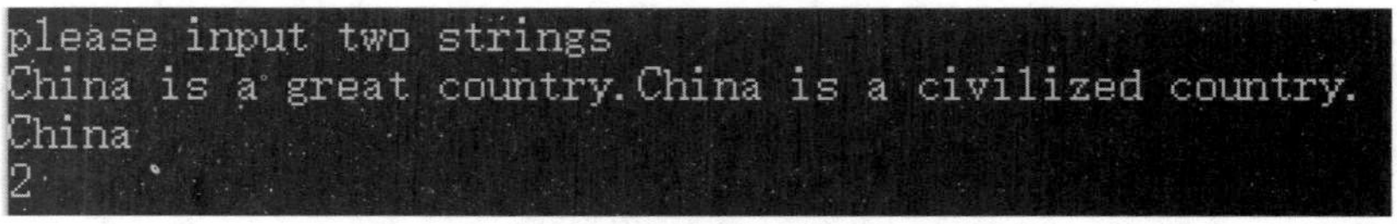

```
please input two strings
China is a great country.China is a civilized country.
China
2
```

图 8.27　程序运行结果

2．有一个 3×3 的矩阵 **a**，编程对它进行转置操作，用指向二维数组的指针完成。

8-14：实例分析与
实现（2）

分析：

以主对角线为界，将矩阵的行列元素互换即可实现转置，即使 a[i][j] 与 a[j][i] 交换。

（1）数组 a 初始化。

（2）指针 p 指向数组 a。

（3）进行数组元素转置。

（4）输出运行结果。

程序代码如下：

```c
#include <stdio.h>
int main()
{
    int a[3][3]={1,2,3,4,5,6,7,8,9};
    int i,j,k,(*p)[3]=a;
    printf(" 转 置 前\n");
    for(i=0;i<3;i++)
        {
            for(j=0;j<3;j++)
                printf("%6d ",*(*(p+i)+j));
            printf("\n");
        }
    for(i=0;i<3;i++)
    {
        for(j=i;j<3;j++)
        {
            k=*(*(p+i)+j);
            *(*(p+i)+j)=*(*(p+j)+i);
            *(*(p+j)+i)=k;
        }

    }
    printf(" 转 置 后\n");
    for(i=0;i<3;i++)
        {
            for(j=0;j<3;j++)
                printf("%6d ",*(*(p+i)+j));
            printf("\n");
        }
    return 0;
}
```

程序运行结果如图 8.28 所示。

图 8.28 程序运行结果

知识拓展 main 函数的形参

指针数组的一个重要应用是作为 main 函数的形参。在以往的程序中，main 函数的第一行一般写成以下形式：

```
int main()
```

圆括号中是空的，实际上 main 函数可以有参数。例如：

```
int main(argc,argv)
```

argc 和 argv 就是 main 函数的形参。main 函数是由系统调用的，当处于操作命令状态下，输入 main 所在的文件名（经过编译、链接后得到的可执行文件名），系统就调用 main 函数。那么，main 函数形参的值从何处得到呢？实际上实参是和命令一起给出的。也就是在一个命令行中包括命令名和需要传给 main 函数的参数。命令行的一般形式为：

命令名 参数 1 参数 2 …参数 n

命令名和各参数之间用空格分隔。例如，有一个目标文件名为 file1，如果想将两个字符串"China"和"Beijing"作为传送给 main 函数的参数，可以写成以下形式：

```
file1  China Beijing
```

main 函数中的形参 argc 是指命令行中参数的个数（注意，文件名也作为一个参数）。本例中有 3 个命令行参数：file1、China、Beijing，因此 argc 的值为 3。

main 函数中的形参 argv 是一个指向字符串的指针数组，也就是说，带参数的 main 函数的形式应当是：

```
int main(int  argc,char  *argv[ ])
```

命令行参数应当都是字符串，这些字符串的首地址构成一个指针数组，如图 8.29 所示。

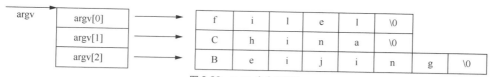

图 8.29 main 命令行参数

指针数组 argv 中的元素 argv[0]指向字符串"file1"，argv[1]指向字符串"China"，argv[2]指向字符串"Beijing"。

如果有一个 main 函数，它的文件名为 file2，代码如下：

```
#include <stdio.h>
int main(int argc,char *argv[])
{while(argc>1)
  {
    ++argv;
    printf("%s\n",*argv);
    --argc;
```

```
    }
    return 0;
}
```

输入命令行参数为：

```
file2 hello world
```

则执行以上命令将会输出以下信息：

```
hello
world
```

main 函数的形参不一定命名为 argc 和 argv，可以是任意名字，只是人们习惯用 argc 和 argv 而已。

利用指针数组作 main 函数的形参，可以向程序传送命令行参数（这些参数是字符串）。这些字符串的长度事先并不明确，而且各参数字符串的长度一般并不相同。命令行参数的数量也可以是任意的。用指针数组能够较好地满足上述要求。

同步练习

一、选择题

1. 若有语句"int *point,a=4;"和"point=&a;"，则下面均代表地址的一组选项是（　　）。

A. a、point、*&a
B. &*a、&a、*point
C. *&point、*point、&a
D. &a、&*point、point

2. 已知"int a,*b,b=&a;"，则下列运算错误的是（　　）。

A. *&a
B. &*a
C. *&b
D. &*b

3. 已知"int *p,n;"，则通过语句 scanf 能够正确读入数据 n 的程序段是（　　）。

A. p=&n;scanf("%d",&p);
B. p=&n;scanf("%d",*p);
C. scanf("%d",n);
D. p=&n;scanf("%d",p);

4. 若有定义"int x,*pb;"，则以下表达式正确的是（　　）。

A. pb=&x
B. pb=x
C. *pb=&x
D. *pb=*x

5. 已知指针 p 指向图 8.30 所示的 a[1]，则表达式*++p 的值是（　　）。

A. 20
B. 30
C. 21
D. 31

6. 已知指针 p 指向图 8.30 所示的 a[1]，则表达式++*p 的值是（　　）。

A. 20
B. 30
C. 21
D. 31

a[0]	a[1]	a[2]	a[3]	a[4]
10	20	30	40	50

图 8.30

7. 已知指针 p 指向图 8.30 所示的 a[1]，则执行语句"*p++;"后，*p 的值是（　　）。

A. 20
B. 30
C. 21
D. 31

8. 以下程序的输出结果是（　　）。

```
#include <stdio.h>
void main()
{printf("%d\n",NULL);}
```

A. 因变量无定义输出不定值
B. 0
C. -1
D. 1

9. 现有如下定义语句：

```
int*p,s[20],i;
p=s;
```

则表示数组元素 s[i]的表达式不正确的是（   ）。

    A. *(s+i)   B. *(p+i)   C. *(s=s+i)   D. *(p=p+i)

10. 已知 "char *p,*q;"，则下面语句正确的是（   ）。

    A. p*=3;   B. p/=q;   C. p+=3;   D. p+=q;

11. 已知 "char s[20]="programming",*ps=s;"，则不能引用字母 o 的表达式是（   ）。

    A. ps+2   B. s[2]   C. ps[2]   D. ps+=2,*ps

12. 已知 "char s[10],*p=s;"，则下列语句中错误的是（   ）。

    A. p=s+5;   B. s=p+s;   C. s[2]=p[4];   D. *p=s[0];

13. 若有下面的程序段：

```
char s[]="China"; char *p; p=s;
```

则下列叙述正确的是（   ）。

    A. s 和 p 完全相同

    B. 数组 s 中的内容和指针变量 p 中的内容相等

    C. 数组 s 的长度和指针变量 p 所指向的字符串长度相等

    D. *p 与 s[0]相等

14. 通过下面的程序段，输出*的个数是（   ）。

```
char *s="\ta\018bc";
for(;*s!='\0';s++)printf("*");
```

    A. 9   B. 5   C. 6   D. 7

15. 已定义以下函数：

```
fun(char *p2, char *p1)
{
    while((*p2=*p1)!='\0'){p1++;p2++;}
}
```

则此函数的功能是（   ）。

    A. 将 p1 所指字符串复制到 p2 所指内存空间

    B. 将 p1 所指字符串的地址赋给指针 p2

    C. 对 p1 和 p2 两个指针所指字符串进行比较

    D. 检查 p1 和 p2 两个指针所指字符串中是否有'\0'

16. 下列程序运行后的输出结果为（   ）。

```
#include "stdio.h"
int main()
{
    int c[][4]={1,2,3,4,5,6,7,34,213,56,62,3,23,12,34,56};
    printf("%x,%x\n",c[2][2],*(*(c+1)+1));
}
```

    A. 3e,6   B. 62,5   C. 56,5   D. 3E,6

二、填空题

1. &在指针部分代表_____运算符，*代表_____运算符。

2. 已知 "int a[]={1,2,3,4},y,*p=&a[1];"，则执行语句 "y=(*--p)++;"后，变量 y 的值为_____。

3．已知"char s1[10], *s2="ab\0cdef";"，则执行语句"strcpy(s1,s2);"后，变量 s1 的内容为_____。

4．设有以下定义和语句，则*(*(p+2)+1)的值为_____。

```
int a[3][2]={10, 20, 30, 40, 50, 60}, (*p)[2];
p=a;
```

三、写出程序运行后的输出结果

1．以下程序运行后的输出结果是_____。

```
#include <stdio.h>
int main()
{
    int k=2,m=4,n=6;
    int *pk=&k,*pm=&m,*p;
    *(p=&n)=*pk*(*pm);
    printf("%d\n",n);
    return 0;
}
```

2．以下程序运行后的输出结果是_____。

```
#include <stdio.h>
void sub(int x,int y,int *z)
{*z=y-x;}
int main()
{
    int a,b,c;
    sub(10,5,&a);
    sub(7,a,&b);
    sub(a,b,&c);
    printf("%d,%d,%d\n",a,b,c);
    return 0;
}
```

3．以下程序运行后的输出结果是_____。

```
#include <stdio.h>
void prtv(int *x)
{  printf("%d\n",++*x);}
int main()
{
    int a=25;prtv(&a);
    return 0;
}
```

4．以下程序运行后的输出结果是_____。

```
#include <stdio.h>
ss(char *s)
{   char *p=s;
    while(*p)  p++;
    return(p-s);
}
int main()
 {
    char *a="abded";
```

```
    int   i;
    i=ss(a);
    printf("%d\n",i);
    return 0;
}
```

5. 以下程序运行后的输出结果是＿＿＿＿＿＿＿＿＿＿＿。

```
int main()
{
    char   b[]="ABCD";
    char   *chp;
    for(chp=b;*chp; chp+=2)
      printf("%s",chp);
    printf("\n");
    return 0;
}
```

6. 以下程序运行后的输出结果是＿＿＿＿＿＿＿＿＿＿＿。

```
void ss(char *s,char t)
{
    while(*s)
    {
        if(*s==t)*s=t-'a'+'A';
        s++;
    }
}
int main()
{
    char str1[100]="abcddfefdbd",c='d';
    ss(str1,c);
    printf("%s\n",str1);
    return 0;
}
```

四、编程题（均要求用指针方法完成）

1. 输入 3 个整数，将其按由小到大的顺序输出。

2. 定义一个函数，求一个字符串的长度。在 main 函数中输入字符串，并输出其长度。

3. 有一个字符串，包含 n 个字符。定义一个函数，将从此字符串中第 m（m<n）个字符开始的全部字符复制为另外一个字符串。

4. 定义一个函数，实现两个字符串的比较，即自定义一个 strcmp(s1,s2)函数。如果 s1 与 s2 相等，返回值为 0，否则，返回二者第一个不同字符的 ASCII 值的差（如"March"与"May"，第三个字母不同，'r'与'y'之差为 114-121=-7）。如果 s1＞s2，则输出正值，如果 s1＜s2，则输出负值。

单元9
结构体和共用体

问题引入

回顾一下我们已经学习了的C语言数据类型，包括基本数据类型（整型、实型、字符型）、指针类型和数组类型。在程序开发中，常常需要描述由多个不同性质的数据项组成的数据。例如，描述一个学生时需要使用学号、姓名、班级、课程成绩等数据项。由于这些数据项的类型各不相同，之前已学的数组不能实现对学生的描述；如果将这些数据项使用多个变量分别描述，就无法反映出各个数据项之间的关系，导致失去了整体性。

为了解决这个问题，C语言提供了两种构造类型，即结构体类型和共用体类型，以组合多种不同类型的数据。在此先提出两个问题。

问题1：如何定义构造类型？

问题2：如何使用构造类型？

本单元学习目标

1. 知识目标

（1）掌握构造类型的定义方法、使用方法。

（2）掌握结构体数组的定义方法、使用方法。

（3）了解结构体、指针、函数。

（4）理解链表的概念及其基本操作。

2. 技能目标

（1）具备使用构造类型描述复杂数据的能力。

（2）具备使用构造类型解决问题的能力。

3. 素质目标

（1）具备分析问题、解决问题、探究问题的能力。

（2）具有认识新事物的能力和抽象思维能力。

知识描述

9.1 结构体类型

C语言的数据类型有很多种，其中，使用构造类型可以把多个数据结合在一起，每一个数据被称为构造类型的"成员"。数组就是构造类型中的一种，只是数组是由多个相同数据类型的"成员"组成的；而结构体可以由多个不同数据类型的"成员"组成。

9-1：结构体类型的定义

9.1.1 结构体类型的定义

结构体是将不同类型的数据组合在一起形成的一个单独实体。要使用结构体类型，首先要"构造"它，如同在调用函数之前要先定义函数一样。结构体类型的定义方式是：

```
struct 结构体类型名称
{
        数据类型 成员名 1;
        数据类型 成员名 2;
        …
        数据类型 成员名 n;
};
```

需要说明的是：

（1）struct 是关键字，结构体类型名称的命名规则满足标识符命名规则；

（2）结构体类型中的"成员"由花括号"{}"进行标识，以此说明该结构体有哪些成员以及各成员的数据类型；

（3）结构体类型定义末尾花括号"}"后的分号";"必不可少。

【例 9.1】定义一个结构体类型来描述学生信息。该信息的成员包括学号、姓名、班级、课程成绩。

```
struct student
{
    int sno;                //学号
    char name[20];          //姓名
    char classname[20];     //班级
    int grade[3];           //三门课程的成绩
};
```

【练一练】

定义一个结构体类型来描述日期信息，该信息的成员包括年、月、日。

9.1.2 结构体变量的定义

结构体变量是结构体类型的实例或对象。结构体类型被定义之后，就可以作为一种已存在的数据类型使用。但是，它只是一个"模型"，并没有具体的数据，编译器也没有在内存中为它分配存储空间。为了在程序中可以使用结构体类型的数据，必须定义结构体变量。结构体变量的定义有如下 3 种方式。

1. 先定义结构体类型，再定义结构体变量

先定义结构体类型，再定义结构体变量，语法结构为：

```
struct 结构体类型名称
{
        数据类型 成员名 1;
        数据类型 成员名 2;
        …
```

```
        数据类型 成员名 n;
    };
    struct 结构体类型名称 变量名;
```

例如：定义结构体变量 stu1，它的数据类型是结构体类型 student。

```
struct student
{
    int sno;
    char name[20];
    char classname[20];
    int grade[3]
};
struct student stu1;
```

2. 在定义结构体类型的同时定义结构体变量

在定义结构体类型的同时定义结构体变量，语法结构为：

```
struct 结构体类型名称
{
    数据类型 成员名 1;
    数据类型 成员名 2;
    …
    数据类型 成员名 n;
}结构体变量;
```

例如：

```
struct student
{
    int sno;
    char name[20];
    char classname[20];
    int grade[3]
}stu1;
```

3. 直接定义结构体变量

采用直接定义结构体变量方式定义的结构体没有类型名称，如果需要在后面的程序中定义同类型的变量就不方便了。

其语法结构为：

```
struct
{
    数据类型 成员名 1;
    数据类型 成员名 2;
    …
    数据类型 成员名 n;
}结构体变量;
```

例如：

```
struct
{
    int sno;
    char name[20];
    char classname[20];
    int grade[3]
}stu1;
```

小提示 结构体变量定义后，编译器就会为其分配内存。它所占用的实际字节数，就是其各个"成员"所占用字节数的总和。上述例子的结构体变量 stu1 中各成员所占用内存如图 9.1 所示。

4个字节	20个字节	20个字节	12个字节
sno	name[20]	classname[20]	grade[3]

图 9.1 结构体变量 stu1 中各成员所占用内存示意

【例 9.2】利用 sizeof 运算符计算一个结构体类型的数据在内存中占用的实际字节数。

```c
#include <stdio.h>
struct student
{
    int sno;
    char name[20];
    char classname[20];
    int grade[3];
}stu1;
int main()
{
    printf("%d\n",sizeof(stu1));
    return 0;
}
```

9.1.3 结构体变量的初始化

初始化结构体变量的过程，就是初始化结构体各个成员的过程。结构体变量的初始化有以下两种方式。

1. 在定义结构体类型和结构体变量的同时初始化结构体变量

例如：

```c
struct student
{
    int sno;
    char name[20];
    char classname[20];
    int grade[3]
}stu1{201601, "李磊","软件 16 级 1 班",{90,85,80}};
```

9-2：结构体变量的
初始化

上述示例中定义了结构体变量 stu1，并且对它进行了初始化，此时结构体变量 stu1 的存储结构如图 9.2 所示。

201601	李磊	软件16级1班	grade		
			90	85	80

图 9.2 结构体变量 stu1 的存储结构

2. 定义结构体类型后初始化结构体变量

例如：

```c
struct student
{
```

```
    int sno;
    char name[20];
    char classname[20];
    int grade[3]
};
struct student stu1={201601, "李磊","软件 16 级 1 班",{90,85,80}};
```

9.1.4 结构体变量的引用

初始化结构体变量，完成了对结构体变量中所有"成员"的赋值操作。那么，如何引用结构体变量中的某一个成员呢？引用结构体变量的语法结构是：

结构体变量名.成员名

例如：

```
stu1.sno=20160101;
stu1.name="李磊";
stu1.classname="软件 16 级 1 班";
stu1.grade[0]=90;
stu1.grade[1]=85;
stu1.grade[2]=80;
```

需要说明的是，"."是一个运算符，表示对结构体变量的成员进行访问，它的优先级最高，结合方向是自左向右。

【例 9.3】由例 9.1 可知，为了描述学生信息，定义了一个名为 student 的结构体类型。现在要求通过键盘输入一个学生的信息，并且输出这个学生对应的结构体变量的信息。

程序代码如下：

```
#include <stdio.h>
struct student
{
    int sno;
    char name[20];
    char classname[20];
    double grade[3];
};
int main()
{
    struct student stu1;
    printf("请输入学生信息: 学号、姓名、班级、三门课程的成绩\n");
    scanf("%d ",&stu1.sno);
    scanf("%s",stu1.name);
    scanf("%s",stu1.classname);
    scanf("%lf%lf%lf",&stu1.grade[0],&stu1.grade[1],&stu1.grade[2]);
    printf("结构体变量 stu1 的信息为: \n");
    printf("学号:%d\n",stu1.sno);
    printf("姓名:%s\n",stu1.name);
    printf("班级:%s\n",stu1.classname);
    printf("课程 1:%f\n",stu1.grade[0]);
    printf("课程 2:%f\n",stu1.grade[1]);
    printf("课程 3:%f\n",stu1.grade[2]);
    return 0;
}
```

程序运行结果如图 9.3 所示。

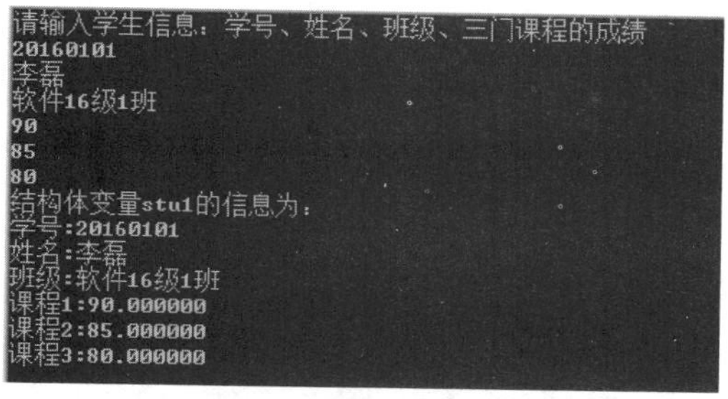

图9.3　程序运行结果

【例 9.4】从键盘输入某学生的信息，计算该学生的课程平均分，并输出该学生对应的结构体变量的信息。

分析：

（1）定义一个结构体类型描述学生信息。

（2）学生的课程成绩是该结构体中的一个成员，使用数组类型存储数据，通过遍历数组中的数组元素，经过累加求和，再求平均值，就可以得到课程的平均分。

程序代码如下：

```c
#include <stdio.h>
struct student
{
    int sno;
    char name[20];
    char classname[20];
    double grade[3];
};
int main()
{
    struct student stu1;
    printf("请输入学生信息：学号、姓名、班级、三门课程的成绩\n");
    scanf("%d",&stu1.sno);
    scanf("%s",stu1.name);
    scanf("%s",stu1.classname);
    scanf("%lf%lf%lf",&stu1.grade[0],&stu1.grade[1],&stu1.grade[2]);
    double sum=0,avg;
    int i;
    for(i=0;i<3;i++)  //遍历数组，累加求和
    {
        sum+=stu1.grade[i];
    }
    avg=sum/3.0;
    printf("结构体变量 stu1 的信息为：\n");
    printf("学号:%d\n",stu1.sno);
    printf("姓名:%s\n",stu1.name);
    printf("班级:%s\n",stu1.classname);
    printf("课程 1:%f\n",stu1.grade[0]);
    printf("课程 2:%f\n",stu1.grade[1]);
    printf("课程 3:%f\n",stu1.grade[2]);
```

```
        printf("课程平均分:%lf\n",avg);
        return 0;
    }
```

程序运行结果如图 9.4 所示。

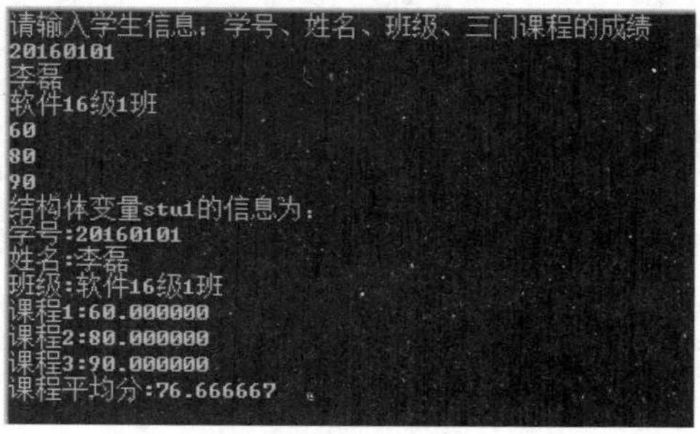

图 9.4　程序运行结果

小提示　结构体成员的类型可以是基本数据类型，也可以是结构体类型等任何数据类型。

【练一练】

（1）编译、运行下列程序，分析并写出程序的运行结果_____。

```
#include   <stdio.h>
#include   <string.h>
struct S
{
    char name[10];
 };
int main()
{
    struct S  s1, s2;
    strcpy(s1.name, "XXX");
    strcpy(s2.name, "=");
    s1 = s2;
    printf("%s\n", s1.name);
    return 0;
}
```

（2）从键盘输入员工的信息，包括姓名、性别和出生日期，计算员工的年龄，并输出所有的信息。

分析：

定义员工结构体类型，员工的成员中姓名为字符串类型，性别为字符类型，出生日期是由年、月、日组成的一个整体，因此定义为结构体类型。

```
struct date
{   int year;
    int month;
    int day;
}; //定义出生日期为结构体类型
struct worker
{   char name[20];
```

```
        char sex;
        struct date birthday;
};
```

9.2 结构体数组

通过对 9.1 节的学习，我们已经学会了使用结构体类型 student 描述学生信息。假设一个班有 30 个学生，如果我们需要描述这 30 个学生的信息，就需要定义一个长度为 30 的 student 类型的数组，这个数组就是结构体数组。

例如：

9-3：结构体数组

```
struct student
{
    int sno;
    char name[20];
    char classname[20];
    double grade[3]
};
struct student stu[2];
```

本例中，定义了一个包含两个元素的数组 stu，其中数组元素 stu[0]、stu[1]的类型都是结构体类型 student。

【例 9.5】通过键盘输入两个学生的信息，包括学号、姓名、班级、课程成绩，并且输出这两个学生的所有信息。

程序代码如下：

```
#include <stdio.h>
struct student
{
    int sno;
    char name[20];
    char classname[20];
    double grade[3];
};
int main()
{
    struct student stu[2];      //结构体数组
    for(int i=1;i<3;i++)         //循环输入学生信息
    {
        printf("请输入第%d 个学生的信息: 学号、姓名、班级、三门课程的成绩\n",i+1);
        scanf("%d",&stu[i].sno);
        scanf("%s",stu[i].name);
        scanf("%s",stu[i].classname);
    scanf("%lf%lf%lf",&stu[i].grade[0],&stu[i].grade[1],&stu[i].grade[2]);
    }
    for(int i=0;i<2;i++)   //循环输出学生信息
    {
        printf("第%d 个学生的信息为: \n",i);
        printf("学号:%d\n",stu[i].sno);
        printf("姓名:%s\n",stu[i].name);
```

```
        printf("班级:%s\n",stu[i].classname);
        printf("课程1:%f\n",stu[i].grade[0]);
        printf("课程2:%f\n",stu[i].grade[1]);
        printf("课程3:%f\n",stu[i].grade[2]);
    }
    return 0;
}
```

程序运行结果如图 9.5 所示。

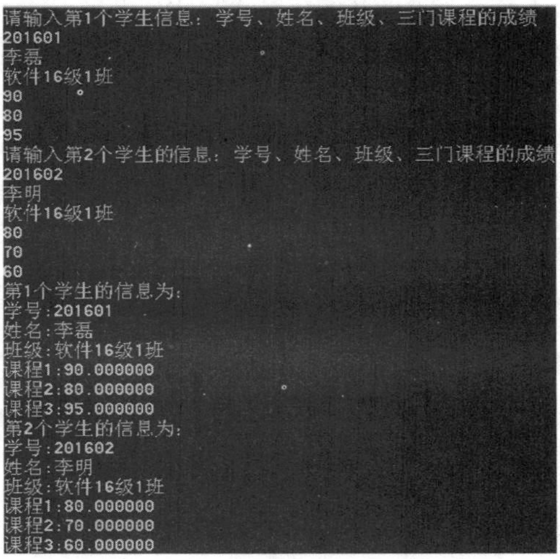

图 9.5　程序运行结果

【练一练】

用键盘输入 3 个员工的信息，包括姓名、性别和出生日期，计算员工的年龄，并输出每个员工的所有信息。

9.3　结构体指针

9-4：结构体指针

当一个指针变量指向一个结构体变量时，它被称为结构体指针变量。结构体指针变量的定义方式与一般指针变量的类似。

例如：

```
struct student s;
struct student *p=&s;
```

上述代码中，定义了一个结构体指针变量 p，并且将结构体变量 s 的地址赋值给 p，也就是说，p 就是指向结构体变量 s 的指针。

通过结构体指针变量访问结构体变量中的成员，有两种方式，其语法结构如下。

（1）*(结构体指针变量).成员名。

（2）结构体指针变量->成员名。

【例 9.6】 改写例 9.3，用指针变量引用结构体变量的成员。

程序代码如下：

```
#include <stdio.h>
struct student
```

```
{
    int sno;
    char name[20];
    char classname[20];
    double grade[3];
};
int main()
{
    struct student stu1={20160101,"李磊","软件 16 级 1 班",{90,85,80}};
    struct student *p;
    p=&stu1;
    printf("学号:%d\n",(*p).sno);
    printf("姓名:%s\n",(*p).name);
    printf("班级:%s\n",(*p).classname);
    printf("课程 1:%f\n",(*p).grade[0]);
    printf("课程 2:%f\n",(*p).grade[1]);
    printf("课程 3:%f\n",(*p).grade[2]);
    return 0;
}
```

程序运行结果如图 9.6 所示。

```
学号:20160101
姓名:李磊
班级:软件16级1班
课程1:90.000000
课程2:85.000000
课程3:80.000000
```

图 9.6　程序运行结果

【练一练】

编译、运行下列程序，分析并写出程序的运行结果_____。

```
#include <stdio.h>
struct  tt
{ int x;
  struct tt *y;
} s[3]={ 1,0,2,0,3,0};
int main( )
{ struct  tt *p=s+1;
  p->y=s;
  printf("%d,",p->x);
  p=p->y;
  printf("%d\n",p->x);
  return 0;
}
```

9.4　结构体与函数

函数的参数和返回值类型可以是基本数据类型的变量、指针、数组，也可以是结构体类型的变量、指针、数组。结构体与函数的关系主要分为 3 种：结构体变量作为函数参数，结构体指针作为函数参数；函数的返回值是结构体类型。

【例 9.7】以结构体变量作为函数参数。定义一个函数，其功能是输出学生信息。

9-5：结构体与函数

程序代码如下：

```
#include <stdio.h>
struct student
{
```

```
    int sno;
    char name[20];
    char classname[20];
    double grade[3];
};
void showStuInfo(struct student stu)
{
    printf("学号:%d\n",stu.sno);
    printf("姓名:%s\n",stu.name);
    printf("班级:%s\n",stu.classname);
    printf("课程1:%f\n",stu.grade[0]);
    printf("课程2:%f\n",stu.grade[1]);
    printf("课程3:%f\n",stu.grade[2]);
}
int main()
{
    struct student stu1={20160101,"李磊","软件16级1班",{90,85,80}};
    showStuInfo(stu1);
    return 0;
}
```

程序运行结果如图9.7所示。

图9.7 程序运行结果

> **小提示** 结构体变量作为函数参数时，将实参传递给形参的方式是值传递，即传递的是结构体各成员的值。如果结构体的成员较多，则传递的字节数就很多，这样会降低程序的执行效率。因此，建议使用结构体指针作为函数参数，这时将实参传递给形参的方式就是地址传递，实参和形参指向同一块内存空间。

【例9.8】以结构体指针作为函数参数，定义一个函数，其功能是输出学生信息。

程序代码如下：

```
#include <stdio.h>
struct student
{
    int sno;
    char name[20];
    char classname[20];
    double grade[3];
};
void showStuInfo(struct student *p)     //结构体指针作为函数参数
{
    printf("学号:%d\n",(*p).sno);
    printf("姓名:%s\n",(*p).name);
    printf("班级:%s\n",(*p).classname);
```

```
        printf("课程1:%f\n",(*p).grade[0]);
        printf("课程2:%f\n",(*p).grade[1]);
        printf("课程3:%f\n",(*p).grade[2]);
}
int main()
{
        struct student stu1={20160101,"李磊","软件16级1班",{90,85,80}};
        showStuInfo(&stu1);        //实参是结构体变量的地址
        return 0;
}
```

本例中，函数 showStuInfo 的参数是结构体指针，因此实参需要传递的是结构体变量的首地址。通过"&"运算符获取结构体变量 stu1 的首地址，然后将其作为实参传递给函数 showStuInfo。

【练一练】

定义一个复数结构体类型，编写程序实现两个复数的加法运算。

分析：

（1）复数是由实部和虚部组成的，由此可知，实部和虚部就是组成复数这个结构体类型的"成员"。

```
struct comp
{
        float a;          //实部
        float b;          //虚部
};
```

（2）定义函数实现两个复数的加法运算，函数的返回值类型是结构体类型，函数的参数是结构体指针。

9.5 链表

9.5.1 链表的概念

链表是一种常见的数据结构，如图 9.8 所示，它由两部分组成。

（1）头指针。它在图中以 h 表示，存储的是第一个结点的首地址。

（2）结点。链表中每一个元素称为一个结点，每个结点包含以下两个部分。

9-6：链表的概念

- 数据域：存储用户需要的数据。
- 指针域：存储下一个结点的地址。

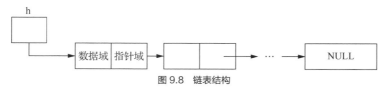

图 9.8　链表结构

链表中最后一个结点称为尾结点，其指针域的值为 NULL，表示空地址，即不指向其他元素，标识链表的结束。可以看出，h 指向第 1 个结点，第 1 个结点又指向第 2 个结点，直到最后一个结点。这就是一个"链"，一环扣一环。

链表和数组都可以存储大批量的数据，它们之间的区别如下。

（1）数组定义时必须指定长度，所占用的内存空间大小固定。链表则是在执行过程中根据需要动态申请空间，结点的个数可以根据需要增加或减少。

（2）数组元素的查找通过数组下标和数组首地址确定。链表的查找必须从第一个结点开始依次查找。

9-7：链表的实现

9.5.2 链表的实现

建立链表，就是一个一个地开辟结点，输入各个结点的数据，并且建立起结点前后的连接关系。链表结构如图9.9所示。

图9.9 链表结构

1. 链表的构成

链表是由若干个结点通过指针域连接起来的。结点包含数据域和指针域两个部分，可以使用结构体类型定义结点。

```
struct node
{
    int data;
    struct node *next; //指针变量，指向结构体变量
};
```

其中，结构体成员 data 存储整型数据，指针类型的成员 next 指向自己所在的结构体类型 node 的数据，存储下一个结点的地址。

2. 链表的建立

链表建立的过程就是不断在其尾部插入结点的过程。

（1）初始化链表，仅包括头指针和首结点，结构如图9.10所示。

动画：建立单链表

图9.10 初始化链表结构

第1步：定义两个指针变量——头指针 h 和 s，指向结构体类型 node 的数据。

第2步：建立"空"链表，使 h 数据域的值为 NULL，如图9.11（a）所示。

第3步：建立首结点。动态申请存储空间，并使指针 s 指向该空间。该结点的指针域的值为 NULL，如图9.11（b）所示。

第4步：使头指针 h 指向首结点，如图9.11（c）所示。

（a） （b） （c）
图9.11 初始化链表过程

程序代码如下：

```
struct node *h,*s;
h=NULL;
s=(struct node*)malloc(sizeof(struct node));
s->next=NULL;
h=s;
```

（2）在尾结点尾部插入新结点。

第 1 步：生成新结点 p，其 data 成员存入数据，next 成员为 NULL，如图 9.12（a）所示。

第 2 步：将新结点链接到链表中，也就是使首结点的 next 指针域指向新结点 p，如图 9.12（b）所示。

第 3 步：将指针 s 指向新结点 p。

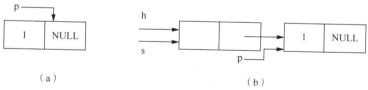

图 9.12　建立链表过程

程序代码如下：

```
p=(struct node*)malloc(sizeof(struct node));
p->data=i;
p->next=NULL;
s->next=p;
s=p;
```

（3）根据链表中所需结点的个数，循环执行（2）中所说明的操作，建立链表结构，如图 9.13 所示。

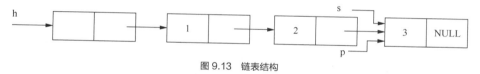

图 9.13　链表结构

程序代码如下：

```
for(int i=0;i<3;i++)
    {
        p=(struct node*)malloc(sizeof(struct node));
        p->data=i+1;
        p->next=NULL;
        s->next=p;
        s=p;
    }
```

9.5.3　链表的操作

【例 9.9】对图 9.13 所示的链表中的结点进行遍历，以输出每个结点的数据域。

分析：

由于 h 指针指向链表中的首结点，所以可以设置指针变量 p，指向该结点的下一个结点，输出 p 所指结点的数据域，如图 9.14（a）所示。然后 p 向后移动，指向下一个结点，继续输出，如图 9.14（b）所示。直到 p 指向空地址 NULL，如图 9.14（c）所示。

9-8：链表的操作

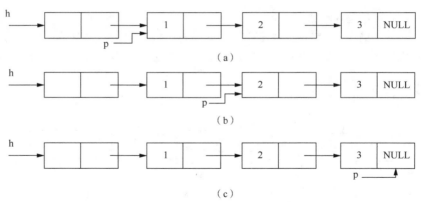

图 9.14　输出链表

程序代码如下：

```c
#include <stdio.h>
#include <stdlib.h>
struct node
{
    int data;
    struct node *next;
};
int main()
{
    struct node *h,*s,*p;
    h=NULL;
    s=(struct node*)malloc(sizeof(struct node));
    s->next=NULL;
    h=s;
    for(int i=0;i<3;i++)
    {
        p=(struct node*)malloc(sizeof(struct node));
        p->data=i+1;
        p->next=NULL;
        s->next=p;
        s=p;
    }
    p=h->next;             //指针指向第一个结点
    while(p!=NULL)
    {
        printf("%d\n",p->data);
        p=p->next;         //指针指向下一个结点
    }
    return 0;
}
```

小提示　链表是一种数据结构，对链表的插入和删除操作在此不做详细介绍，有兴趣的读者可参考"数据结构"课程的相关内容。

【练一练】

假定已建立图 9.15 所示的链表结构，且指针 p 和 q 已指向图中所示的结点。

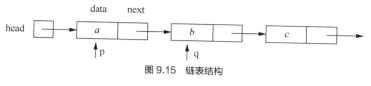

图 9.15　链表结构

则以下选项中可将 q 所指结点从链表中删除的是（　　　　）。

A.　p->next=q->next;　　　　　　　　B.　p=q->next;

C.　p=q;　　　　　　　　　　　　　　　D.　(*p).next=(*q).next;

9.6　共用体类型

　　C 语言中，共用体类型同结构体类型一样，也属于构造类型，它的类型定义和变量定义方式与结构体的类型定义和变量定义方式相似。但是，它们的成员在内存中的存储结构不同。结构体类型的成员分别占用不同的存储空间，而共用体类型的成员使用同一块存储空间。

9-9：共用体类型

9.6.1　共用体类型的定义

　　定义共用体类型的语法结构是：

```
union 共用体类型名称
{
    数据类型 成员名1;
    数据类型 成员名2;
    ...
    数据类型 成员名n;
};
```

　　例如：

```
union data
{
    int x;
    double y;
    char z;
};
```

　　上述代码定义了一个名为 data 的共用体类型，该类型由 3 个成员组成，它们共享同一块存储空间。

9.6.2　共用体变量的定义

　　共用体变量的定义和结构体变量的定义类似，可以采用 3 种方式。本小节中仅就"先定义共用体类型，再定义共用体变量"方式进行说明。

　　例如：

```
union data
{
```

```
    int x;
    double y;
    char z;
};
union data d1;
```

上述代码定义了一个共用体变量 d1。该变量的 3 个成员分别需要占用内存 4 字节、8 字节、1 字节的存储空间，编译器为共用体变量 d1 分配空间是按照其成员中最大的字节数分配的，即为变量 d1 分配了 8 字节的存储空间。

【例 9.10】利用 sizeof 运算符计算一个共用体类型的数据在内存中占用的实际字节数。

程序代码如下：

```
#include <stdio.h>
union data
{
    int x;
    double y;
    char z;
};
int main()
{
    union data d1;
    printf("%d\n",sizeof(d1));
    return 0;
}
```

9.6.3　共用体变量的初始化和引用

在定义共用体变量的同时，只能对其中一个成员进行初始化操作，这与它的内存分配方式是对应的。

例如：

```
union data
{
    int x;
    double y;
    char z;
};
union data d1={8};
```

上述语句用于对 data 类型的共用体变量 d1 进行初始化，而且只对成员 x 进行了赋值 8 的操作。

共用体变量成员的引用方法与结构体变量成员的引用方法相同，其语法结构是：

共用体变量名.成员名

例如：

```
d1.x=8;
```

由于共用体变量的成员在内存中共用同一块存储空间，所以在某一个时刻只能存放一个成员的值。

【例 9.11】读取共用体变量中成员的值。

```
#include <stdio.h>
union data
{
```

```
        int x;
        char z;
};
int main()
{
        union data d1;
        d1.x=8;
        d1.z='a';
        printf("d1.x=%d\n",d1.x);
        printf("d1.z=%c\n",d1.z);
        return 0;
}
```

程序运行结果如图 9.16 所示。

本例中，定义了一个 data 类型的共用体变量 d1，它包含 int 类型的成员 x 和 char 类型的成员 z，最后引用变量 d1 的值时，只能引用其成员 z 的值，其他成员的值被覆盖，无法得到初始值。

图 9.16　程序运行结果

9.7　枚举类型

当一个变量有几种可能的取值时，可以将它定义为枚举类型。枚举就是把可能的取值一一列举出来，变量的值只限于列举出的值的范围。

9.7.1　枚举类型的定义

定义枚举类型的语法结构是：
```
enum 枚举类型名称
{
        枚举元素列表
};
```
例如：
```
enum Season{Spring,Summer,Autumn,Winter};
```
上述代码定义了一个名为 Season 的枚举类型，该类型由 4 个枚举元素或枚举常量组成。

9-10：枚举类型

9.7.2　枚举变量的定义

枚举变量的定义和结构体变量的定义类似，可以采用 3 种方式。本小节中仅就"先定义枚举类型，再定义枚举变量"方式进行说明。

例如：
```
enum Season{Spring,Summer,Autumn,Winter};
enum Season s;
s=Summer;
```
上述代码定义了一个枚举变量 s。该变量的取值仅限于枚举元素列表中的一个，即 s 的值只能是 Spring、Summer、Autumn、Winter 之一。

需要说明的是，C 语言编译时每一个枚举元素都代表一个整数，按照定义时的顺序默认值为 0,1,2,3,4,5…。上述定义的枚举类型 Season 中，Spring 的值为 0，Summer 的值为 1，Autumn 的值为

2，Winter 的值为 3。所以，当变量 s 被赋值为 Summer 时，相当于变量 s 被赋值为 1。

此外，也可以指定枚举元素的值，此时需要在定义枚举类型时显式地指定。

例如：

```
enum Season{Spring=1,Summer=2,Autumn=3,Winter=4};
```

9.8 使用 typedef 声明新类型名

C 语言允许用户使用 typedef 语句指定新的数据类型名代替已有的数据类型名。一般形式为：

```
typedef  类型名 新类型名
```

其中，typedef 是关键字，类型名是基本数据类型（如 int,float,double,char 等）名，或者是用户自定义的构造类型（如结构体、共用体、枚举、数组、指针等类型）名。需要注意的是，使用 typedef 只是声明了一个新类型名来代替已有的类型名，并没有建立一个新的数据类型。

9-11: 使用 typedef 声明新类型名

1. 用新类型名代替基本数据类型名

声明 INTEGER 为新的整型类型名称，例如：

```
typedef int INTEGER;
```

此时程序中就可以用 INTEGER 定义变量。例如：

```
INTEGER x,y;
```

其功能与"int x,y;"是等价的。

2. 用新类型名代替构造类型名

C 语言程序中，构造类型形式复杂，为了方便编程，允许使用 typedef 重新声明结构体类型、共用体类型、枚举类型、数组类型、指针类型等。通常采用的方法是，按照定义变量的方式，将变量名替换为新类型名，并且在前面加上 typedef 即可。

例如：

```
typedef struct student
{
    int sno;
    char name[20];
    char classname[20];
    int grade[3]
}STU;                      //声明 STU 为结构体类型名
typedef char STR[10]; //声明 STR 为字符数组类型名
typedef int *POINT;   //声明 POINT 为指向整型的指针类型名
```

此时，程序中就可以用新类型名来定义变量。例如：

```
STU stu01;             //用 STU 定义变量 stu01
STR s;                 //用 STR 定义变量 s
POINT p;               //用 POINT 定义变量 P
```

实例分析与实现

编程实现学生成绩的汇总统计。要求实现的功能包括：

（1）从键盘录入学生成绩信息，包括学号、姓名、班级、课程成绩；

（2）计算每个学生的总成绩和平均成绩。

分析：

（1）使用模块化程序设计思想，用函数实现每一个功能模块。

（2）使用结构体数组作为函数参数。

程序代码如下：

9-12：实例分析与
实现

```c
#include <stdio.h>
#define N 2
struct student
{
    int sno;
    char name[20];
    char classname[20];
    double grade[3];
};
void input(struct student stu[],int len)
{
    for(int i=0;i<len;i++)          //循环输入学生信息
    {
        printf("请输入第%d 个学生的信息：学号、姓名、班级、三门课程的成绩\n",i);
        scanf("%d",&stu[i].sno);
        scanf("%s",stu[i].name);
        scanf("%s",stu[i].classname);
    scanf("%lf%lf%lf",&stu[i].grade[0],&stu[i].grade[1],&stu[i].grade[2]);
    }
}

void  sum(struct student stu[],int len)
{
    int sum;
    for(int i=0;i<len;i++)
    {
        sum=0;
        for(int j=0;j<3;j++)          //遍历数组累加求和
        {
            sum+=stu[i].grade[j];
        }
        printf("%s 的总成绩是%d\n",stu[i].name,sum);
        printf("%s 的平均成绩是%f\n",stu[i].name,sum/3.0);
    }
}
int main()
{
    struct student stu[N],*p=stu;
    printf("请录入学生成绩\n");
    input(p,N);
    sum(p,N);
    return 0;
}
```

207

程序运行结果如图 9.17 所示。

```
请录入学生成绩
请输入第1个学生的信息：学号、姓名、班级、三门课程的成绩
01
张三
软件1班
90
90
90
请输入第2个学生的信息：学号、姓名、班级、三门课程的成绩
02
李四
软件1班
80
80
80
张三的总成绩是270
张三的平均成绩是90.000000
李四的总成绩是240
李四的平均成绩是80.000000
```

图 9.17　程序运行结果

知识拓展　数据库技术

数据，不仅指狭义上的数字，还可以是具有一定意义的文字、字母、数字符号的组合，图形，图像，视频，音频等，也可以是客观事物的属性、数量、位置及其相互关系的抽象表示。例如，“0,1,2,…”“阴、雨、下降、气温”和学生的成绩记录等都是数据。在计算机科学中，数据是所有能输入计算机并被计算机程序处理的符号的总称。

数据库技术，是计算机辅助管理数据的方法，它研究如何组织和存储数据，如何高效地获取和处理数据。数年来，数据库技术和计算机网络技术相互渗透、相互促进，已成为当今计算机领域发展迅速、应用广泛的两大技术。数据库技术不仅应用于事务处理，而且应用到了情报检索、人工智能、专家系统、计算机辅助设计等领域。

数据库管理系统（Database Management System，DBMS）是用于建立、使用和维护数据库的系统软件。用户通过数据库管理系统访问数据库中的数据，数据库管理员也通过数据库管理系统进行数据库的维护工作。它可使多个应用程序和用户用不同的方法在同一时刻或不同时刻建立、修改和询问数据库。

数据库产品支撑了现代社会的海量信息的存储与管理，身份证、信用卡、社交媒体、手机号码等，都要依托数据库产品。最常见的数据库主要有关系数据库和非关系数据库两种。关系数据库是结构化数据存储在网络和商务应用的主导技术。而非关系数据库（如 NoSQL），则用于超大规模数据的存储。这种类型的数据存储不需要固定的模式，无须多余的操作就可以横向扩展。

1. Oracle

Oracle 数据库是美国甲骨文公司开发的一款关系数据库管理系统。它采用标准的 SQL（Structured Query Language，结构查询语言），支持多种数据类型，支持 Windows NT、OS/2 等平台，属于大中型的数据库管理系统，主要满足银行、金融、保险等企业开发大型数据库的需求。Oracle 的发展，可以说是搭上了中国信息化建设和经济发展的快车。Oracle 在 1989 年进入中国市场，1991 年正式注册公司，到 1994 年，其中国区市场业务量增长 10 倍。

2. SQL Server

SQL Server 数据库是美国微软公司开发的一款关系数据库系统，只能运行在 Windows 操作系统上。SQL Server 是一个可扩展的、高性能的、为分布式客户机/服务器计算而设计的数据库管理系统，实现了与 Windows NT 的有机结合，提供了基于事务的企业级信息管理系统方案。

3. MySQL

MySQL 是当前最流行的数据库管理系统之一，它采用双授权政策，分为社区版和商业版。由于 MySQL 体积小、速度快、总体成本低，并且具备开放源码这一特点，在 Web 开发领域，MySQL 占据着举足轻重的地位。

4. MongoDB

MongoDB 是一个基于分布式文件存储的数据库，旨在为 Web 应用提供可扩展的高性能数据存储解决方案，是对传统关系型数据库的一个有效补充。

5. 国产数据库

近几年来，国产数据库软件企业在自身实力、产品、技术方面有了质的提升。国产化需求的发展推动了国产数据库的前进。在 2022 年 6 月的墨天轮中国数据库流行度排行榜中，前 9 名数据库可用一句话概括：三商三云三开源。它们分别是指，3 个商业数据库（达梦、南大通用 GBase、人大金仓）；3 个云数据库（华为 GaussDB、阿里云 PolarDB、腾讯云 TDSQL）；3 个开源数据库（openGauss、TiDB、蚂蚁集团 OceanBase）。

武汉达梦数据库股份有限公司成立于 2000 年，2019 年之前，达梦数据库营收基本在 2 亿元左右，从 2019 年办公国产化应用推广开始，公司营收达到 2.72 亿元，同比增长约 36%。2020 年办公国产化应用大规模启动，达梦收入创历史新高，达到 4.25 亿元。达梦数据库管理系统是达梦公司推出的具有完全自主知识产权的高性能数据库管理系统，简称 DM。达梦数据库管理系统的最新版本是 8.0 版本，简称 DM8。DM8 吸收并借鉴当前先进技术思想与主流数据库产品的优点，融合了分布式、弹性计算与云计算的优势。

 同步练习

一、选择题

1. 有如下定义，则下列叙述中正确的是（　　　）。

```
struct stu
{ int a, b; } student;
```

    A. stu 是结构体变量　　　　　　　　　　B. student 是结构体变量

    C. student 是结构体类型　　　　　　　　D. a 和 b 是结构体变量

2. 下面有关 typedef 语句的叙述中，正确的是（　　　）。

    A. typedef 语句用于定义新类型

    B. typedef 语句用于定义新变量

    C. typedef 语句用于给已定义的类型取别名

    D. typedef 语句用于给已定义的变量取别名

3. 有如下定义语句，则下列叙述中错误的是（　　　）。

```
typedef struct Date
{  int year;
    int month;
```

```
        int day;
} DATE;
```

    A. DATE 是用户定义的结构体变量

    B. struct Date 是用户定义的结构体类型

    C. DATE 是用户说明的新结构体类型名

    D. struct 是结构体类型的关键字

4. 设有一结构体类型变量定义如下：

```
struct date
{  int year;
   int month;
   int day;
};
struct worker
{  char name[20];
   char sex;
   struct date birthday;
}w1;
```

若对结构体变量 w1 对应的出生年份进行赋值，则下面的赋值语句正确的是（　　　）。

    A. year=1976;   B. birthday.year=1976;

    C. w1.birthday.year=1976;   D. w1.year=1976;

5. 有如下定义，则下列输入语句中正确的是（　　　）。

```
struct  stu
 { int a, b; } student ;
```

    A. scanf("%d",&a);   B. scanf("%d",&student);

    C. scanf("%d",&stu.a);   D. scanf("%d",&student.a);

6. 有如下定义，则下列赋值语句中错误的是（　　　）。

```
struct complex
{ int real,unreal;} data1={1,8},data2;
```

    A. data2=(2,6);   B. data2=data1;

    C. data2.real=data1.real;   D. data2.real=data1.unreal;

7. 有如下定义，则下列赋值语句中正确的是（　　　）。

```
struct
{ int n; float x;} s[2],m[2]={{10,2.8},{0,0.0}};
```

    A. s[0]=m[1];   B. s=m;   C. s.n=m.n;   D. s[2].x=m[2].x;

8. 有如下定义，则能输出字母 M 的语句是（　　　）。

```
struct  person { char  name[10]; int  age; };
struct  person  class[10]={ "John",17,"Paul",19,"Mary",18,"Adam",16 };
```

    A. printf("%c\n", class[2].name[0]);   B. printf("%c\n", class[3].name[0]);

    C. printf("%c\n", class[3].name[1]);   D. printf("%c\n", class[2].name[1]);

9. 有如下定义，若有 p=&data，则对成员 a 的正确引用方式是（　　　）。

```
struct sk
{
  int a;
  float b;
}data,*p;
```

A. (*p).data.a   B. (*p).a   C. p→data.a   D. p.data.a

10. 有以下程序段：

```
struct st
{ int  x;
  int  *y;
} *pt;
int a[]={1,2}, b[]={3,4};
struct st c[2]={10,a,20,b};
pt=c;
```

则以下选项中表达式的值为 11 的是（   ）。

A. ++pt→x   B. pt→x   C. *pt→y   D. (pt++)→x

二、填空题

1. 设有以下定义：

```
struct student
{int a;
 float b;}stu;
```

则定义结构体类型的关键字是_____，用户定义的结构体类型名是_____，用户定义的结构体变量是_____。

2. 把一些属于不同类型的数据作为一个整体来处理时，常用_____数据类型。

3. 使用 typedef 可以定义_____，但是不能定义变量。

4. 设有以下定义：

```
struct  {int a; float b; char c;}s, *p=&s;
```

则对结构体成员 a 的引用方式可以是 s.a 和_____。

5. 设一链表的结点定义如下：

```
struct link
{    int data;
     struct link *next;
};
```

则在 p 结点后插入 s 结点的操作是_____;_____。删除 p 后的一个结点的操作是_____。

三、写出程序运行后的输出结果

1. 以下程序运行后的输出结果是_____。

```
#include <stdio.h>
int main()
{   struct STU
    {   char  name[9];
        char  sex;
        double  score[2];
    };
    struct STU a={"Zhao", 'm', 85.0, 90.0}, b={"Qian", 'f', 95.0, 92.0};
    b=a;
    printf("%s,%c,%2.0f,%2.0f\n", b.name, b.sex, b.score[0], b.score[1]);
    return 0;
}
```

2. 以下程序运行后的输出结果是_____。

```
#include <stdio.h>
#include <string.h>
```

```
typedef   struct stu
{   char  name[10];
    char  gender;
    int  score;
}STU;
void  f(STU  c)
{ strcpy(c.name, "Qian");
   c.gender = 'f';
   c.score = 350;
}
int main()
{ STU  a={"Zhao", 'm', 290}, b;
   b=a;
   f(b);
   printf("%s,%c,%d,", a.name, a.gender, a.score);
   printf("%s,%c,%d\n", b.name, b.gender, b.score);
    return 0;
}
```

3. 以下程序运行后的输出结果是_____。

```
#include <stdio.h>
typedef   struct stu
{   char  name[10];
    char  gender;
    int  score;
}STU;
void  f( STU  a, STU  *b, STU  c )
{  *b = c =a;
    printf( "%s,%c,%d,", b->name, b->gender, b->score );
    printf( "%s,%c,%d,", c.name, c.gender, c.score );
}
int main()
{ STU  a={"Zhao", 'm', 290}, b={"Qian", 'f', 350}, c={"Sun", 'm', 370};
   f( a, &b, c );
   printf( "%s,%c,%d,", b.name, b.gender, b.score );
   printf( "%s,%c,%d\n", c.name, c.gender, c.score );
   return 0;
}
```

4. 以下程序运行后的输出结果是_____。

```
#include <stdio.h>
int main()
{ struct  cm
   { int  x;
     int  y;
   }a[2]={4,3,2,1 };
   printf("%d \n", a[0].y/a[0].x*a[1].x);
   return 0;
}
```

5. 以下程序运行后的输出结果是_____。

```
#include <stdio.h>
```

```
struct ord
{int  x,y;}dt[2]={1,2,3,4};
int main()
{   struct ord  *p=dt;
    printf("%d,",++(p->x));
    printf("%d\n",++(p->y));
    return 0;
}
```

四、编程题

有 5 本图书，每本图书要登记作者名、书名、出版社、出版年月、价格等信息，编写程序完成以下功能。

（1）定义结构体，用于描述图书信息。

（2）定义结构体数组，读入每本图书的信息并将其存储在数组中。

（3）输出价格在 20 元以上的图书的书名。

（4）输出 2000 年以后出版的图书的书名和作者名。

单元10
文件

问题引入

造纸术是中国古代四大发明之一，被誉为"华夏之光"。自公元105年东汉蔡伦改进造纸术以来，中国的造纸技术在漫长的历史发展中逐渐成熟，对于中国的文化发展和书写传统的形成起到了至关重要的作用。造纸术的发明使得书写材料更加便利，书写成本更低，这一技术得到了广泛应用，促进了文化的传播和保存，使得中国古代文化能够更好地被记录和传承，也为后来的印刷术的出现奠定了基础。造纸术不仅在中国流传，也通过丝绸之路等途径传到了欧洲等地区，促进了世界各地文化的交流和发展，也为人类文明的进步做出了重要贡献。

随着信息技术的发展和应用，人们逐渐用电子文件取代纸张保存各种信息，我们对文件的概念应该已经非常熟悉了，比如常见的Word文档、txt源文件等。文件是数据源的一种，其最主要的作用是保存数据。在C语言中，文件有多种读取方式，可以一个字符一个字符地读取，也可以整行读取，还可以直接读取若干个字节。文件的读取位置也非常灵活，可以从文件开头读取，也可以从中间位置读取。

请思考并回答以下两个问题。

问题1：日常的生活和学习中，你最常用的计算机文件有哪些？

问题2：描述一下你用C语言开发程序的过程，在此期间会产生几个文件？

本单元学习目标

1. 知识目标

（1）理解并掌握计算机文件的分类、文件指针的含义。

（2）理解并掌握文件打开、关闭操作函数的使用。

（3）理解并掌握常用文件读写函数的使用，如字符读写、字符串读写、数据块读写、格式化读写等函数的使用。

（4）了解文件定位函数、文件的检错与处理函数的应用。

2. 技能目标

（1）具有用C语言文件操作函数编写简单文件的读写程序的能力。

（2）具备处理在调试文件操作过程中出现的常见问题的能力。

3. 素质目标

（1）培养尊重知识产权和隐私权等相关法律法规意识，遵守计算机使用规定，注意保护计算机安全。

（2）培养责任感和团队精神。计算机文件操作需要关注团队合作，具备责任感，尊重他人的观点和意见。

知识描述

10.1 文件概述

10.1.1 文件的分类

所谓"文件"，是指一组相关数据的有序集合。这个数据集合有一个名称——文件名。在 C 语言中，文件被看作字节或字符的序列，也被称为流式文件。文件根据数据组织形式有二进制文件和字符（文本）。实际上在前面的各单元中我们已经多次使用过文件，例如源文件、目标文件、可执行文件、库文件（头文件）等。

10-1：文件的分类

文件通常是驻留在外部介质（如磁盘等）上的，在使用时才调入内存中。从不同的角度可对文件进行不同的分类。从用户的角度，文件可分为普通文件和设备文件两种。

普通文件是指驻留在磁盘或其他外部介质上的一个有序数据集，可以是源文件、目标文件、可执行文件；也可以是一组待输入处理的原始数据，或者是一组输出的结果。源文件、目标文件、可执行文件可以称作程序文件，输入/输出数据可称作数据文件。

设备文件是指与主机相连的各种外部设备，如显示器、打印机、键盘等。在操作系统中，外部设备也被看作文件来进行管理，它们的输入/输出类似于磁盘文件的读和写。

通常把显示器指定为标准输出文件。一般情况下在屏幕上显示有关信息就是向标准输出文件输出，如前面经常使用的 printf、putchar 函数就是这类输出。

键盘通常被指定为标准输入文件。从键盘输入数据就意味着向标准输入文件输入数据。scanf、getchar 函数就属于这类输入。

从文件编码的方式来看，文件可分为 ASCII 文件和二进制文件两种。ASCII 文件也被称为文本文件，这种文件在磁盘中存放时每个字符对应一个字节，用于存放对应的 ASCII 值。

例如，数 5678 的存储形式如下。

ASCII 值：　　　00110101　　　00110110　　　00110111　　　00111000

　　　　　　　　↓　　　　　　↓　　　　　　↓　　　　　　↓

十进制数：　　　　5　　　　　　6　　　　　　7　　　　　　8

该数共占用 4 个字节。

ASCII 文件可在屏幕上按字符显示，例如源文件就是 ASCII 文件，执行 DOS 命令 TYPE 可显示文件的内容。由于文件内容是按字符显示的，因此用户能读懂它。

二进制文件是按二进制的编码方式来存放文件的。

例如，数 5678 的存储形式为：

　　　　00010110　　00101110

它只占用 2 个字节。二进制文件虽然也可在屏幕上显示，但其内容用户无法读懂。C 语言系统在处理这些文件时并不区分类型，而将它们都看成字符流，按字节进行处理。

输入和输出字符流的开始和结束只由程序控制而不受物理符号（如回车符）的控制。因此这种文件也被称作"流式文件"。

本单元主要讨论流式文件的打开、关闭、读、写、定位等各种操作。

10.1.2　文件指针

在 C 语言中若用一个指针变量指向一个文件，这个指针就称为文件指针。通过文件指针就可对它所指的文件进行各种操作。

10-2：文件指针

定义或声明文件指针的一般形式为：

```
FILE *指针变量标识符;
```

其中 FILE 应为大写，它实际上是由系统定义的一个结构，该结构中含有文件名、文件状态和文件当前位置等信息。在编写源程序时不必关心 FILE 结构的细节。

例如：

```
FILE *fp;
```

该语句表示 fp 是指向 FILE 结构的指针变量，通过 fp 即可找到存放某个文件信息的结构变量，然后按结构变量提供的信息找到该文件，实施对文件的操作。习惯上也笼统地把 fp 称为指向一个文件的指针。

10.2　文件的打开和关闭

文件在进行读写操作之前要先打开，使用完毕要关闭。所谓打开文件，实际上是建立文件的各种有关信息，并使文件指针指向该文件，以便进行其他操作。关闭文件则是断开指针与文件之间的联系，也就是禁止再对该文件进行操作。

在 C 语言中，文件操作都是由库函数来完成的。

1. 文件的打开（fopen 函数）

fopen 函数用来打开一个文件，其调用的一般形式为：

```
文件指针名=fopen(文件名,文件使用方式);
```

其中：

"文件指针名"必须是被声明为 FILE 类型的指针变量；

"文件名"是被打开文件的文件名，是字符串常量或字符串数组；

"文件使用方式"是指文件的类型和操作要求。

例如：

```
FILE *fp;
 fp=fopen("file_a","r");
```

其意义是在当前目录下打开文件 file_a，只允许进行"读"操作，并使 fp 指向该文件。

又如：

```
FILE *fphzk;
 fphzk=fopen("c:\\hzk16","rb");
```

其意义是打开 C 驱动器磁盘的根目录下的文件 hzk16。这是一个二进制文件，只允许按二进制方式进行读操作。两个反斜杠"\\"中的第 1 个表示转义字符，第 2 个表示根目录。

文件使用的方式共有 12 种，表 10.1 给出了文件的使用方式及意义。

10-3：文件的打开
和关闭

动画：C 语言文件
操作方式

表 10.1　文件的使用方式及意义

文件使用方式	意义
"rt"	使用只读方式打开一个文本文件，只允许读数据
"wt"	使用只写方式打开或建立一个文本文件，只允许写数据
"at"	使用追加方式打开一个文本文件，并在文件末写数据
"rb"	使用只读方式打开一个二进制文件，只允许读数据
"wb"	使用只写方式打开或建立一个二进制文件，只允许写数据
"ab"	使用追加方式打开一个二进制文件，并在文件末写数据
"rt+"	使用读写方式打开一个文本文件，允许读和写
"wt+"	使用读写方式打开或建立一个文本文件，允许读和写
"at+"	使用读写方式打开一个文本文件，允许读，或在文件末追加数据
"rb+"	使用读写方式打开一个二进制文件，允许读和写
"wb+"	使用读写方式打开或建立一个二进制文件，允许读和写
"ab+"	使用读写方式打开一个二进制文件，允许读，或在文件末追加数据

对于文件使用方式有以下几点说明。

（1）文件使用方式由 r、w、a、t、b、+共 6 个字符组合而成，各字符的含义如下。

```
r(read)          读
w(write)         写
a(append)        追加
t(text)          文本文件，可省略不写
b(binary)        二进制文件
+                读和写
```

（2）用"r"打开一个文件时，该文件必须已经存在，且只能从该文件读出数据。

（3）用"w"打开一个文件时，只能向该文件写入数据。若打开的文件不存在，则以指定的文件名建立新文件；若打开的文件已经存在，则将该文件删去，再建一个新文件。

（4）若要向一个已存在的文件追加新的信息，只能用"a"方式打开文件。但此时该文件必须已经存在，否则将会出错。

（5）在打开一个文件时，如果出错，fopen 将返回一个空指针值 NULL。在程序中可以用这一信息来判断是否完成打开文件的工作，并做相应的处理。因此常用以下程序段打开文件：

```
if((fp=fopen("c:\\hzk16","rb"))))==NULL)
{
    printf(" error on open c:\\hzk16 file!");
    getch();
    exit(1);
}
```

这段程序的意义是，如果返回的指针为空，不能打开 C 盘根目录下的 hzk16 文件，则给出提示信息"error on open c:\ hzk16 file!"。下一行 getch 的功能是从键盘输入一个字符，但不在屏幕上显示。在这里，该行的作用是等待，只有当用户在键盘上按任一键时，程序才继续执行，因此用户可利用这个等待时间阅读出错提示信息。按键后执行 exit(1)退出程序。

（6）把一个文本文件读入内存时，要将 ASCII 转换成二进制码，而把文件以文本方式写入磁盘

时，也要把二进制码转换成 ASCII，因此对文本文件的读写要花费较多的转换时间。但对二进制文件的读写不存在这种转换。

（7）标准输入文件 stdin（键盘）、标准输出文件 stdout（显示器）、标准出错文件 stderr（出错提示信息）是由系统打开的，可直接使用。

2. 文件的关闭（fclose 函数）

文件一旦使用完毕，应该用关闭文件函数 fclose 把文件关闭，以避免文件的数据丢失等错误。

fclose 函数调用的一般形式是：

```
fclose(文件指针);
```

例如：

```
fclose(fp);
```

正常完成关闭文件操作时，fclose 函数返回值为 0。如返回非 0 值则表示有错误发生。

10.3 文件的读写

10.3.1 字符读写函数

动画：文件的读写   10-4：读字符函数

1. 读字符函数 fgetc

fgetc 函数的功能是从指定的文件中读一个字符，函数调用的形式为：

```
字符变量=fgetc(文件指针);
```

例如：

```
ch=fgetc(fp);
```

其意义是从打开的文件 fp 中读取一个字符并送入 ch 中。

对于 fgetc 函数的使用有以下几点说明。

（1）在 fgetc 函数调用中，读取的文件必须是以读或读写方式打开的。

（2）读取字符的结果也可以不向字符变量赋值，例如 fgetc(fp)。这样读出的字符不能保存。

（3）在文件内部有一个位置指针。它用来指向文件的当前读写字节。在文件打开时，该指针总是指向文件的第一个字节。使用 fgetc 函数后，该位置指针将向后移动一个字节，因此可连续、多次使用 fgetc 函数来读取多个字符。应注意文件指针和文件内部的位置指针不是一回事。文件指针是指向整个文件的，须在程序中定义和声明，只要不重新赋值，文件指针的值是不变的；文件内部的位置指针用以指示文件内部的当前读写位置，每读写一次，该指针均向后移动，它无须在程序中定义或声明，而是由系统自动设置的。

【例 10.1】读入文件 d:\\cproj\\myfile.txt，将其中内容在计算机屏幕上输出。

```c
#include <stdio.h>
int main()
{
    FILE *fp;
    char ch;
    if((fp=fopen("d:\\cproj\\myfile.txt","rt"))==NULL)
    {
        printf("Cannot open file strike any key exit!");
        getch();
        exit(1);
```

```
    }
    ch=fgetc(fp);
    while (ch!=EOF)
    {
        putchar(ch);
        ch=fgetc(fp);
    }
    fclose(fp);
    return 0;
}
```

程序运行结果如图 10.1 所示。

图 10.1　程序运行结果

　　该程序的功能是从文件中逐个读取字符，并在计算机屏幕上显示。它定义了文件指针 fp，以只读方式打开文件 myfile.txt，并使 fp 指向该文件。如打开文件出错，给出提示信息并退出程序。该程序第 12 行先读出一个字符，然后进入循环，只要读出的字符不是文件结束标志（每个文件末有一个结束标志 EOF），就把该字符显示在屏幕上，再读出下一个字符。每读一次，文件内部的位置指针向后移动一个字符。文件结束时，该指针指向 EOF。执行该程序将显示整个文件内容。

2. 写字符函数 fputc

　　fputc 函数的功能是把一个字符写入指定的文件中，函数调用的形式为：

```
fputc(字符量,文件指针);
```

　　其中，待写入的字符量可以是字符常量或变量。例如：

```
fputc('a',fp);
```

其意义是把字符'a'写入 fp 所指向的文件中。

10-5：写字符函数

　　对于 fputc 函数的使用有以下几点说明。

　　（1）被写入的文件可以用写、读写、追加方式打开，用写或读写方式打开一个已存在的文件时将清除原有的文件内容。写入字符从文件首开始。如需保留原有文件内容，希望写入的字符从文件末开始存放，必须以追加方式打开文件。被写入的文件若不存在，则创建新文件。

　　（2）每写入一个字符，文件内部的位置指针向后移动一个字节。

　　（3）fputc 函数有一个返回值，如写入成功则返回写入的字符，否则返回 EOF。可用此来判断写入是否成功。

　　【例 10.2】从键盘输入一行字符，并将字符写入一个文件，再把该文件内容读出，显示在屏幕上。

```
#include <stdio.h>
int main()
{
    FILE *fp;
    char ch;
    if((fp=fopen("d:\\cproj\\myfile.txt","wt+"))==NULL)
    {
        printf("Cannot open file strike any key exit!");
        getch();
        exit(1);
    }
```

```
        printf("input a string:\n");
        ch=getchar();
        while (ch!='\n')
        {
            fputc(ch,fp);
            ch=getchar();
        }
        rewind(fp);
        ch=fgetc(fp);
        while(ch!=EOF)
        {
            putchar(ch);
            ch=fgetc(fp);
        }
        printf("\n");
        fclose(fp);
        return 0;
}
```

程序运行结果如图 10.2 所示。

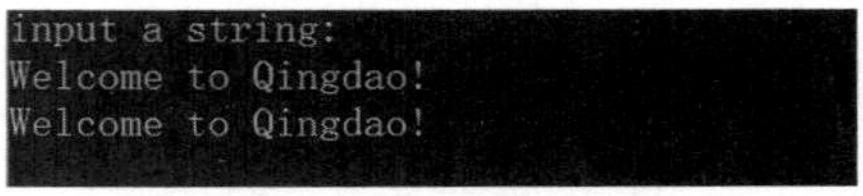

图 10.2　程序运行结果

该程序第 6 行以读写方式打开文件 d:\\cproj\\myfile.txt。程序第 13 行从键盘读入一个字符后进入循环，当读入字符不为回车符时，把该字符写入文件之中，然后继续从键盘读入下一个字符。每输入一个字符，文件内部的位置指针向后移动一个字节。写入完毕，该指针已指向文件末。如要把文件从头读出，须把指针移向文件头。程序第 19 行的 rewind 函数用于把 fp 所指文件内部的位置指针移到文件头。第 20 至 25 行用于读出文件中的一行内容。

【例 10.3】把命令行参数中的前一个文件名标识的文件，复制到后一个文件名标识的文件中。如命令行中只有一个文件名，则把该文件写到标准输出文件（显示器）中。

```
#include <stdio.h>
int main(int argc,char *argv[])
{
    FILE *fp1,*fp2;
    char ch;
    if(argc==1)
    {
        printf("have not enter filename strike any key exit");
        getch();
        exit(0);
    }
    if((fp1=fopen(argv[1],"rt"))==NULL)
    {
        printf("Cannot open %s\n",argv[1]);
        getch();
        exit(1);
    }
```

```
    if(argc==2) fp2=stdout;
    else if((fp2=fopen(argv[2],"wt+"))==NULL)
    {
        printf("Cannot open %s\n",argv[1]);
        getch();
        exit(1);
    }
    while((ch=fgetc(fp1))!=EOF)
    fputc(ch,fp2);
    fclose(fp1);
    fclose(fp2);
    return 0;
}
```

程序运行结果如图 10.3 所示。

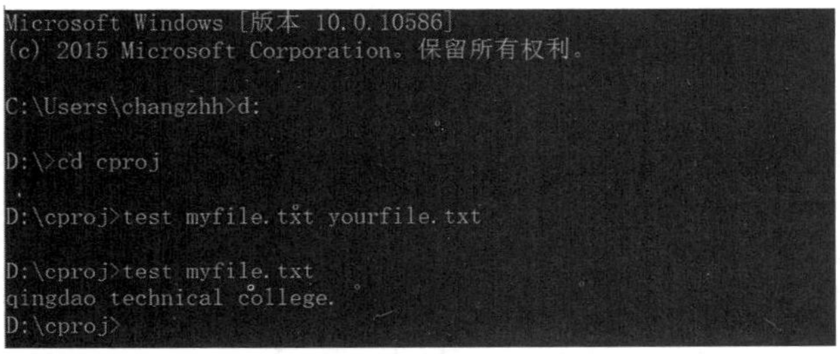

图 10.3　程序运行结果

该程序中使用带参的 main 函数。程序中定义了两个文件指针 fp1 和 fp2，分别指向命令行参数中给出的文件，如命令行参数中没有给出文件名，则输出提示信息。程序第 18 行表示如果只给出一个文件名，则使 fp2 指向标准输出文件（即显示器）。程序第 25 行至 28 行用循环语句逐个读出前一个文件中的字符再送到后一个文件中。由于在首次运行时，给出了两个文件名，因此把 myfile.txt 中的内容读出，写入 yourfile.txt 之中。再次运行时，只给出了一个文件名，故输出信息给标准输出文件 stdout，即在显示器上显示文件内容。

10.3.2　字符串读写函数

1. 字符串读函数 fgets

10-6：字符串读函数

fgets 函数的功能是从指定的文件中读一个字符串到字符数组中。函数调用的形式为：

```
fgets(字符数组名,n,文件指针);
```

其中的 n 是一个正整数，表示从文件中读出的字符串不超过 $n-1$ 个字符，因为要在读入的最后一个字符后加上字符串结束标志'\0'。

例如：

```
fgets(str,n,fp);
```

其意义是从 fp 所指的文件中读出 $n-1$ 个字符送入字符数组 str 中。

【例 10.4】从 myfile.txt 文件中读入一个含 10 个字符的字符串。

```
#include <stdio.h>
int main()
{
```

```
        FILE *fp;
        char str[11];
        if((fp=fopen("d:\\cproj\\myfile.txt","rt"))==NULL)
        {
            printf(" Cannot open file strike any key exit!");
            getch();
            exit(1);
        }
        fgets(str,11,fp);
        printf("%s",str);
        fclose(fp);
        return 0;
    }
```

程序运行结果如图 10.4 所示。

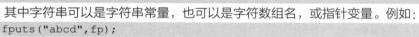

图 10.4　程序运行结果

本例定义了一个字符数组 str，共 11 个字节。在以只读方式打开文件 myfile.txt 后，从中读出 10 个字符并送入 str 数组，在数组最后一个单元内将加上'\0'，然后在屏幕上显示 str 数组。

> **小提示**　对 fgets 函数有以下两点说明。
> （1）在读出 *n*-1 个字符之前，如遇到了换行符或 EOF，则读出结束。
> （2）fgets 函数也有返回值，其返回值是字符数组的首地址。

2. 字符串写函数 fputs

fputs 函数的功能是向指定的文件写入一个字符串，其调用形式为：
```
fputs(字符串,文件指针);
```
其中字符串可以是字符串常量，也可以是字符数组名，或指针变量。例如：
```
fputs("abcd",fp);
```
其意义是把字符串"abcd"写入 fp 所指的文件之中。

10-7:字符串写函数

【例 10.5】在例 10.2 中建立的文件 myfile.txt 中追加一个字符串。

```
#include <stdio.h>
int main()
{
  FILE *fp;
  char ch,st[20];
  if((fp=fopen("d:\\cproj\\myfile.txt","at+"))==NULL)
  {
      printf("Cannot open file strike any key exit!");
      getch();
      exit(1);
}
  printf("input a string: ");
  scanf("%s",st);
  fputs(st,fp);
  rewind(fp);
  ch=fgetc(fp);
```

```
    while(ch!=EOF)
    {
        putchar(ch);
        ch=fgetc(fp);
    }
    printf(" ");
    fclose(fp);
    return 0;
}
```

程序运行结果如图 10.5 所示。

```
input a string: 中国青岛
中国青岛
```

图 10.5　程序运行结果

本例要求在 myfile.txt 文件末追加字符串。因此，在程序第 6 行以读写方式（允许在文件末追加数据）打开文件 myfile.txt。然后输入字符串，并用 fputs 函数把该字符串写入文件 myfile.txt。在程序第 15 行用 rewind 函数把文件内部位置指针移到文件首。再进入循环，逐个显示当前文件中的全部内容。

10.3.3　数据块读写函数

10-8：数据块读写
函数

C 语言还提供了数据块读写函数，它可用来读写一组数据，如一个数组元素、一个结构变量的值等。

读数据块函数调用的一般形式为：
```
fread(buffer,size,count,fp);
```
写数据块函数调用的一般形式为：
```
fwrite(buffer,size,count,fp);
```

其中，buffer 是一个指针，在 fread 函数中，它表示存放输入数据的首地址；在 fwrite 函数中，它表示存放输出数据的首地址。size 表示数据块的字节数。count 表示要读写的数据块块数。fp 表示文件指针。

例如：
```
fread(fa,4,5,fp);
```

其意义是从 fp 所指的文件中，每次读 4 个字节（一个实数）送入实数组 fa 中，连续读 5 次，即读 5 个实数到 fa 中。

【例 10.6】将从键盘输入的两个学生的数据写入一个文件中，再读出这两个学生的数据并将其显示在屏幕上。

```
#include<stdio.h>
struct stu
{
    char name[10];
    int num;
    int age;
    char addr[15];
}boya[2],boyb[2],*pp,*qq;
int main()
{
```

10-9：例 10.6

223

```
        FILE *fp;
        char ch;
        int i;
        pp=boya;
        qq=boyb;
        if((fp=fopen("d:\\cproj\\myfile.txt","wb+"))==NULL)
        {
            printf("Cannot open file strike any key exit!");
            getch();
            exit(1);
        }
printf("input data:\n");
        for(i=0;i<2;i++,pp++)
            scanf("%s%d%d%s",pp->name,&pp->num,&pp->age,pp->addr);
        pp=boya;
        fwrite(pp,sizeof(struct stu),2,fp);
        rewind(fp);
        fread(qq,sizeof(struct stu),2,fp);
        printf("name\tnumber\tage\t addr\n ");
    for(i=0;i<2;i++,qq++)
            printf("%s\t%d\t%d\t%s\n",qq->name,qq->num,qq->age,qq->addr);
        fclose(fp);
        return 0;
}
```

程序运行结果如图 10.6 所示。

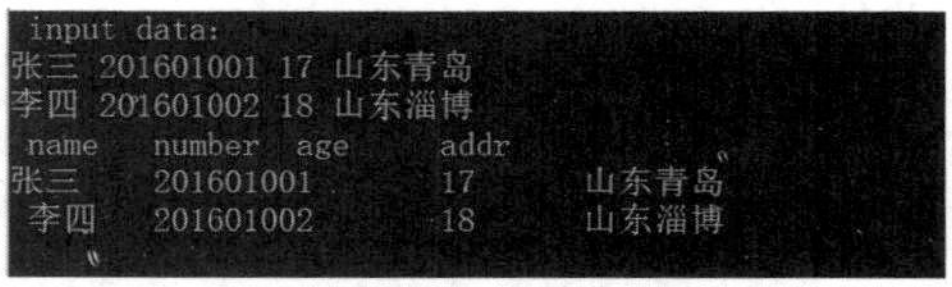

图 10.6　程序运行结果

　　本例程序定义了一个结构体 stu，声明了两个结构数组 boya 和 boyb 以及两个结构指针变量 pp 和 qq。pp 指向 boya，qq 指向 boyb。程序第 16 行以读写方式打开二进制文件"myfile.txt"，将输入的两个学生的数据写入该文件中，然后把文件内部位置指针移到文件首，读出两个学生的数据后，在屏幕上显示。

10.3.4　格式化读写函数

　　fscanf 函数、fprintf 函数与前面使用的 scanf 和 printf 函数的功能相似，都是格式化读写函数。它们的区别在于 fscanf 函数和 fprintf 函数的读写对象不是键盘和显示器，而是磁盘文件。

10-10：格式化读写函数

　　这两个函数的调用格式为：

```
fscanf(文件指针,格式控制字符串,输入表项);
fprintf(文件指针,格式控制字符串,输出表项);
```

　　例如：

```
fscanf(fp,"%d%s",&i,s);
fprintf(fp,"%d%c",j,ch);
```

用 fscanf 和 fprintf 函数也可以完成例 10.6 的要求。修改后的程序如例 10.7 所示。

【例 10.7】用 fscanf 和 fprintf 函数完成例 10.6 的要求。

```
#include <stdio.h>
struct stu
{
  char name[10];
  int num;
  int age;
  char addr[15];
}boya[2],boyb[2],*pp,*qq;
int main()
{
  FILE *fp;
  char ch;
  int i;
  pp=boya;
  qq=boyb;
  if((fp=fopen("d:\\cproj\\myfile.txt","wb+"))==NULL)
  {
    printf("Cannot open file strike any key exit!");
    getch();
    exit(1);
  }
printf(" input data: \n");
for(i=0;i<2;i++,pp++)
    scanf("%s%d%d%s",pp->name,&pp->num,&pp->age,pp->addr);
pp=boya;
for(i=0;i<2;i++,pp++)
    fprintf(fp,"%s %d %d %s ",pp->name,pp->num,pp->age,pp->addr);
rewind(fp);
for(i=0;i<2;i++,qq++)
    fscanf(fp,"%s %d %d %s ",qq->name,&qq->num,&qq->age,qq->addr);
printf(" name\tnumber\tage\taddr\n");
qq=boyb;
for(i=0;i<2;i++,qq++)
    printf("%s\t%d\t%d\t%s\n",qq->name,qq->num,qq->age,qq->addr);
fclose(fp);
return 0;
}
```

程序运行结果如图 10.7 所示。

图 10.7　程序运行结果

与例 10.6 相比，本程序中 fscanf 和 fprintf 函数每次只能读写一个结构数组元素，因此采用了循环语句来读写全部数组元素。还要注意由于循环改变了指针变量 pp、qq 的值，因此在程序的第 25 行

225

和 32 行分别给它们重新赋予了数组的首地址。

10.4　文件的定位

前面介绍的对文件的读写方式都是顺序读写，即读写文件只能从头开始，顺序读写各个数据。但在实际问题中常要求只读写文件中某一指定的部分。为了解决这个问题，可以移动文件内部的位置指针到需要读写的位置，再进行读写，这种读写方式称为随机读写。实现随机读写的关键是要按要求移动位置指针，这称为文件的定位。移动文件内部的位置指针的函数主要有两个，即 rewind 函数和 fseek 函数。

10-11：文件的定位

rewind 函数前面已多次使用过，其调用形式为：

```
rewind(文件指针);
```

它的功能是把文件内部的位置指针移到文件首。

下面主要介绍 fseek 函数。fseek 函数用来移动文件内部的位置指针，其调用形式为：

```
fseek(文件指针,位移量,起始点);
```

其中，"文件指针"指向被移动的文件；"位移量"表示移动的字节数，要求位移量是 long 类型数据，以便在文件大小大于 64KB 时不会出错，当用常量表示位移量时，要求加后缀"L"；"起始点"表示从何处开始计算位移量。规定的起始点有 3 种，即文件首、当前位置和文件末，其表示方法如下。

起始点	表示符号	数字表示
文件首	SEEK—SET	0
当前位置	SEEK—CUR	1
文件末	SEEK—END	2

例如：

```
fseek(fp,100L,0);
```

其意义是把位置指针移到离文件首 100 个字节处。还要说明的是，fseek 函数一般用于二进制文件。

在文本文件中由于要进行转换，故往往计算的位置会出现错误。文件的随机读写在移动位置指针之后，即可用前面介绍的任意一种读写函数进行读写。由于一般是读写一个数据块，因此常用 fread 和 fwrite 函数。下面用例题来说明文件的随机读写。

【例 10.8】在学生文件 myfile.txt 中读出第 2 个学生的数据。

```c
#include <stdio.h>
struct stu{
    char name[10];
    int num;
    int age;
    char addr[15];
}boy,*qq;
int main()
{
    FILE *fp;
    char ch;
    int i=1;
    qq=&boy;
```

```
    if((fp=fopen("d:\\cproj\\myfile.txt","rb"))==NULL)
    {
        printf("Cannot open file strike any key exit!");
        getch();
        exit(1);
    }
    rewind(fp);
    fseek(fp,i*sizeof(struct stu),0);
    fread(qq,sizeof(struct stu),1,fp);
    printf(" name\tnumber\tage\taddr\n");
    printf("%s\t%d\t%d\t%s\n",qq->name,qq->num,qq->age,qq->addr);
    return 0;
}
```

程序运行结果如图 10.8 所示。

图 10.8　程序运行结果

本程序用随机读写的方式读出第 2 个学生的数据。程序中定义 boy 为 stu 类型变量，qq 为指向 boy 的指针。以只读方式打开二进制文件，程序第 21 行移动文件位置指针。其中的 i 值为 1，表示从文件首开始，移动 stu 类型的长度，然后读出的数据即第 2 个学生的数据。

10.5　文件的检错与处理函数

常用的文件的检错与处理函数为 ferror 函数与 clearerr 函数，下面简单介绍。

1. ferror 函数

ferror 函数是读写文件出错检测函数，其调用格式为：

```
ferror(文件指针);
```

10-12：文件的检错
与处理函数

功能：检查文件在用各种输入和输出函数进行读写时是否出错，如 ferror 返回值为 0 表示未出错，否则表示有错。

对同一个文件每一次调用输入和输出函数，都会产生一个新的 ferror 函数值，因此应当在调用一个输入或输出函数后立即检查 ferror 函数的值，否则信息会丢失。在执行 fopen 函数时，ferror 函数的初始值自动置为 0。

2. clearerr 函数

clearerr 函数的作用是使文件出错标志和文件结束标志置 0，其调用格式为：

```
clearerr(文件指针);
```

功能：用于清除文件出错标志和文件结束标志，使它们为 0 值。

假设在调用一个输入或输出函数时出现错误，ferror 函数值为一个非 0 值，应该立即调用 clearerr(fp)，使 ferror(fp)的值变成 0，以便进行下一次的检测。

【例 10.9】下面是一个使用 ferror 函数和 clearerr 函数的示例。

```
#include <stdio.h>
#include <stdlib.h>
int main()
{
    FILE *fp;
```

```
    int c;
    fp = fopen("file.txt","r");
    if(fp == NULL) {
        perror("Error in opening file");
        return(-1);
    }
    while(1) {
        c = fgetc(fp);
        if( feof(fp) ) {
            break ;
        }
        printf("%c", c);
    }
    if(ferror(fp))
      printf("I/O error reading file.");
    else
      printf("\nEnd of file reached successfully.");

    clearerr(fp); //清除出错标志和文件结束标志
    if(ferror(fp))
      printf("\nError flag cleared.");

    fclose(fp);

    return(0);
}
```

程序运行结果如图 10.9 所示。

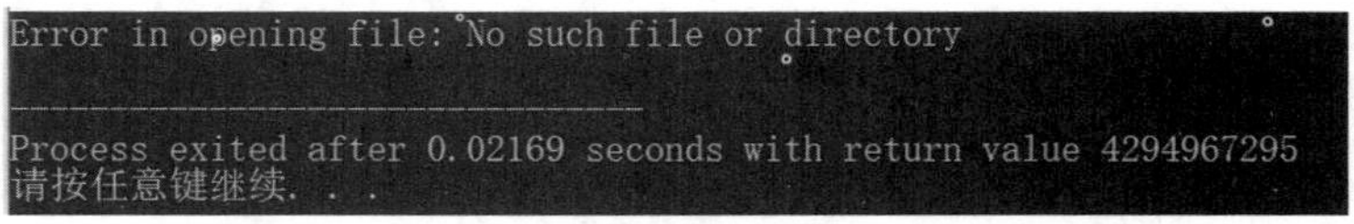

```
Error in opening file:No such file or directory


Process exited after 0.02169 seconds with return value 4294967295
请按任意键继续. . .
```

图 10.9　程序运行结果

说明：perror 函数定义在 stdio.h 头文件中，函数原型"void perror (const char * str);"一般用于输出出错提示信息，参数为字符串。

实例分析与实现

1．编写一个程序实现如下功能：有 3 个学生，每个学生有 3 门课程的成绩，从键盘输入以上数据（包括学号、姓名、三门课程的成绩），计算出平均成绩，将原有数据和计算出的平均成绩存放在磁盘文件"stud"中。

分析：

（1）用结构体定义学生信息：学号、姓名、数学成绩、英语成绩、C 语言成绩、平均成绩。

（2）定义包含 3 个元素的数组，用于存放 3 个学生的成绩。

（3）用循环语句分别输入每个学生的成绩，并计算平均成绩。

10-13：实例分析与实现（1）

（4）用写数据块函数 fwrite，把存放学生成绩的数组写入文件"stud"中。
程序代码如下：

```
#include <stdio.h>
int main()
{
    FILE *fp;
    int i;
    char f_name[30];
    struct student
    {
        int no;
        char name[30];
        float math;
        float eng;
        float c;
        float ave;
    }a[3];
    for(i=0;i<3;i++)
    {
        printf("请输入第%d个人的信息",i+1);
        printf("学生号:");
        scanf("%d",&a[i].no);
        printf("\n");
        printf("姓名:");
        scanf("%s",a[i] .name);
        printf("\n");
        printf("数学成绩:");
        scanf("%f",&a[i].math);
        printf("\n");
        printf("英语成绩:");
        scanf("%f",&a[i].eng);
        printf("\n");
        printf("C语言成绩:");
        scanf("%f",&a[i].c);
        a[i].ave=(a[i].math+a[i].eng+a[i].c)/3.0;
    }
    printf("请输入文件的名字:");
    scanf("%s",f_name);
    fp=fopen(f_name,"wb");
    fwrite(a,sizeof(struct student),3,fp);
    fclose(fp);
    return 0;
}
```

小提示 生成的二进制文件应该是乱码，文件名应是"盘符+路径+文件名"。

【练一练】尝试修改以上程序，读出输入文件的内容。

2. 文件加密程序的实现：编写一个简单的文件加密程序，把加密后的文件存在另一个文件中。

分析：

（1）建立两个文件，即源文件 sourcefile.txt 和目标文件 targetfile.txt，在源文件中输入要加密的信息。

（2）打开源文件和目标文件。

（3）从源文件逐个读出字符，使这些字符与'g'进行按位异或运算，再将结果写入目标文件。

10-14：实例分析
与实现（2）

程序代码如下：

```
#include <stdio.h>
#include <stdlib.h>
int main()
{
    FILE *in,*out;
    char ch,infile[15],outfile[15];
    printf("请输入源文件名: \n");
    scanf("%s",infile);
    printf("请输入加密文件名: \n");
    scanf("%s",outfile);
    if(in=fopen(infile,"rb")==NULL)
    {
        printf("源文件不能打开! \n");
        exit(0);
    }
    if((out=fopen(outfile,"wb"))==NULL)
    {
        printf("加密文件不能打开! \n");
        exit(0);
    }
    while(!feof(in))
    {
        ch=fgetc(in);
        ch=ch^'g';
        fputc(ch,out);
    }
    fclose(in);
    fclose(out);
    return 0;
}
```

📖 知识拓展　云计算与大数据

随着新一代信息技术的发展，云计算、大数据、人工智能等已被广泛应用。从技术上讲，它们是相对独立的；从应用上讲，它们又是紧密联系的。云计算是通过互联网为全球用户提供计算力、存储服务的技术，它为互联网信息处理提供了硬件基础；而大数据是从浩瀚的互联网信息海洋中获得有价值的信息，并进行信息归纳、检索、整合的技术，它为互联网信息处理提供了软件基础。

云计算不是一种全新的网络技术，而是一种全新的网络应用概念。云计算的核心概念就是以互联网为中心，在网站上提供快速且安全的云计算服务与数据存储服务，让每一个使用互联网的人都可以使用网络上庞大的计算资源与数据存储空间。

云计算是继互联网、计算机后，信息时代的又一种革新，它具有很强的扩展性和必需性，可以为用户提供一种全新的体验。云计算的核心是将很多的计算机资源协调运用，让用户通过网络可以获取到更多的资源，且不受时间和空间的限制。

大数据（Big Data）是指无法在一定时间范围内用常规软件工具进行捕捉、管理和处理的数据集合，是需要新的处理模式才能辅助决策、洞察机遇和优化流程的海量、高增长率和多样化的信息资产。大数据具有 5V 特点（IBM 提出）：Volume（大量）、Velocity（高速）、Variety（多样）、Value（低价值密度）和 Veracity（真实性）。

大数据到底有多大？一组名为"互联网上的一天"的数据告诉我们，一天之中，互联网产生的全部内容可以刻满约 1.68 亿张 DVD（Digital Versatile Disc，数字通用光碟）；发出的邮件约有 2940 亿封之多（相当于美国约两年的纸质信件数量）；发出的社区帖子达 200 万个（相当于《时代》杂志约 770 年的文字量）；卖出的手机约为 37.8 万台，高于全球每天出生的婴儿数量（约 37.1 万）。

大数据技术的战略意义不在于掌握庞大的数据信息，而在于对这些含有意义的数据进行专业化处理。换言之，如果把大数据比作一种产业，那么这种产业实现盈利的关键在于提高对数据的"加工能力"，通过"加工"实现数据的"增值"。

从技术上看，大数据与云计算的关系就像一枚硬币的正反面一样密不可分。大数据必然无法用单台计算机进行处理，必须采用分布式架构。分布式架构的特色在于对海量数据进行分布式数据挖掘，但它必须依托云计算的分布式处理、分布式数据库和云存储，以及虚拟化技术实现。

同步练习

一、选择题

1. C 语言中，系统的标准输入文件是指（　　）。
   A. 键盘　　　　　B. 显示器　　　　　C. 软盘　　　　　D. 硬盘
2. C 语言中，文件组成的基本单位为（　　）。
   A. 记录　　　　　B. 数据行　　　　　C. 数据块　　　　　D. 字符序列
3. 下列关于 C 语言数据文件的叙述，正确的是（　　）。
   A. 文件由 ASCII 字符序列组成，C 语言只能读写文本文件
   B. 文件由二进制数据序列组成，C 语言只能读写二进制文件
   C. 文件由记录序列组成，可按数据的存放形式分为二进制文件和文本文件
   D. 文件由数据流组成，可按数据的存放形式分为二进制文件和文本文件
4. C 语言中，能识别并处理的文件为（　　）。
   A. 文本文件和数据块文件　　　　　B. 文本文件和二进制文件
   C. 流文件和文本文件　　　　　D. 数据文件和二进制文件
5. 若调用 fputc 函数输出字符成功，则其返回值是（　　）。
   A. EOF　　　　　B. 1　　　　　C. 0　　　　　D. 输出的字符
6. 已知函数的调用形式为 fread(buf,size,count,fp);，则参数 buf 是（　　）。
   A. 一个整型变量，代表要读入的数据项总数　　B. 一个文件指针，指向要读的文件
   C. 一个指针，指向要读入数据的存放地址　　D. 一个存储区，存放要读的数据项

7. 当顺利执行了文件关闭操作时，fclose 函数的返回值是（　　　）。

　　A．-1　　　　　　　B．TRUE　　　　　　C．0　　　　　　　D．1

8. 如果需要打开一个已经存在的非空文件"Demo"以进行修改，则下列语句正确的是（　　　）。

　　A．fp=fopen("Demo","r");　　　　　　　　B．fp=fopen("Demo","ab+");

　　C．fp=fopen("Demo","w+");　　　　　　　D．fp=fopen("Demo","r+");

9. 若要打开 A 盘上 user 子目录下名为 abc.txt 的文本文件进行读写操作，下面符合此要求的函数调用是（　　　）。

　　A．fopen("A:\user\abc.txt","r");　　　　　　B．fopen("A:\\user\\abc.txt","rt+");

　　C．fopen("A:\user\abc.txt","rb");　　　　　　D．fopen("A:\user\abc.txt","w");

10. fwrite 函数的一般调用形式是（　　　）。

　　A．fwrite(buffer,count,size,fp);　　　　　　B．fwrite(fp,size,count,buffer);

　　C．fwrite(fp,count,size,buffer);　　　　　　D．fwrite(buffer,size,count,fp);

11. 若 fp 是指向某文件的指针，且已读到文件末，则函数 feof(fp)的返回值是（　　　）。

　　A．EOF　　　　　　B．-1　　　　　　　C．1　　　　　　　D．NULL

12. fscanf 函数的正确调用形式是（　　　）。

　　A．fscanf(fp,格式控制字符串,输出表项);

　　B．fscanf(格式控制字符串,输出表项,fp);

　　C．fscanf(格式控制字符串,文件指针,输出表项);

　　D．fscanf(文件指针,格式控制字符串,输入表项);

13. 函数 fseek(pf, OL,SEEK_END)中的 SEEK_END 代表的起始点是（　　　）。

　　A．文件首　　　　　B．文件末　　　　　C．当前位置　　　　D．以上都不对

14. fseek 函数的正确调用形式是（　　　）。

　　A．fseek(文件指针,起始点,位移量);　　　　B．fseek(文件指针,位移量,起始点);

　　C．fseek(位移量,起始点,文件指针);　　　　D．fseek(起始点,位移量,文件指针);

二、编程题

1. 从键盘输入一个字符串，将其中的小写字母全部转换成大写字母，然后输出到一个磁盘文件"test"中保存。输入的字符串以"!"结束。

2. 有两个磁盘文件 A 和 B，它们各存放一行字母。要求把这两个文件中的信息合并（按字母顺序排列），并将结果输出到一个新文件 C 中。

3. 编写一个通讯录，要求字段包括姓名、性别、年龄、E-mail、QQ 号、联系电话和家庭住址。通过键盘输入数据，并把数据存放在一个文件中，可通过查找显示某人的通信信息。

单元11
综合项目实训

11

问题引入

我们在本书的单元1~10中对C语言的基本知识进行了详细讲解。学习完前10个单元的内容，大家对C语言程序设计应该有一个整体的掌握，但大家是否还是有"只见树木，不见森林"的感觉呢？如何才能开发一个C语言项目呢？

本单元带领大家用C语言编写几个益智游戏小项目，通过寓教于乐的方式，加深大家对C语言的理解，并让大家了解项目开发的流程，学会使用C语言进行项目开发。

本单元学习目标

1. 知识目标

（1）了解计算机算法在程序开发中的重要性及程序编写方法。

（2）理解并掌握C语言模块化程序设计开发方法。

2. 技能目标

（1）具有编写软件开发项目需求分析的基本能力。

（2）具有用C语言编写模块化程序的能力。

（3）具有项目开发、调试及处理一般问题方法的能力。

3. 素质目标

（1）培养团队协作意识和能力，提高沟通能力和合作能力。

（2）注重开发文档和代码规范性，包括代码风格、注释规范、命名规范等，使之符合工程开发标准的能力。

11.1 猜拳游戏

本节我们要编写一个供两个玩家对战的"猜拳游戏"，即传统的"石头剪刀布"。不过这里的两个玩家是计算机和人，即采用人机对战的模式。是不是很期待计算机的表现呢？

11.1.1 项目需求分析

本游戏的规则是：计算机随机出一种手势，玩家也出一种手势，判断胜负，先赢满 3 局者胜，最后显示玩家的战况，如图 11.1 所示。

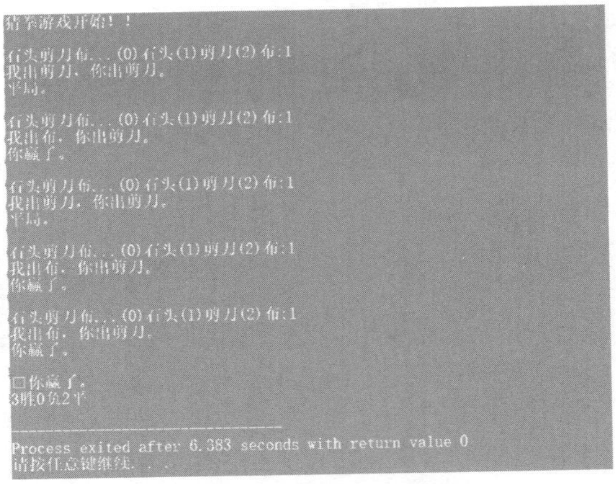

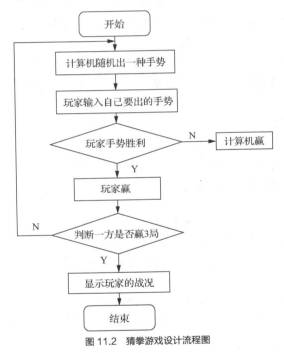

图 11.1　猜拳游戏运行结果

猜拳游戏设计流程图如图 11.2 所示。

图 11.2　猜拳游戏设计流程图

11.1.2　项目详细设计

项目详细设计的主要任务是设计每个模块的实现算法及所需的局部数据结构。详细设计的目标有两个：实现模块功能的算法要逻辑上正确且算法描述简明易懂。

1.　用随机数确定计算机所出的手势

使数字 0、1、2 分别对应"石头""剪刀""布"，如图 11.3 所示。为了避免计算机"作弊"，要先确定计算机的手势再读取玩家的手势。

11-1：猜拳游戏需求分析

11-2：猜拳游戏项目详细设计

玩家输入一个数字表示手势，如图 11.4 所示，同时保持玩家与计算机手势一致。

0　　1　　2

石头　剪刀　布

图 11.3　手势和数值

石头剪刀布 …（0）石头（1）剪刀（2）布：

图 11.4　玩家输入

2. 根据计算机和玩家的手势判断胜负

在程序设计中，用变量 human 和 comp 来分别代表玩家和计算机的手势。图 11.5 所示为手势和胜负的关系。在 0,1,2,0,1,2,… 的循环（顺时针）中，箭头的起点方向为"胜"，终点方向是"负"，如 0（石头）对 1（剪刀），出 0 者胜，出 1 者负。

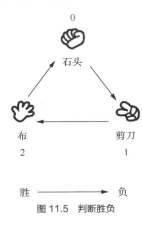

0

石头

布
2

剪刀
1

胜 ⟶ 负

图 11.5　判断胜负

（1）平局。

如果 human 和 comp 的值相等就代表"平局"，此时 human-comp 的值为 0，如表 11.1 所示。

表 11.1　双方平局

human	comp	human-comp	(human-comp+3)%3
0	0	0	0
1	1	0	0
2	2	0	0

（2）玩家负。

如果图 11.5 中箭头的终点方向是玩家，起点方向是计算机，这种组合就代表"玩家负"，此时 human-comp 的值为-2 或 1，如表 11.2 所示。

表 11.2　玩家负

human	comp	human-comp	(human-comp+3)%3
0	2	-2	1
1	0	1	1
2	1	1	1

235

（3）玩家胜。

如果图 11.5 中箭头的起点方向是玩家，终点方向是计算机，这种组合就代表"玩家胜"，此时
human-comp 的值为-1 或 2，如表 11.3 所示。

表 11.3　玩家胜

human	comp	human-comp	(human-comp+3)%3
0	1	-1	2
1	2	-1	2
2	0	2	2

表 11.1～表 11.3 汇总了表示双方手势的 human 和 comp 的数值、human 减去 comp 后的值，以及判断表达式(human-comp+3)%3 的值。对这 3 种情况的判断都可以根据共同的表达式(human-comp+3)%3 来进行。该表达式的数值如果是 0 就是平局，如果是 1 就是玩家负，如果是 2 就是玩家胜。

3.　rand 函数：生成随机数

头文件：#include<stdlib.h>。

格式：int rand(void)。

功能：计算 0～RAND_MAX 的伪随机整数序列。

返回值：返回生成的伪随机整数。

11-3：如何生成真正的随机数

rand 函数生成的是 int 类型的整数。在所有的编程环境中最小数值为 0，但最大数值取决于编程环境，所以我们用 stdlib.h 头文件将其定义成一个名为 RAND_MAX 的对象宏。其定义如下：

```
#define RAND_MAX 32767     //库文件已定义，可直接使用
```

下面我们来尝试生成并显示随机数。

【例 11.1】编写程序生成 5 个随机数（伪随机数）。

```c
#include <stdio.h>
#include <stdlib.h>
int main(){
    int n=5;
    printf("在这个编译环境中生成 5 个 0-%d 的随机数。\n",RAND_MAX);
    do{
        printf("第%d 个随机数: %d\n",6-n,rand());
        n--;
    }while(n>0);
    return 0;
}
```

程序的运行结果如图 11.6 所示。

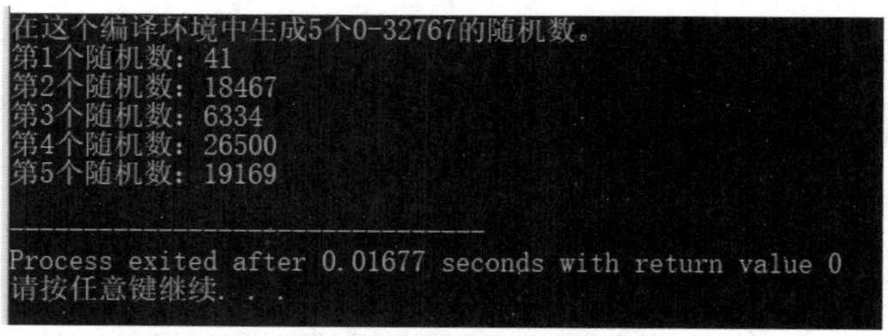

```
在这个编译环境中生成5个0-32767的随机数。
第1个随机数: 41
第2个随机数: 18467
第3个随机数: 6334
第4个随机数: 26500
第5个随机数: 19169

-------------------------------------
Process exited after 0.01677 seconds with return value 0
请按任意键继续. . .
```

图 11.6　程序运行结果

我们多运行几次会发现，该程序总会生成相同的随机数。这很令人费解，rand 函数生成的值真的是随机数吗？其实它生成的是伪随机数。这显然不符合项目要求。

4. srand 函数：设置用于生成随机数的种子

rand 函数是对一个叫作"种子"（Seed）的基准值加以运算来生成随机数的。之所以例 11.1 每次运行程序都生成同一个随机数序列，是因为 rand 函数的默认种子是常量 1。要生成不同的随机数序列，就必须改变种子的值。负责完成这项任务的就是 srand 函数。

头文件：#include<stdlib.h>。

格式：int srand(unsigned seed)。

功能：给后续调用的 rand 函数设置一个种子，用于生成新的伪随机数序列。

返回值：无。

假如我们调用了 srand(30)，这样一来，之后调用的 rand 函数就会利用新设定的种子值 30 来生成随机数。那么问题来了，一旦决定了种子的值，随后生成的随机数序列也就确定了，因此如果想要每次运行程序时都能生成不同的随机数序列，就必须把种子值本身从常量变成随机数。

我们一般使用的方法是把运行程序的时间当作种子，即 srand(time(NULL))。

【例 11.2】为例 11.1 加入时间种子，生成真正的随机数。

```c
#include <stdio.h>
#include <stdlib.h>
#include <time.h>
int main(){
    int n=5;
    printf("在这个编译环境中生成 5 个 0-%d 的随机数。\n",RAND_MAX);
    srand(time(NULL));
    do{
        printf("第%d 个随机数: %d\n",6-n,rand());
        n--;
    }while(n>0);
    return 0;
}
```

程序的运行结果如图 11.7 所示。

图 11.7　程序运行结果

5. 随机设定目标数字

rand 函数生成的值的范围是 0～RAND_MAX，但我们需要的随机数不会每次都恰好在这个范围内。如果我们需要某个特定范围的随机数，则应做如下操作。

- 生成 0～10 的随机数：rand()%11。
- 生成 1～100 的随机数：1+rand()%100。

- 生成 100～999 的随机数：100+rand()%900。

【例 11.3】猜数游戏：计算机随机出 0～100 的一个整数让玩家来猜，玩家猜中，游戏结束。

```c
#include <stdio.h>
#include <stdlib.h>
#include <time.h>
int main(){
    int n=0,x,ans;
    int flag=1;
    printf("请猜一个 0-100 的整数。\n");
    srand(time(NULL));
    ans=rand()%101;
    do{
        printf("是多少呢？ ");
        scanf("%x",&x);
        n++;
        if(x>ans)
            printf("\a 这个数大了。\n");
        if(x<ans)
            printf("\a 这个数小了。\n");
        if(x==ans)  {
            flag=0;
         printf("\a 恭喜你猜中了，总共猜了%d 次。\n",n);
        }while(flag);
        }
    return 0;
}
```

程序的运行结果如图 11.8 所示。

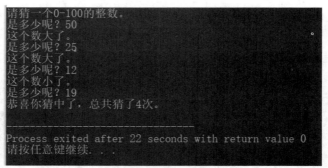

图 11.8　程序运行结果

11.1.3　项目程序实现

根据 11.1.2 小节项目详细设计的描述，先设计编写单局判断猜拳游戏胜负的程序，再编写多局猜拳游戏的程序，从而实现项目的要求。

【例 11.4】单局判断胜负的猜拳游戏实现。

```c
#include <stdio.h>
#include <stdlib.h>
```

11-4：猜拳游戏
项目程序实现

```
#include <time.h>
int main(){
    int human;
    int comp;
    int judge;
    int retry;
    srand(time(NULL));
    printf("猜拳游戏开始!! \n");
    do{
        comp=rand()%3;        //计算机随机产生一个 0～2 的整数，0-石头，1-剪刀，2-布
        printf("\a\n 石头剪刀布...0-石头，1-剪刀，2-布: ");
        scanf("%d",&human);
        printf("我出");
        switch(comp){
            case 0:puts("石头");break;
            case 1:puts("剪刀");break;
            case 2:puts("布");break;
        }
        printf("\n");
        judge=(human-comp+3)%3;        //判断胜负
        switch(judge){
            case 0:puts("平局。");break;
            case 1:puts("你输了。");break;
            case 2:puts("你赢了。");break;
        }
        printf("再来一次吗? 0-否，1-是");
        scanf("%d",&retry);
    }while(retry==1);
    return 0;
}
```

程序的运行结果如图 11.9 所示。

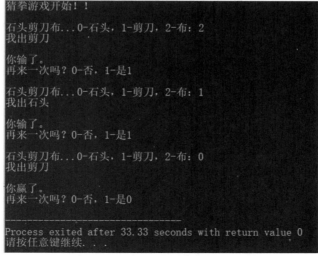

图 11.9　程序运行结果

【例 11.5】猜拳游戏规则：计算机随机出一种手势，玩家也出一种手势，判断胜负，先赢满 3 局者胜，最后显示玩家的战况。

```c
#include <stdio.h>
#include <time.h>
#include <stdlib.h>
int human;
int comp;
int win_no;
int lose_no;
int draw_no;
char *hd[]={"石头","剪刀","布"};
/*---初始处理---*/
void initialize(void){
    win_no=0;
    lose_no=0;
    draw_no=0;
    srand(time(NULL));
    printf("猜拳游戏开始!! \n");
}
/*---运行猜拳游戏（读取/生成手势）---*/
void jyanken(void){
    int i;
    comp=rand()%3;
    do{
        printf("\n\a 石头剪刀布...");
        for(i=0;i<3;i++)
            printf("(%d)%s",i,hd[i]);
        printf(":");
        scanf("%d",&human);
    }while(human<0||human>2);
}
/*---更新胜/负/平局次数---*/
void count_no(int result){
    switch(result){
        case 0:draw_no++;break;
        case 1:lose_no++;break;
        case 2:win_no++;break;
    }
}
/*---更新并显示判断结果---*/
void disp_result(int result){
    switch(result){
        case 0:puts("平局。");break;
        case 1:puts("你输了。");break;
        case 2:puts("你赢了。");break;
    }
}
//主程序
```

```
int main(){
    int judge;
    initialize();
    do{
        jyanken();
        printf("我出%s, 你出%s。\n",hd[comp],hd[human]);
        judge=(human-comp+3)%3;
        count_no(judge);
        disp_result(judge);
    }while(win_no<3&&lose_no<3);
    printf(win_no==3?"\n口你赢了。\n":"\n■我赢了。\n");
    printf("%d胜%d负%d平\n",win_no,lose_no,draw_no);
    return 0;
}
```

程序的运行结果如图 11.1 所示。

11.2 数字珠玑妙算

"数字珠玑妙算"（又称"猜数字"）是一个猜不重复的数字串的游戏。游戏的规则是：出题者选出一个数字串作为题目，答题者推测数字串的内容。出题者根据答题者的推测值给予提示，答题者修正推测值。循环进行这种对话，直到答题者猜对为止。对话如下。

出题者：452。（3 个数字不能重复，答题者不知道。）

答题者：123。

出题者：有 1 个数字正确，但位置不正确。（包含 1、2、3 中的一个数。）

答题者：456。

出题者：有 2 个数字和位置都正确。（可能是 45?、?56、4?6，?只能是 1、2、3。）

答题者：416。

出题者：有 1 个数字和位置都正确。（中间是 5，不含 1，只可能是 452、256、356。）

答题者：256。

出题者：有 1 个数字正确，但位置不正确；有 1 个数字和位置都正确。（2 是最后一位，只能是 452。）

答题者：452。

出题者：正确。

11.2.1 项目需求分析

本项目中，游戏的出题者是计算机，答题者是玩家。出题者从数字 0～9 中选出 4 个数字，并将这 4 个数字排列成数字串作为题目，4 个数字不能重复。图 11.10 所示为答案是"6217"的题目的玩家推测流程。

答题者推测数字串的内容，然后出题者提示玩家该数字串中包含多少个答案数字，其中又有多少个数字位置是正确的。答题者推测的结果中，数字及其位置都与正确答案一致的就是 hit，数字猜对了但位置不一致的就是 blow。

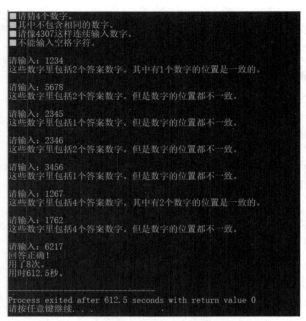

11-5：数字珠玑妙算
项目需求分析

图 11.10　数字珠玑妙算的玩家推测流程

出题者给出的提示就是"hit 和 blow 的总数"与"hit 数"。重复这样的对话，直到答题者猜对（所有的数字都是 hit）为止。设计流程图如图 11.11 所示。

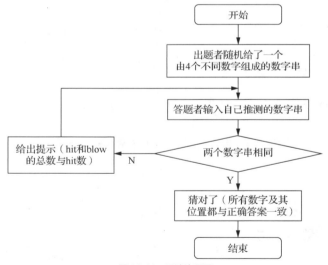

图 11.11　设计流程图

11.2.2　项目详细设计

11-6：数字珠玑妙算
项目详细设计（1）

1. 计算机随机生成一个数字串

【例 11.6】随机生成一个由 4 个不同数字组成的数字串。

```c
#include <stdio.h>
#include <stdlib.h>
```

```
#include <time.h>
int main(){
    int x[4];
    int i,j;
    srand(time(NULL));
    for(i=0;i<4;i++){
        do{
            x[i]=rand()%10;
            for(j=0;j<i;j++)
                if(x[i]==x[j]) break;
        }while(j<i);
    }
    for(i=0;i<4;i++)
        printf("%d",x[i]);
    return 0;
}
```

2. 对答题者给出的数字串进行有效性检查

由于答题者输入的是 4 个数字,第 1 个数字也可能是 "0",如 0457,因此不能用整型数值的方式输入。我们采用字符串的方式输入,如 "0457" "9712"。

11-7:数字珠玑妙算
项目详细设计(2)

为了保证输入的数字字符串符合答题要求,我们要对输入的数字字符串进行有效性检查,包括以下几点。

(1)是否为 4 个字符?

(2)是否为非数字字符?

(3)是否含有重复的数字?

【例 11.7】编写一个函数,检查输入数字字符串(包含 4 个数字)的有效性。返回值:0——正确,1——字符串长度不为 4,2——包含非数字字符,3——数字重复。

```
int check(char s[]){
    int i,j;
    if(strlen(s)!=4) return 1;
    for(i=0;i<4;i++){
        if(s[i]<'0'||s[i]>'9')
            return 2;
        for(j=0;j<i;j++)
            if(s[j]==s[i])
                return 3;
    }
    return 0;
}
```

3. hit 和 blow 的判断

如果玩家输入的数字字符串有效,程序就会把玩家输入的值和正确答案(应该猜中的数字串)相比较。hit 的值表示数字及其位置都一致的个数;blow 的值表示数字一致、位置不一致的个数。如正确答案是 "4815",玩家输入 "8619",比较结果 hit=1,blow=1。显然只有 hit=4 才算玩家猜对。

【例 11.8】编写一个函数,判断并比较正确答案和玩家输入的数字字符串,返回 hit 和 blow 的值。

```
void judge(char s[],int no[],int *hit,int *blow){
    int i,j;
```

```
        *hit=*blow=0;
        for(i=0;i<4;i++){
            for(j=0;j<4;j++)
                if(s[i]=='0'+no[j])    //数字 0~9 的类型由整型转换成字符型
                    if(i==j)
                        (*hit)++;
                    else
                        (*blow)++;
        }
    }
```

由于函数要返回两个整数值，我们不能使用 return 语句，而应该使用指针，通过地址传递的方式来实现。由于正确答案 no 数组是整型数组，如 no[]={4,8,1,5}，玩家输入的 s 数组是字符数组，如 s[]={'8','6','1','9'}，要比较这两个数组的值，必须进行类型转换。

11.2.3　项目程序实现

根据 11.2.2 小节项目详细设计的描述，分别编写用于生成不同的 4 个数字组合并存入数组 X、检查已输入的字符数组 s 的有效性、判断 hit 和 blow、显示判断结果的 4 个函数，从而实现项目的要求。

11-8：数字珠玑妙算
项目程序实现

【例 11.9】数字珠玑妙算的程序。

```c
#include <stdio.h>
#include <stdlib.h>
#include <ctype.h>
#include <string.h>
#include <time.h>
/*---生成不同的 4 个数字组合并存入数组 X---*/
void make4digits(int x[]){
    int i,j,val;
    for(i=0;i<4;i++){
        do{
            val=rand()%10;
            for(j=0;j<i;j++)
                if(val==x[j])
                    break;
        }while(j<i);
        x[i]=val;
    }
}
/*---检查已输入的字符数组 s 的有效性---*/
int check(char s[]){
    int i,j;
    if(strlen(s)!=4)
        return 1;        //长度不为 4,返回 1
    for(i=0;i<4;i++){
        if(!isdigit(s[i]))
            return 2;
        for(j=0;j<i;j++)
            if(s[i]==s[j])
```

```
                    return 3;
        }
        return 0;
    }
    /*---判断 hit 和 blow ---*/
    void judge(char s[],int no[],int *hit,int *blow){
        int i,j;
        *hit=*blow=0;
        for(i=0;i<4;i++){
            for(j=0;j<4;j++){
                if(s[i]=='0'+no[j])
                    if(i==j) (*hit)++;
                    else (*blow)++;
            }
        }
    }
    /*---显示判断结果---*/
    void print_result(int snum,int spos){
        if(spos==4)
            printf("回答正确! ");
        else if(snum==0)
            printf("这些数字里没有答案数字。");
        else{
            printf("这些数字里包括%d 个答案数字。",snum);
            if(spos==0)
                printf("但是数字的位置都不一致。\n");
            else
                printf("其中有%d 个数字的位置是一致的。\n",spos);
        }
        putchar('\n');
    }

int main(){
    int try_no=0;
    int chk;
    int hit,blow,no[4];
    char buff[10];
    clock_t start,end;
    srand(time(NULL));
    puts("■请猜 4 个数字。") ;
    puts("■其中不包含相同的数字。");
    puts("■请像 4307 这样连续输入数字。");
    puts("■不能输入空格字符。\n") ;
    make4digits(no);
    start=clock();
    do{
        do{
```

```
        printf("请输入: ");
        scanf("%s",buff);
        chk=check(buff);
        switch(chk){
            case 1:puts("\a 请确保输入 4 个数字。");break;
            case 2:puts("\a 请不要输入数字以外的字符。");break;
            case 3:puts("\a 请不要输入相同的数字。");break;
        }
    }while(chk!=0);
    try_no++;
    judge(buff,no,&hit,&blow);
    print_result(hit+blow,hit);
    }while(hit<4);
    end=clock();
    printf("用了%d次。\n 用时%.1f 秒。\n",try_no,(double)(end-start)/CLOCKS_
PER_SEC);
    return 0;
}
```

程序的运行结果如图 11.10 所示。

11.3 模拟七段数码管动态显示日期和时间

数码管是一种半导体发光器件，可分为七段数码管和八段数码管，它们的区别在于八段数码管比七段数码管多一个用于显示小数点的发光二极管单元 DP（Decimal Point），其基本单元是发光二极管。现在我们用字符代替发光二极管模拟一个能够动态显示日期和时间的七段数码管。通过本例大家可以了解七段数码管的开发原理。

11.3.1 项目需求分析

用字符代替发光二极管，以七段数码管的方式调用系统日期和时间，将日期和时间动态显示在屏幕上，如图 11.12 所示。

11-9：模拟七段
数码管项目需求分析

图 11.12　以七段数码管的方式动态显示日期和时间

11.3.2 项目详细设计

1. 获取系统的日期和时间

在实际开发中，对日期和时间的获取需求非常多。例如，获得程序启动和退出的时间、程序执行任务的时间、数据生成的时间、数据处理各环节的时间等。

在获取时间之前，请把操作系统的时区设置为北京时间。

（1）time_t。

在 C 语言中，用 time_t 来表示时间数据类型。它是 long 类型（长整型）的别名，在 time.h 文件中定义，表示日历时间，即从 1970 年 1 月 1 日 0 时 0 分 0 秒到现在的时间（秒）。其声明方式如下：

```
typedef long time_t;
```

可以看出 time_t 其实是一个长整型。

（2）time 函数。

time 函数的用途是返回一个值，也就是从 1970 年 1 月 1 日 0 时 0 分 0 秒到现在的时间（秒）。

time 函数是 C 语言标准库中的函数，在 time.h 文件中声明。其声明方式如下：

```
time_t time(time_t *t);
```

time 函数有两种调用方法：

```
time_t tnow;
tnow =time(0);      //将空地址传递给 time 函数，并将 time 返回值赋给变量 tnow
或
time(&tnow);        //将变量 tnow 的地址作为参数传递给 time 函数
```

（3）tm 结构体。

time_t 只是一个长整型，不符合我们的使用习惯，需要转换成可以方便地表示时间的结构体，即 tm 结构体。tm 结构体在 time.h 中声明，如下所示：

```
struct tm{
    int tm_sec;      /* 秒 ，取值区间为[0,59] */
    int tm_min;      /* 分 ，取值区间为[0,59] */
    int tm_hour;     /* 时 ，取值区间为[0,23] */
    int tm_mday;     /* 一个月中的日期 ，取值区间为[1,31] */
    int tm_mon;      /* 月份（从一月开始，0 代表一月） ，取值区间为[0,11] */
    int tm_year;     /* 年份，其值从 1900 开始 */
    int tm_wday;}    /* 星期 ，取值区间为[0,6],其中 0 代表星期日,1 代表星期一,以此类推 */
```

（4）localtime 函数。

localtime 函数用于把 time_t 表示的时间转换为 struct tm 表示的时间。函数返回 struct tm 的地址。函数声明：

```
struct tm *localtime(const time_t *);
```

struct tm 包含时间的各要素，但还不是我们习惯的时间表示方式，我们可以用 printf、sprintf 或 fprintf 等函数格式化输出，把 struct tm 转换为我们想要的结果。

【例 11.10】编写显示系统当前日期和时间的程序。

```
#include <stdio.h>
#include <stdlib.h>
#include <time.h>
#include <windows.h>
//定义日期和时间结构体
typedef struct {
    int year;
    int month;
    int day;
    int hour;
    int minute;
    int second;
    int week;
}myDate;
//判断是否是闰年
int leap(int year) {
```

```
        if (year%4 == 0 && year%100 !=0 || year%400 == 0){
            return 1;
        }
        return 0;
    }

    int main() {
        int days[13] = {0, 31, 28, 31, 30, 31, 30, 31, 31, 30, 31, 30, 31};
        char * weekday[] = {"星期日", "星期一", "星期二", "星期三", "星期四", "星期五", "星期六"};
        time_t t = time(NULL);
        struct tm *cur = localtime(&t);
        myDate Date = {cur->tm_year+1900, cur->tm_mon + 1, cur->tm_mday, cur->tm_hour,
cur->tm_min, cur->tm_sec, cur->tm_wday};
        printf("\n%4d年%02d月%02d日[%s]%02d时%02d分%02d秒\r", Date.year, Date.month,
Date.day, weekday[Date.week], Date.hour, Date.minute, Date.second);
        while(1) {
            Sleep(1000);
            days[2] = (leap(Date.year) ? 28:29);
            Date.second++;
            if ( Date.second == 60) {
                Date.second = 0;
                Date.minute++;
            }
            if (Date.minute == 60){
                Date.minute = 0;
                Date.hour++;
            }
            if (Date.hour == 24) {
                Date.hour = 0;
                Date.week = (++Date.week)%7;
                Date.day++;
            }
            if (Date.day == (days[Date.month] + 1)) {
                Date.day = 1;
                Date.month++;
            }
            if (Date.month == 13) {
                Date.month = 1;
                Date.year++;
            }
            printf("%4d年%02d月%02d日[%s]%02d时%02d分%02d秒\r", Date.year,
Date.month, Date.day, weekday[Date.week], Date.hour, Date.minute, Date.second);
        }
        return 0;
    }
```

程序运行结果如图 11.13 所示。

2. 模拟七段数码管显示 0～9

要模拟七段数码管显示数字，首先要了解七段数码管。简单来说，七段数码管是把每个数字分为 7 段，每段显示或者不显示构成了数字 0～9，如数字 "8" 的七段数码管显示如图 11.14 所示。

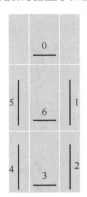

2023年07月02日[星期日]14时48分30秒

图 11.13 程序运行结果　　　　　图 11.14 数字 "8" 的七段数码管显示

定义整型数组 segments[11][7]表示 0～9 的每一段，给每个字段做上标记，"1" 为显示，"0" 为不显示。记录每个数字的每段显示与否，每次输入一个数字就进行配对，把配对结果输出到屏幕。最后一个显示 "-"，即显示连接符。

```
const int segments[11][7] = {
    {1, 1, 1, 1, 1, 1, 0}, /* 0 */
    {0, 1, 1, 0, 0, 0, 0}, /* 1 */
    {1, 1, 0, 1, 1, 0, 1}, /* 2 */
    {1, 1, 1, 1, 0, 0, 1}, /* 3 */
    {0, 1, 1, 0, 0, 1, 1}, /* 4 */
    {1, 0, 1, 1, 0, 1, 1}, /* 5 */
    {1, 0, 1, 1, 1, 1, 1}, /* 6 */
    {1, 1, 1, 0, 0, 0, 0}, /* 7 */
    {1, 1, 1, 1, 1, 1, 1}, /* 8 */
    {1, 1, 1, 1, 0, 1, 1}, /* 9 */
    {0, 0, 0, 0, 0, 0, 1}  /* - */
};
```

每一个数字可用字符数组实现并展示，数字分为 3 行 3 列，第 1 行为'_'，第 2 行从左到右为'|'、 '_'、 '|'，第 3 行从左到右为'|'、 '_'、 '|'。这样输出模型就做好了。

11-10：模拟七段数码管设计的实现

11.3.3　项目程序实现

【例 11.11】模拟七段数码管动态显示日期和时间。

```
#include <stdio.h>
#include <stdlib.h>
#include <time.h>
#include <windows.h>
#define MAX_DIGHTS 20

int leap(int year);
void clear_dight_array(void);
void process_dights_array(int dight, int position);
void print_dights_array(void);
```

```
const int segments[11][7] = {
    {1, 1, 1, 1, 1, 1, 0}, /* 0 */
    {0, 1, 1, 0, 0, 0, 0}, /* 1 */
    {1, 1, 0, 1, 1, 0, 1}, /* 2 */
    {1, 1, 1, 1, 0, 0, 1}, /* 3 */
    {0, 1, 1, 0, 0, 1, 1}, /* 4 */
    {1, 0, 1, 1, 0, 1, 1}, /* 5 */
    {1, 0, 1, 1, 1, 1, 1}, /* 6 */
    {1, 1, 1, 0, 0, 0, 0}, /* 7 */
    {1, 1, 1, 1, 1, 1, 1}, /* 8 */
    {1, 1, 1, 1, 0, 1, 1}, /* 9 */
    {0, 0, 0, 0, 0, 0, 1}  /* - */
};
char dights[3][MAX_DIGHTS * 4];
typedef struct
{
    int year;
    int month;
    int day;
    int hour;
    int minute;
    int second;
    int week;
}myDate;

int main()
{
    int days[13] = {0, 31, 28, 31, 30, 31, 30, 31, 31, 30, 31, 30, 31};
    time_t t = time(NULL);
    struct tm *cur = localtime(&t);
    myDate Date = {cur->tm_year+1900, cur->tm_mon + 1, cur->tm_mday, cur->tm_hour,
cur->tm_min, cur->tm_sec, cur->tm_wday};
    while(1)
    {
        days[2] = (leap(Date.year) ? 28:29);
        Date.second++;
        if ( Date.second == 60) {
            Date.second = 0;
            Date.minute++;
        }
        if (Date.minute == 60) {
            Date.minute = 0;
            Date.hour++;
        }
        if (Date.hour == 24) {
            Date.hour = 0;
            Date.day++;
        }
        if (Date.day == (days[Date.month] + 1)) {
            Date.day = 1;
```

```
                    Date.month++;
                }
            if (Date.month == 13) {
                    Date.month = 1;
                    Date.year++;
                }
        clear_dight_array();
        //显示日期: 年-月-日
        process_dights_array(Date.year/1000, 0);
        process_dights_array(Date.year/100%10, 1);
        process_dights_array(Date.year/10%10, 2);
        process_dights_array(Date.year%10, 3);
        process_dights_array(10, 4);
        process_dights_array(Date.month/10, 5);
        process_dights_array(Date.month%10, 6);
        process_dights_array(10, 7);
        process_dights_array(Date.day/10, 8);
        process_dights_array(Date.day%10, 9);
        //显示时间: 时-分-秒
        process_dights_array(Date.hour/10, 11);
        process_dights_array(Date.hour%10, 12);
        process_dights_array(10, 13);
        process_dights_array(Date.minute/10, 14);
        process_dights_array(Date.minute%10, 15);
        process_dights_array(10, 16);
        process_dights_array(Date.second/10, 17);
        process_dights_array(Date.second%10, 18);
        print_dights_array();
        Sleep(1000);        //延时 1 秒
        system("cls");      //清屏
        }
        return 0;
}


int leap(int year)      //判断是否是闰年
{
    if (year%4 == 0 && year%100 !=0 || year%400 == 0)
    {
        return 1;
    }
    return 0;
}
void clear_dight_array(void) {
    memset(dights, ' ', sizeof dights);     //内存初始化
}
/*显示一个数字及位置*/
void process_dights_array(int dight, int position) {
    int n = position * 4;
    if (segments[dight][0])
        dights[0][n + 1] = '_';
```

```
        if (segments[dight][1])
            dights[1][n + 2] = '|';
        if (segments[dight][2])
            dights[2][n + 2] = '|';
        if (segments[dight][3])
            dights[2][n + 1] = '_';
        if (segments[dight][4])
            dights[2][n]     = '|';
        if (segments[dight][5])
            dights[1][n]     = '|';
        if (segments[dight][6])
            dights[1][n + 1] = '_';
    }
    void print_dights_array(void) {
        int i, j;
        for (i = 0; i < 3; i++) {
            for (j = 0; j < MAX_DIGHTS * 4; j++) {
                putchar(dights[i][j]);
            }
            putchar('\n');
        }
    }
```

程序的运行结果如图 11.12 所示。

附录A
常用字符与标准ASCII编码表

ASCII 值	字符	ASCII 值	字符	ASCII 值	字符	ASCII 值	字符
0	NUL（空）	32	SP（空格）	64	@	96	`
1	SOH	33	!	65	A	97	a
2	STX	34	"	66	B	98	b
3	ETX	35	#	67	C	99	c
4	EOT	36	$	68	D	100	d
5	ENQ	37	%	69	E	101	e
6	ACK	38	&	70	F	102	f
7	BEL	39	,	71	G	103	g
8	BS	40	(	72	H	104	h
9	HT	41	)	73	I	105	i
10	LF	42	*	74	J	106	j
11	VT	43	+	75	K	107	k
12	FF	44	,	76	L	108	l
13	CR	45	–	77	M	109	m
14	SO	46	.	78	N	110	n
15	SI	47	/	79	O	111	o
16	DLE	48	0	80	P	112	p
17	DCI	49	1	81	Q	113	q
18	DC2	50	2	82	R	114	r
19	DC3	51	3	83	X	115	s
20	DC4	52	4	84	T	116	t
21	NAK	53	5	85	U	117	u
22	SYN	54	6	86	V	118	v
23	TB	55	7	87	W	119	w
24	CAN	56	8	88	X	120	x
25	EM	57	9	89	Y	121	y
26	SUB	58	:	90	Z	122	z
27	ESC	59	;	91	[	123	{
28	FS	60	<	92	\	124		
29	GS	61	=	93	]	125	}
30	RS	62	>	94	^	126	~
31	US	63	?	95	—	127	DEL（删除）

附录B
运算符的优先级和结合性

优先级	运算符	名称或含义	要求运算对象的个数	结合性
1	[]	数组下标	单目运算符	自左至右
	()	圆括号		
	.	成员选择（对象）	双目运算符	
	->	成员选择（指针）		
2	−	负号运算符	单目运算符	自右向左
	~	按位取反运算符		
	++	自增运算符		
	−−	自减运算符		
	*	取值运算符		
	&	取地址运算符		
	!	逻辑非运算符		
	（类型）	强制类型转换		
	sizeof	长度运算符		
3	/	除	双目运算符	自左至右
	*	乘		
	%	余数（取模）		
4	+	加	双目运算符	自左至右
	−	减		
5	<<	左移	双目运算符	自左至右
	>>	右移		
6	>	大于	双目运算符	自左至右
	>=	大于等于		
	<	小于		
	<=	小于等于		
7	==	等于	双目运算符	自左至右
	!=	不等于		
8	&	按位与	双目运算符	自左至右
9	^	按位异或	双目运算符	自左至右

续表

优先级	运算符	名称或含义	要求运算对象的个数	结合性
10	|	按位或	双目运算符	自左至右
11	&&	逻辑与	双目运算符	自左至右
12	||	逻辑或	双目运算符	自左至右
13	?:	条件运算符	三目运算符	自右至左
14	=	赋值运算符	双目运算符	自右向左
	/=	除后赋值		
	*=	乘后赋值		
	%=	取模后赋值		
	+=	加后赋值		
	-=	减后赋值		
	<<=	左移后赋值		
	>>=	右移后赋值		
	&=	按位与后赋值		
	^=	按位异或后赋值		
	|=	按位或后赋值		
15	,	逗号运算符	双目运算符	自左至右

附录C
常用标准库函数

1. 常用的数学函数（包含在 math.h 中）

函数名	函数原型	说明
abs	int abs(int i)	求整数的绝对值
acos	double acos(double x)	反余弦函数
asin	double asin(double x)	反正弦函数
atan	double atan(double x)	反正切函数
cos	double cos(double x);	余弦函数
cosh	double cosh(double x)	双曲余弦函数
exp	double exp(double x)	指数函数
fabs	double fabs(double x)	返回浮点数的绝对值
floor	double floor(double x)	向下舍入
fmod	double fmod(double x, double y)	计算 x 对 y 的模，即 x/y 的余数
labs	double labs(long n)	取长整型绝对值
log	double log(double x)	对数函数 log
log10	double log10(double x)	对数函数 ln(x)
modf	double modf(double value, double *iptr)	把数分为指数和尾数
pow	double pow(double x, double y)	指数函数（x 的 y 次方）
sin	double sin(double x)	正弦函数
sinh	double sinh(double x)	双曲正弦函数
sqrt	double sqrt(double x)	计算平方根
tan	double tan(double x)	正切函数
tanh	double tanh(double x)	双曲正切函数

2. 常用的字符函数（包含在 ctype.h 中）

函数名	函数原型	说明
isalnum	int isalnum(int ch)	判断 ch 是否是字母或数字，若是返回非 0 值，否则返回 0
isalpha	int isalpha(int ch)	判断 ch 是否是字母，若是返回非 0 值，否则返回 0

续表

函数名	函数原型	说明
iscntrl	int iscntrl(int ch)	判断 ch 是否是控制字符（ASCII 值 0x00～0x1F），若是返回非 0 值，否则返回 0
isdigit	int isdigit(int ch)	判断 ch 是否是数字，若是返回非 0 值，否则返回 0
islower	int islower(int ch)	判断 ch 是否是小写字母，若是返回非 0 值，否则返回 0
isprint	int isprint(int ch)	判断 ch 是否是可打印字符（含空格）（ASCII 值 0x20～0x7E），若是返回非 0 值，否则返回 0
ispunct	int ispunct(int ch)	判断 ch 是否是标点字符（0x00～0x1F），若是返回非 0 值，否则返回 0
isspace	int isspace(int ch)	判断 ch 是否是空格、制表符、换行符，若是返回非 0 值，否则返回 0
isupper	int isupper(int ch)	判断 ch 是否是大写字母，若是返回非 0 值，否则返回 0
tolower	int tolower(int ch)	将 ch 字符转换为小写字符
toupper	int toupper(int ch)	将 ch 字符转换为大写字符

3. 常用的字符串函数（包含在 string.h 中）

函数名	函数原型	说明
strcat	char* strcat(char *dest,const char *src)	将字符串 src 连接到 dest 末尾
strchr	char* strchr(char *s,int c)	检索并返回字符 c 在字符串 s 中第一次出现的位置
strcmp	int strcmp(char *s1, char *s2)	比较字符串 s1 与 s2 的大小
strcpy	char* strcpy(char *dest, char *src)	将字符串 src 复制到 dest
strlen	int strlen(char *s)	返回字符串 s 的长度
strlwr	char* strlwr(char *s)	将字符串 s 中的大写字母全部转换成小写字母，并返回转换后的字符串
strrev	char* strrev(char *s)	将字符串 s 中的字符全部颠倒顺序重新排列，并返回排列后的字符串
strstr	char* strstr(char *s1, char *s2)	扫描字符串 s2，并返回第一次出现在 s1 中的位置
strupr	char* strupr(char *s)	将字符串 s 中的小写字母全部转换成大写字母，并返回转换后的字符串

4. 常用的文件操作函数（包含在 stdio.h 中）

函数名	函数原型	说明
fclose	int fclose(FILE* fp)	关闭 fp 所指的文件
feof	int feof(FILE* fp)	判断文件是否结束

续表

函数名	函数原型	说明
fgetc	int fgetc(FILE *fp)	从 fp 所指的文件处读一个字符，并返回这个字符的 ASCII 值
fgets	char* fgets(char*s,int n,FILE * fp)	从 fp 所指的文件中读 n 个字符存入 s 所指存储区
fopen	FILE*fopen(char *filename,char *type)	打开一个文件 filename，打开方式为 type，并返回这个文件指针
fprintf	int fprintf(FILE*fp,char*format [,argument,···])	以格式化形式将一个字符串写给 fp 所指的文件
fputc	int fputc(char ch,FILE *fp)	将字符 ch 写入 fp 所指的文件中
fputs	int fputs(char *string,FILE *fp)	将字符串 string 写入 fp 所指的文件中
fread	int fread(void*ptr,int size,int n, FILE *fp)	在 fp 所指文件中读取长度为 size 的 n 个数据块并存入 ptr 所指内存中
fscanf	int fscanf(FILE* fp, char *format[,argument,···])	以格式化形式从 fp 所指文件中读入一个字符串
fseek	int fseek(FILE* fp,long offset,int base)	移动 fp 所指文件的位置指针
ftell	long ftell(FILE* fp)	返回 fp 所指文件当前的读写位置
fwrite	int fwrite(void *ptr,int size,int n, FILE *fp)	把 ptr 所指的 size 长度的 n 个数据写入 fp 所指文件中
getc	int getc(FILE*stream)	从流 stream 中读取一个字符，并返回这个字符
getchar	int getchar()	从标准输入设备读取一个字符，回显在屏幕上
gets	char* gets(char *s)	从标准输入设备读取一个字符串
printf	int printf(char*format[,argument,···])	把格式化字符串输出给控制台
putc	int putc(char ch,FILE*stream)	向流 stream 写入一个字符 ch
putchar	int putchar(char ch)	把字符 ch 输出到控制台
puts	int puts(char *s)	把字符串输出到控制台
scanf	int scanf(char*format[,argument···])	从控制台读入一个字符串，分别对各个参数进行赋值